国家出版基金项目
NATIONAL PUBLICATION FOUNDATION

涡轮机械与推进系统出版项目

"两机"专项：航空发动机技术出版工程

航空发动机空气系统与传热试验

陆海鹰　王洪斌　毛军逵　等　编著

科 学 出 版 社

北 京

内 容 简 介

　　随着航空发动机型号研制和预先研究的深入开展,空气系统与传热设计技术已经成为影响发动机性能、寿命和可靠性的核心关键技术之一,国外航空技术先进的国家早已把这一领域的研究和发展列入重要项目,开展有目标的系统全面的工作,作为设计技术支撑的试验研究工作是非常重要而且必要的。本书针对航空发动机空气系统与传热试验技术,从流动传热试验类型和发动机零部件试验层次等维度进行了详细阐述,内容涵盖孔管类试验、封严试验、机匣试验、气冷叶片试验、部件防冰试验、换热器试验、旋转盘腔试验、预旋供气系统试验、核心机试验和整机试验等研究内容。

　　本书主要面向从事航空发动机空气系统与传热试验研究的科技人员、教师和与此专业相关的研究生。

图书在版编目(CIP)数据

航空发动机空气系统与传热试验 / 陆海鹰等编著
. —北京:科学出版社,2022.11
　"两机"专项:航空发动机技术出版工程　国家出版基金项目　涡轮机械与推进系统出版项目
　ISBN 978-7-03-073452-5

　Ⅰ.①航…　Ⅱ.①陆…　Ⅲ.①航空发动机-压缩空气系统②航空发动机-传热试验　Ⅳ.①V233

中国版本图书馆 CIP 数据核字(2022)第 190949 号

责任编辑:徐杨峰 / 责任校对:谭宏宇
责任印制:黄晓鸣 / 封面设计:殷　靓

科学出版社 出版
北京东黄城根北街 16 号
邮政编码:100717
http://www.sciencep.com

南京展望文化发展有限公司排版
广东虎彩云印刷有限公司印刷
科学出版社发行　各地新华书店经销

＊

2022 年 11 月第 一 版　开本:B5(720×1000)
2024 年 1 月第五次印刷　印张:21 3/4
字数:426 000
定价:170.00 元
(如有印装质量问题,我社负责调换)

涡轮机械与推进系统出版项目

顾问委员会

主任委员

张彦仲

委 员

（以姓名笔画为序）

尹泽勇　乐嘉陵　朱　荻　刘大响　杜善义
李应红　张　泽　张立同　张彦仲　陈十一
陈懋章　闻雪友　宣益民　徐建中

"两机"专项：航空发动机技术出版工程

专家委员会

"两机"专项：航空发动机技术出版工程

编写委员会

主任委员
尹泽勇

副主任委员
李应红　刘廷毅

委　员
（以姓名笔画为序）

丁水汀　王太明　王占学　王健平　尤延铖
尹泽勇　帅　永　宁　勇　朱俊强　向传国
刘　建　刘廷毅　杜朝辉　李应红　李建榕
杨　晖　杨鲁峰　吴文生　吴施志　吴联合
吴锦武　何国强　宋迎东　张　健　张玉金
张利明　陈保东　陈雪峰　叔　伟　周　明
郑　耀　夏峥嵘　徐超群　郭　昕　凌文辉
陶　智　崔海涛　曾海军　戴圣龙

秘书组
组　长　朱大明
成　员　晏武英　沙绍智

"两机"专项：航空发动机技术出版工程

试验系列

编写委员会

主 编

郭 昕

副主编

徐朋飞 艾克波 崔海涛

委 员

（以姓名笔画为序）

丁凯峰 王永明 王振华 王晓东 艾克波

江 平 吴法勇 张志学 陆海鹰 侯敏杰

姚 华 徐 国 徐友良 徐华胜 徐朋飞

郭 昕 崔海涛 梁宝逵

涡轮机械与推进系统出版项目

序

涡轮机械与推进系统涉及航空发动机、航天推进系统、燃气轮机等高端装备。其中每一种装备技术的突破都令国人激动、振奋，但是技术上的鸿沟使得国人一直为之魂牵梦绕。对于所有从事该领域的工作者，如何跨越技术鸿沟，这是历史赋予的使命和挑战。

动力系统作为航空、航天、舰船和能源工业的"心脏"，是一个国家科技、工业和国防实力的重要标志。我国也从最初的跟随仿制，向着独立设计制造发展。其中有些技术已与国外先进水平相当，但由于受到基础研究和条件等种种限制，在某些领域与世界先进水平仍有一定的差距。为此，国家决策实施"航空发动机及燃气轮机"重大专项。在此背景下，出版一套反映国际先进水平、体现国内最新研究成果的丛书，既切合国家发展战略，又有益于我国涡轮机械与推进系统基础研究和学术水平的提升。"涡轮机械与推进系统出版项目"主要涉及航空发动机、航天推进系统、燃气轮机以及相应的基础研究。图书种类分为专著、译著、教材和工具书等，内容包括领域内专家目前所应用的理论方法和取得的技术成果，也包括来自一线设计人员的实践成果。

"涡轮机械与推进系统出版项目"分为四个方向：航空发动机技术、航天推进技术、燃气轮机技术和基础研究。出版项目分别由科学出版社和浙江大学出版社出版。

出版项目凝结了国内外该领域科研与教学人员的智慧和成果，具有较强的系统性、实用性、前沿性，既可作为实际工作的指导用书，也可作为相关专业人员的参考用书。希望出版项目能够促进该领域的人才培养和技术发展，特别是为航空发动机及燃气轮机的研究提供借鉴。

张彦仲

2019 年 3 月

"两机"专项：航空发动机技术出版工程

序

航空发动机誉称工业皇冠之明珠，实乃科技强国之重器。

几十年来，我国航空发动机技术、产品及产业经历了从无到有、从小到大的艰难发展历程，取得了显著成绩。在世界新一轮科技革命和产业变革同我国转变发展方式的历史交汇期，国家决策实施"航空发动机和燃气轮机"重大科技专项（即"两机"专项），产学研用各界无不为之振奋。

迄今，"两机"专项实施已逾三年。科学出版社申请国家出版基金，安排"'两机'专项：航空发动机技术出版工程"，确为明智之举。

本出版工程旨在总结"两机"专项以及之前工作中工程、科研、教学的优秀成果，侧重于满足航空发动机工程技术人员的需求，尤其是从学生到工程师过渡阶段的需求，借此为扩大我国航空发动机卓越工程师队伍略尽绵力。本出版工程包括设计、试验、基础与综合、材料、制造、运营共六个系列，前三个系列已从 2018 年起开始前期工作，后三个系列拟于 2020 年启动，希望与"两机"专项工作同步。

对于本出版工程，各级领导十分关注，专家委员会不时指导，编委会成员尽心尽力，出版社诸君敬业把关，各位作者更是日无暇晷、研教著述。同道中人共同努力，方使本出版工程得以顺利开展，有望如期完成。

希望本出版工程对我国航空发动机自主创新发展有所裨益。受能力及时间所限，当有疏误，恭请斧正。

2019 年 5 月

前　言

　　航空燃气涡轮发动机是一个复杂的热力机械装置,运行过程中面临着许多流动与传热问题,在发动机研制过程中,需要通过不同层级的流动传热试验来修正空气系统与传热计算分析模型,通过模型还原实际发动机真实的空气系统流动与传热特性,获得较高精度的发动机主要零件壁温预估数据,支撑发动机研制工作顺利开展,此外,精细的空气系统与传热试验数据也是相关设计分析软件校核与确认的重要支撑。

　　目前国内与航空发动机空气系统与传热专业相关的书籍并不多,内容上也大都集中在设计方面,较少涉及空气系统与传热试验方面的知识,以至于从事该领域工作的技术人员很难找到一本内容翔实、对开展试验工作有借鉴和指导意义的参考书。本书系统地阐述了航空发动机研制过程中需要开展的空气系统与传热试验相关技术,具体包括试验的基本原理和方法、元件级试验、零部件级试验、核心机试验和整机试验等,旨在为一线研究人员提供参考。

　　本书的撰写工作始于 2018 年,依据"'两机'专项:航空发动机技术出版工程"试验系列撰写总方案,先后开展了目录及章节制定、样章撰写、分工研讨、初稿撰写、汇稿及初校、专家审稿、修改完善等工作,最终于 2021 年底完成全书的编撰。

　　本书共 11 章。绪论由中国航空发动机集团有限公司(以下简称中国航发)研究院的陆海鹰撰写;第 1.1 节和第 9 章由西北工业大学的刘高文撰写;第 1.2 节和第 5 章由西北工业大学的刘存良撰写;第 1.3 节和第 6 章由中国航发沈阳发动机设计研究所的张树林、王洪斌撰写;第 2 章由中国航发商用航空发动机有限责任公司的邓双国撰写;第 3 章由南京航空航天大学的胡娅萍撰写;第 4 章由南京航空航天大学的毛军逵撰写;第 7 章由北京航空航天大学的付衍琛撰写;第 8 章由北京航空航天大学的罗翔撰写;第 10 章由中国航发四川燃气涡轮研究院的徐连强、呼艳丽撰写;第 11 章由中国航发动力所的赵家军撰写。中国航发研究院的陆海鹰和中国航发动力所的王洪斌、南京航空航天大学的毛军逵对全书进行了策划和审核;中国航发动力所的刘国朝、柴军生对全书进行了统稿和校核;北京航空航天大学的陶智、中国航发湖南动力机械研究所的艾克波作为技术专家对本书进行了细致的审查。参与本书撰写和审校的人员都是多年从事航空发动机空气系统与传热专业相关设计和试验工作的专家,在工作中积累了大量的基础理论知识和工程经验,本书是所有撰稿人在此方面的经验技术总结和提炼。

在此谨向所有参与本书编、校、审的人员表示衷心的感谢。

本书的主要读者是已掌握了流动传热专业基础知识的从事航空发动机工程科学的技术人员、研究生和研究人员,动力工程及工程热物理等相关专业领域的研究生也可从本书中学到解决有关流动和传热问题的试验知识。

由于各种客观条件及撰稿人水平限制,难以将空气系统与传热领域内所有的研究成果都反映在本书中,书中也难免存在不足,欢迎广大读者提出宝贵的意见和建议。

本书编委会
2022 年 3 月

目　录

涡轮机械与推进系统出版项目·序
"两机"专项：航空发动机技术出版工程·序
前　言

绪　　论

0.1　空气系统与传热设计方法 ································· 004
0.2　空气系统与传热试验在发动机传热设计中的作用与地位 ······ 005
0.3　空气系统与传热试验分类及常见的试验方法 ················ 006
0.4　本书内容介绍 ··· 007
参考文献 ··· 008

第1章　空气系统试验的基本原理

1.1　流动试验 ··· 010
　　1.1.1　压力与流阻 ····································· 010
　　1.1.2　气流速度与流量 ································· 011
　　1.1.3　流量特性试验 ··································· 014
　　1.1.4　压力特性试验 ··································· 015
1.2　瞬态换热试验 ··· 015
　　1.2.1　单参数瞬态换热试验原理与实施方法 ·············· 016
　　1.2.2　气膜冷却瞬态换热试验原理与实施方法 ············ 017
　　1.2.3　瞬态换热试验常用测温方法 ······················ 020
1.3　冷却效果试验 ··· 023
　　1.3.1　叶片冷却效果全温全压试验方法 ·················· 023
　　1.3.2　相似模拟(降温)试验时的冷却效果试验方法 ·········· 024

1.3.3　基于正交设计的冷却效果试验方法 ······················ 030

第2章　孔 管 类 试 验

2.1　试验目的和意义 ·· 032
2.2　试验设备 ·· 032
    2.2.1　管路流量特性试验设备 ································ 032
    2.2.2　预旋喷嘴流量特性试验设备 ···························· 033
    2.2.3　孔类流量特性试验设备 ································ 034
2.3　试验方法 ·· 036
    2.3.1　管类流量特性试验方法 ································ 036
    2.3.2　预旋喷嘴流量特性试验方法 ···························· 037
    2.3.3　静止孔流量特性试验方法 ······························ 037
    2.3.4　旋转孔流量特性试验方法 ······························ 038
2.4　试验测试 ·· 040
    2.4.1　管路和预旋喷嘴流量特性试验测试 ······················ 040
    2.4.2　旋转孔测试 ·· 041
2.5　试验结果分析与处理 ·· 042
    2.5.1　误差分析 ·· 042
    2.5.2　管路和预旋喷嘴流量特性试验结果分析与处理 ········ 043
    2.5.3　静止孔试验结果分析与处理 ···························· 044
    2.5.4　旋转孔试验结果分析与处理 ···························· 046
2.6　试验常见问题及处理 ·· 048
参考文献 ·· 049

第3章　封 严 试 验

3.1　试验系统 ·· 050
    3.1.1　试验动力系统 ·· 051
    3.1.2　试验气路系统 ·· 051
    3.1.3　试验台系统 ·· 052
    3.1.4　试验台校准系统 ······································ 054
    3.1.5　试验测量系统 ·· 054
3.2　试验方法 ·· 059
    3.2.1　泄漏特性试验方法 ···································· 059

　　　3.2.2　传热特性试验方法 ································· 060
　　　3.2.3　滞后特性试验方法 ································· 065
3.3　试验测试 ··· 070
　　　3.3.1　泄漏特性试验测试 ································· 070
　　　3.3.2　传热特性试验测试 ································· 070
　　　3.3.3　滞后特性试验测试 ································· 070
3.4　试验结果分析与处理 ··································· 071
　　　3.4.1　泄漏特性试验结果分析与处理 ····················· 071
　　　3.4.2　传热特性试验结果分析与处理 ····················· 072
　　　3.4.3　滞后特性试验结果分析与处理 ····················· 079
3.5　国内外典型试验设备介绍 ······························· 083
　　　3.5.1　国内典型试验设备 ································· 083
　　　3.5.2　国外典型试验设备 ································· 089
3.6　技术展望 ··· 091
参考文献 ··· 092

第4章　机　匣　试　验

4.1　试验系统 ··· 094
　　　4.1.1　涡轮机匣冷却管路流动特性试验系统 ················· 094
　　　4.1.2　涡轮机匣表面冲击换热特性试验系统 ················· 098
　　　4.1.3　涡轮机匣叶尖间隙主动热控制试验系统 ··············· 105
4.2　试验方法 ··· 112
　　　4.2.1　涡轮机匣冷却管路流动特性试验方法 ················· 112
　　　4.2.2　涡轮机匣内表面冲击换热特性试验方法 ··············· 113
　　　4.2.3　涡轮机匣叶尖间隙主动热控制试验方法 ··············· 115
4.3　试验结果分析与处理 ··································· 116
　　　4.3.1　涡轮机匣冷却管路流动特性试验结果分析与处理 ······· 116
　　　4.3.2　涡轮机匣内表面冲击换热特性试验结果分析与
　　　　　　　处理 ··· 118
　　　4.3.3　涡轮机匣叶尖间隙主动热控制试验结果分析与
　　　　　　　处理 ··· 121
4.4　试验常见问题及处理 ··································· 125
4.5　技术展望 ··· 126
参考文献 ··· 126

第 5 章 气冷叶片试验

5.1 试验系统 ·· 128

    5.1.1 主流系统 ··· 128

    5.1.2 二次流系统 ······································· 132

    5.1.3 试验段 ··· 133

5.2 试验方法 ·· 133

    5.2.1 换热试验方法 ····································· 133

    5.2.2 压力系数试验方法 ································· 134

5.3 试验测试 ·· 134

    5.3.1 换热数据测量 ····································· 134

    5.3.2 压力数据测量 ····································· 139

5.4 试验结果分析与处理 ··································· 140

    5.4.1 表面热流处理 ····································· 141

    5.4.2 无气膜情况下表面换热系数的计算 ················· 143

    5.4.3 有气膜情况下表面换热系数与气膜冷却效率的

          计算 ··· 145

5.5 试验流程与控制 ······································· 146

    5.5.1 试验流程 ··· 146

    5.5.2 试验风洞气动状态控制 ····························· 146

5.6 试验常见问题及处理 ··································· 153

参考文献 ··· 154

第 6 章 部件防冰试验

6.1 试验设备 ·· 155

6.2 试验方法 ·· 159

    6.2.1 全尺寸结/防冰试验方法 ··························· 159

    6.2.2 试验参数控制方法 ································· 164

    6.2.3 相似试验方法 ····································· 167

6.3 试验测试 ·· 171

    6.3.1 表面温度测量 ····································· 171

    6.3.2 环境静温测量 ····································· 171

    6.3.3 液滴直径测量 ····································· 172

    6.3.4 液态水含量测量 ··································· 173

    6.3.5 其他参数测量 ····································· 174

6.4　试验结果分析与处理 ……………………………………… 174

   6.4.1　憎水涂层试验结果分析与处理 …………………… 174

   6.4.2　电热防冰试验结果分析与处理 …………………… 176

   6.4.3　热气防冰试验结果分析与处理 …………………… 177

   6.4.4　旋转部件防冰试验结果分析与处理 ……………… 182

6.5　试验流程与控制 …………………………………………… 187

6.6　试验常见问题及处理 ……………………………………… 189

   6.6.1　试验件表面不结冰 ………………………………… 189

   6.6.2　液态水含量控制 …………………………………… 191

参考文献 …………………………………………………………… 191

第7章　换 热 器 试 验

7.1　试验系统及设备 …………………………………………… 193

   7.1.1　燃油-空气换热器试验系统 ……………………… 193

   7.1.2　空气-空气换热器试验系统 ……………………… 195

   7.1.3　测试仪器 …………………………………………… 196

7.2　试验方法 …………………………………………………… 196

7.3　试验流程与控制 …………………………………………… 198

   7.3.1　换热器检测试验 …………………………………… 198

   7.3.2　试验前排查 ………………………………………… 201

   7.3.3　换热器流动传热试验 ……………………………… 202

7.4　试验结果分析与处理 ……………………………………… 204

   7.4.1　误差分析 …………………………………………… 204

   7.4.2　传热系数的测定 …………………………………… 206

   7.4.3　对流换热系数的测定 ……………………………… 207

   7.4.4　阻力特性的测定 …………………………………… 209

7.5　换热器性能评价方法 ……………………………………… 210

   7.5.1　换热器的单一性能评价法 ………………………… 211

   7.5.2　熵分析法 …………………………………………… 211

   7.5.3　㶲分析法 …………………………………………… 212

   7.5.4　换热器紧凑性评价法 ……………………………… 212

7.6　换热器的传热强化 ………………………………………… 212

   7.6.1　强化传热的基本途径 ……………………………… 212

   7.6.2　增强传热的方法 …………………………………… 214

7.7　换热器的结垢 ……………………………………………… 216

7.7.1 管内污垢 ······ 216
7.7.2 管外污垢 ······ 217
7.7.3 污垢对换热器热动力性能的影响 ······ 218
7.7.4 换热器的清洗 ······ 218
参考文献 ······ 219

第8章 旋转盘腔试验

8.1 试验系统及设备 ······ 221
8.1.1 试验件 ······ 221
8.1.2 动力系统 ······ 223
8.1.3 气路系统 ······ 224
8.1.4 网状加热器 ······ 224
8.1.5 测量系统 ······ 225
8.1.6 数据采集系统 ······ 226
8.2 试验方法 ······ 227
8.3 试验测试 ······ 228
8.3.1 试验准备和注意事项 ······ 228
8.3.2 试验前的热色液晶标定 ······ 229
8.3.3 试验中的无量纲参数 ······ 233
8.3.4 试验后的图像处理 ······ 234
8.4 试验结果分析与处理 ······ 234
8.4.1 局部对流换热系数 ······ 234
8.4.2 转盘表面周向平均努塞特数 ······ 238
8.4.3 转盘表面平均努塞特数 ······ 241
8.4.4 进气位置对转盘表面换热规律的影响 ······ 244
8.5 试验流程与控制 ······ 246
8.6 试验常见问题及处理 ······ 246
8.7 国内外典型试验设备介绍 ······ 249
8.8 技术展望 ······ 250
参考文献 ······ 251

第9章 预旋供气系统试验

9.1 预旋供气系统的结构 ······ 253
9.2 试验目的与意义 ······ 254

9.2.1 试验目的 ……………………………………… 254

9.2.2 预旋供气系统试验的重要性 ……………………… 254

9.2.3 预旋供气系统试验的复杂性和困难性 …………… 255

9.3 预旋供气系统试验模型的边界划分 …………………… 255

9.3.1 进口边界 ………………………………………… 255

9.3.2 出口边界 ………………………………………… 256

9.3.3 内外环封严流边界 ……………………………… 256

9.3.4 热边界 …………………………………………… 256

9.4 相似分析与试验工况 …………………………………… 257

9.4.1 相似分析计算 …………………………………… 257

9.4.2 相似结果与试验工况 …………………………… 260

9.5 试验台与试验系统 ……………………………………… 261

9.5.1 预旋供气系统旋转试验台介绍 ………………… 261

9.5.2 试验系统介绍 …………………………………… 262

9.6 测点布置 ………………………………………………… 263

9.7 测量仪器 ………………………………………………… 264

9.8 试验步骤 ………………………………………………… 266

9.9 风险评估与控制 ………………………………………… 267

9.9.1 风险评估 ………………………………………… 267

9.9.2 风险控制 ………………………………………… 268

9.9.3 异常情况及处理 ………………………………… 268

第 10 章 核 心 机 试 验

10.1 核心机简介及试验目的 ……………………………… 269

10.1.1 核心机简介 …………………………………… 269

10.1.2 试验目的 ……………………………………… 270

10.2 试验原理 ………………………………………………… 272

10.3 试验设备 ………………………………………………… 272

10.3.1 加温加压试车台 ……………………………… 272

10.3.2 直接连接式高空试车台 ……………………… 274

10.3.3 SB101 高空模拟试车台 ……………………… 276

10.4 试验测试 ………………………………………………… 277

10.4.1 主要测试参数及测试手段 …………………… 277

10.4.2 常规测试参数及仪器 ………………………… 277

10.4.3 特种测试 ……………………………………… 284

10.5　试验方法及试验项目 ……………………………………… 287

　　10.5.1　试验方法 ……………………………………… 287

　　10.5.2　试验项目 ……………………………………… 289

10.6　试验数据分析及处理 ……………………………… 294

参考文献 ……………………………………………………… 294

第11章　整 机 试 验

11.1　整机空气系统测试需求和时机 ……………………… 295

　　11.1.1　测试需求 ……………………………………… 295

　　11.1.2　测试时机 ……………………………………… 297

11.2　试验设备 …………………………………………… 298

　　11.2.1　试车台 …………………………………………… 298

　　11.2.2　测试设备 ………………………………………… 299

11.3　试验方法 …………………………………………… 299

　　11.3.1　测试原理 ………………………………………… 299

　　11.3.2　试车条件 ………………………………………… 303

　　11.3.3　测试方法 ………………………………………… 306

11.4　试验测试 …………………………………………… 308

　　11.4.1　测试目的 ………………………………………… 308

　　11.4.2　测试要求 ………………………………………… 309

　　11.4.3　测点布置方案 …………………………………… 311

　　11.4.4　测试安装 ………………………………………… 314

　　11.4.5　试车 ……………………………………………… 316

　　11.4.6　试车前后的检测 ………………………………… 317

11.5　试验结果分析与处理 ……………………………… 317

　　11.5.1　测试数据分析 …………………………………… 317

　　11.5.2　模型修正 ………………………………………… 318

　　11.5.3　误差分析 ………………………………………… 320

11.6　试验流程与控制 …………………………………… 321

11.7　试验常见问题及处理 ……………………………… 323

11.8　技术展望 …………………………………………… 324

参考文献 ……………………………………………………… 325

绪　论

　　航空燃气涡轮发动机是一个复杂的热力机械装置,运行过程中面临着许多传热问题。从核心机来看,发动机燃烧室出口的燃气平均温度不断增高,目前已远远超过涡轮叶片材料的许用温度,必须依靠高效冷却来确保安全工作。同时压气机和涡轮盘表面的黏性耗散作用带来的盘腔内气流温度上升、可能入侵涡轮盘腔的主流道高温燃气,使得涡轮盘存在超温的风险。并且发动机在工作中由于转子、静子热容差异显著,两者的热变形不协调会导致叶尖间隙过大或过小,前者会导致部件气动效率下降,后者则会增大叶尖与机匣发生碰磨的风险。从飞机来看,随着飞机技术指标的提高,提供给发动机的燃油温度越来越高,加之发动机本身气动热力参数不断提高,全系统可用热沉愈显不足,导致排散滑油及其他流动介质热量的难度不断增大。而在某些特定气象条件下,发动机的进口迎风部件表面可能会结冰,部件表面的结冰会影响流道气动型面,冰块脱落会导致机械损伤。因此,航空燃气涡轮发动机中设计了涡轮叶片冷却系统、空气系统、热管理系统和防冰系统等,用于解决上述传热及相关问题。

　　涡轮叶片冷却系统利用冷却空气对叶片进行冷却。现代航空发动机的高温涡轮叶片通常从内部和外部同时进行冷却。内部冷却是使冷却空气在叶片内部强化传热的蜿蜒通道内流动,带走叶片高温部位壁面的热量,冲击、柱肋扰流是常用的强化换热方法。外部冷却即气膜冷却,是使冷却空气从叶片内部通过叶片壁面的离散孔喷射到叶身高温燃气侧表面,对射入区域和下游区域的叶片表面形成气膜覆盖,达到热防护的目的。图 0.1 展示了涡轮叶片冷却系统的流动情况[1]。

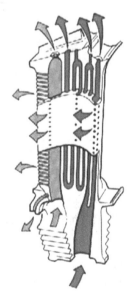

图 0.1　涡轮叶片冷却系统

　　空气系统由那些不直接对发动机推力做贡献的气流流路构成,从发动机压缩系统适当位置引出空气流,通过各种节流元件和换热元件,流向目的位置,然后将空气流通过通风系统排到机外,或以可能的最高压力排入主燃气通道,以便获得少量性能恢复。空气系统的功能为:涡轮气冷叶片供气、发动机主要零部件的冷却、涡轮盘腔燃气封严、轴承腔封严隔热、叶尖间隙的控制和轴承轴向载荷的控制等。图 0.2 展示了典型的涡扇发动机空气系统流路布局[1]。

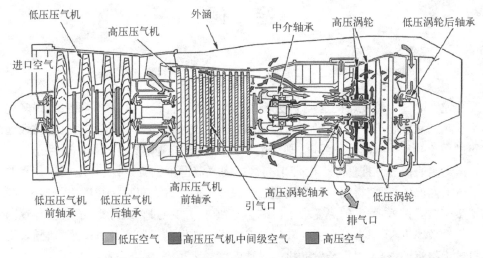

低压压气机　　高压压气机　　外涵　　中介轴承　　高压涡轮　　低压涡轮后轴承

进口空气

低压压气机前轴承　低压压气机后轴承　高压压气机前轴承　引气口　高压涡轮轴承　低压涡轮　排气口

■ 低压空气　■ 高压压气机中间级空气　■ 高压空气

图 0.2　典型涡扇发动机空气系统流路布局

1. 涡轮气冷叶片供气

为涡轮气冷叶片提供高品质的冷却空气是空气系统的重要功能之一。高品质体现在压力高、温度低、洁净度高等方面。通过引气位置选择、低流阻流路设计以及必要时设置离心增压装置,确保足够高的气冷叶片供气压力。通过控制气流沿程温增、设置预旋喷嘴装置以及必要时引入空气冷却器,确保足够低的气冷叶片供气温度。通过流路除尘和排尘设计,确保气冷叶片供气的洁净度。

2. 发动机主要零部件的冷却

在燃气涡轮发动机设计阶段中最重要的是,确保发动机主要零部件的吸热量不至于达到对发动机运行有害的程度。需要空气冷却的零部件包括燃烧室、涡轮和喷管的部件,本书主要关注涡轮部件冷却,包括涡轮机匣、涡轮盘轴等。压气机盘腔是冷却空气的通道,因此也是重点关注对象。压气机盘腔流路通常设置足够大的冷却空气流量,以便带走盘腔产生的风阻热量,避免出现过大的沿程温增。涡轮盘轴的冷却主要通过冷却空气流动的组织来实现,从压气机的末级和中间级引冷却空气,或通过外涵引气管、涡轮机匣、涡轮导向叶片进入涡轮盘腔,或通过压气机盘腔内部引至涡轮部件。如图 0.3 所示[1],冷却涡轮盘的空气进入盘间环形腔,并向外流过涡轮盘表面,流动是通过各类节流装置来控制的,冷却空气完成了冷却功能后,排入主流道。压气机中间级向盘腔内引气时常采用减涡器,以避免出现过大的压力损失。

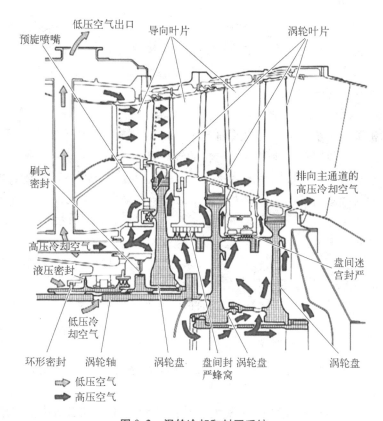

低压空气出口
预旋喷嘴
导向叶片
涡轮叶片
刷式密封
排向主通道的高压冷却空气
高压冷却空气
液压密封
盘间迷宫封严
低压冷却空气
环形密封　涡轮轴　　涡轮盘　　盘间封严蜂窝　涡轮盘　　　涡轮盘
⇨ 低压空气
➡ 高压空气

图 0.3　涡轮冷却和封严系统

3. 涡轮盘腔燃气封严

燃气之所以会进入涡轮盘腔,是因为在盘腔空气流排入涡轮燃气通道的局部区域存在卷吸现象。涡轮盘贴壁空气受摩擦力作用加速向涡轮燃气通道运动,这就导致了一股填充性的向内的燃气流,称为卷吸流。轮缘封严压差过小导致空气流量低于该卷吸流量,燃气就会沿涡轮静子部件进入涡轮盘腔。燃气封严的措施是合理选择引气位置、控制气流沿程压力损失、避免沿程过多漏气损失,确保轮缘封严空气流量与卷吸流量相比具有足够裕度。

4. 轴承腔封严隔热

由于润滑系统具有充分的冷却能力,在正常情况下,发动机轴承腔的空气冷却不是必需的。而且,轴承腔只要有可能总是会布置在发动机较冷的部位。而对轴承腔滑油进行封严则是必需的,由于空气系统对轴承腔进行封严的方法是利用空气流进行气封,封严空气有可能进入轴承腔,所以应确保封严空气温度不超限。对于轴承腔需要补充冷却的情况,较好的做法是在轴承腔外设置双层结构,中间通冷却空气。

5. 叶尖间隙的控制

无论有无主动的间隙控制系统,空气系统都要对压气机和涡轮主要零件的热状态进行控制,进而使静子件和转子件的热变形相协调,以便获得最佳叶尖间隙。一些先进的民用发动机应用了主动间隙控制技术,依据发动机工作状态,由空气系统向机匣引入适当温度的空气,使静子件的热变形与转子件更为协调,在全工况下保持合适的叶尖间隙。

　　6. 轴承轴向载荷的控制

　　发动机轴承要承受不断变化的轴向气动载荷,压气机产生向前的载荷,涡轮产生向后的载荷。所以连接压气机和涡轮的轴总是处于拉力之下,载荷的差异则由安装在静子机匣上的止推轴承来承受。空气系统通过调节相关盘腔的压力和决定受力面积的封严篦齿的径向位置来确保止推轴承在整个发动机推力范围内都有适当的载荷。如果主流通道产生的轴向载荷过大,则空气系统须设置专门的卸荷腔,用于轴承轴向载荷的控制。

　　一般认为,热管理系统是一个整体大系统,由存在热量相互迁移的相关系统和部件所构成,它从整机层面对热沉的收集、传输、使用、排散实施优化和动态管理。换热器是热管理系统的重要执行元件,通过各类换热器可以实现空气-燃油、空气-空气、燃油-滑油介质之间的热交换,热管理系统从而可对燃油系统、滑油系统、空气系统和相关部件热沉的收集和排散进行协同调配,提升燃油系统、滑油系统、空气系统等系统的性能,在保证发动机各部件热环境安全可靠的前提下提高整机的能量利用效率。

　　防冰系统有两种基本类型,即热气防冰系统和电加热防冰系统。涡轮螺桨发动机采用电力或电力和热空气的组合进行防冰,而进气道周围的热滑油循环可以使防冰能力得到加强。涡轮喷气发动机一般采用热空气进行防冰,通常从压气机适当级引出热空气,通往需要防冰的部位对其进行加热。热气防冰系统有可能与空气系统存在交联关系。

0.1　空气系统与传热设计方法

　　无论是防冰系统、空气系统,抑或是涡轮叶片冷却系统、热管理系统,都是以流体流动及传热作为其基本工作过程的。这些变化多端的流动与传热过程都遵循着最基本的三个物理学规律,即质量守恒方程、动量守恒方程及能量守恒方程。当流动与换热过程伴随着传质现象时,还要遵循组分守恒方程。流动与传热问题中所需求解的速度及温度等主要变量的控制方程可以表示成以下通用形式[2]:

$$\frac{\partial(\rho\phi)}{\partial\tau} + \mathrm{div}(\rho U\phi) = \mathrm{div}(\Gamma_{\phi}\mathrm{grad}\phi) + S_{\phi}$$

式中,ϕ 为通用变量,可以代表 u、v、w、T、m 等所需的求解变量;Γ_{ϕ} 为广义扩散系数;S_{ϕ}为广义源项。

代入具体变量,可以得到质量守恒方程、动量守恒方程、能量守恒方程、组分守恒方程。其中最复杂的方程,是考虑流体黏性的三维非稳态动量守恒方程,也称为Navier-Stokes方程。该方程无论是对层流还是湍流都是适用的。航空发动机中很多流动,特别是强化换热的流动,大多是湍流。对于这类流动,如果直接求解三维非稳态Navier-Stokes方程,需要采用对计算机的内存和运行速度要求很高的直接数值模拟(direct numerical simulation, DNS)方法[3],目前尚无法应用于工程计算。工程实践中广为采用的是对非稳态Navier-Stokes方程做时间平均的方程,并且还需要补充能反映特定湍流特性的其他方程,即湍流模型。由于航空发动机流动与传热问题的复杂性、多样性和多变性,如果没有经过有针对性的试验数据的验证与确认,湍流模型对具体应用场景的适用性则很难保证。

工程研制中,将系统中常见的流动和换热组件抽象为典型的节流与换热单元,应用已有的经验关联式或半经验理论建立这些单元的计算模型,将防冰系统、空气系统、涡轮叶片冷却系统和热管理系统简化为一维网络系统,依据前述相关守恒方程,建立联立方程组,求解获得系统流动及传热特性[4,5]。这种一维设计方法最大的优点是速度快,缺点是简化必然带来偏差,难点是如何消除这些偏差,确保节流单元的流阻模型与换热单元的经验关联式的准确性,进而确保所有流动与传热设计技术要求都得到满足。

0.2 空气系统与传热试验在发动机传热设计中的作用与地位

航空发动机部件、系统的研制开发通常遵循系统工程方法论,简化带来的偏差的消除主要是通过各层级的试验来实现的[6]。以空气系统为例作一个说明。在设计阶段,根据设计要求和设计条件,首先进行布局设计,确定主要流路走向、引排气位置,确定流路网络;然后进行分支流路设计,设置主要中间腔腔压、主要分支流路流量;最后完成单元设计,选定单元流阻模型或换热模型,确定单元几何参数,同时确定系统的计算模型。实现阶段,在元件层级,开展新型元件的流阻特性试验、新结构的换热特性试验和新型结构的风阻沿程温升特性试验,获取新型元件的流阻特性、新结构的换热特性和新型结构的风阻沿程温升特性;在子系统层级,开展部件试验件和核心机试验机腔温、腔压和壁温测试,利用测试数据,主要通过修正单元流阻模型和换热模型来修正子系统的计算模型;在系统层级,开展发动机整机专项腔温、腔压和壁温测试,利用测试数据,进一步修正单元流阻模型和换热模型,使修正后的计算模型能够还原实际发动机真实的空气系统流动与传热特性,获得较高精度的发动机主要零件壁温预估数据,支撑发动机研制工作顺利开展。此外,精细的空气系统与传热试验数据也是相关设计分析软件校核与确认的重要支撑。由此可见,空气系统与传热试验对航空发动机传热设计工作意义十分重大。

欧美国家过去几十年不断斥巨资对发动机元件、部件、核心机和整机开展了系统的传热基础试验和工程验证,并持续不断地将宝贵的试验数据加以统一管理[7-15]。通过开展系统的计算结果与试验数据的对比分析,进一步匹配修正计算模型,从而积累工程经验,一方面使设计系统的工程精度不断提高,另一方面又使设计经验得到沉淀,并得以体系化。

元件层级,英国早在20世纪就开始了压气机、涡轮盘腔的流动与换热研究工作[7-9],至今仍在进一步开展深化研究。子系统层级,欧美持续开展了详细的部件试验件和核心机试验机的空气系统与传热试验。核心机试验机的空气系统与传热试验可以追溯到20世纪60年代初,各国发动机公司在型号研制之前先完成核心机研制工作,其中空气系统与传热试验是这些研制工作的重要组成部分。系统层级,航空发动机行业有标准的调试验证规范。例如,在空气系统调试验证方面,不仅规定了调试验证须开展的工作内容,还进一步规定了发动机研制的不同阶段应完成哪些调试验证试验;发动机结构完整性方面的指导性文件也对空气系统与热分析验证工作做了规定。

随着发动机型号发展的需求牵引,国内空气系统与传热试验研究也从起步逐步转向深入。通过"九五"到"十三五"预研计划,北京航空航天大学、西北工业大学、南京航空航天大学等国内高校和工业部门研究机构开展了空气系统与传热基础试验研究工作,获得了大量的试验数据。在防冰系统方面,开展了强化换热试验研究和典型结构旋转帽罩结冰特性的试验研究[16-18];在冷却叶片方面,完成了冲击、扰流、气膜等冷却方式的机理研究,并进一步对各种带肋通道、新型气膜孔、层板冷却结构、双层壁"冲击+气膜"等复合冷却结构进行了流动换热特性试验研究[19-25];在空气系统方面,对发动机预旋系统、涡轮/压气机旋转盘腔、封严结构、涡轮机匣、减涡器以及涡轮盘前增压结构进行了流动换热试验研究[26-36];工业部门研究机构结合型号研制工作,开展了整机空气系统腔温、腔压和壁温测试专项试车,核心机空气系统与传热试验技术也取得了突破。

0.3　空气系统与传热试验分类及常见的试验方法

空气系统与传热试验可以分为机理试验、应用型试验和研制试验。

机理试验是机理研究工作的重要组成部分,通过试验结果支撑对物理现象内在原因的理论认识,确认其主导影响因素并发现其发展变化规律。例如,矩形盘腔和平板气膜的流动传热特性试验可以归入机理试验。这类试验的特点是模型简化,工况模拟、测量参数系统全面。

应用型试验是应用研究工作的重要组成部分,通过试验获取适度简化模型相关物理现象的主导影响因素及其发展变化规律。应用型试验的目标是获得能被型号工程研制借鉴使用的试验结果,其内容也最为广泛,包含发动机空气系统与传热试验的多个方面。

研制试验是研制工作的重要组成部分,通过各层次试验,获得所研制新产品的实际物理特性,是一种以完成工程技术任务为内容而进行的试验验证工作。发动机空气系统与传热研制试验可进一步分为元件级试验、部件/子系统级试验、核心机级试验和整机级试验。元件级试验利用型号实际零件,通过试验获得其流动或传热等相关特性。典型的元件级试验包括引气管路、活门、预旋喷嘴等的流量特性试验。部件/子系统级试验以发动机实际部件/子系统为平台,通过试验测得腔温、腔压和壁面温度等数据,间接获取各部位流动或传热等相关特性。核心机级试验和整机级试验以核心机和发动机整机为平台,通过试车测得腔温、腔压和壁面温度等数据,间接获取各部位流动或传热等相关特性。研制试验的测试结果用于本系列发动机型号空气系统与传热设计分析模型的验证完善,试验验证获得的经验可推广应用于其他型号类似传热结构的设计分析中。

0.4　本书内容介绍

随着航空发动机型号研制和预先研究的深入开展,空气系统与传热设计技术已经成为影响发动机性能、寿命和可靠性的核心关键技术瓶颈之一,欧美国家早已把这一领域的研究和发展列入重要项目,开展有目标的系统、全面的工作,试验研究工作作为设计技术的支撑是非常重要且必要的。本书针对航空发动机空气系统与传热试验技术,从流动传热试验类型和发动机零部件试验层次等多个维度进行详细阐述,内容涵盖孔管类试验、封严试验、机匣试验、气冷叶片试验、部件防冰试验、换热器试验、旋转盘腔试验、预旋供气系统试验、核心机试验和整机试验等多个研究内容。

根据笔者的体会,空气系统与传热试验种类较多,试验方法各有特点,不尽相同。因此,提高可读性是笔者在本书编撰中坚持的一个重要原则。在介绍各类试验时,尽可能对相关的试验设备、试验流程、试验方法、测量方法、安全控制、结果分析与异常现象处理等内容进行系统完整的描述,避免读者在本书中前后查找。

本书的基本内容主要为满足我国航空发动机和燃气轮机空气系统与传热试验工作的需要。但由于传热现象的普遍性,动力工程及工程热物理等相关领域的研究人员也可从本书中学到解决有关流动和传热问题的试验知识。全书共分11章,第1章是全书的基础部分,主要介绍空气系统与传热试验基本原理及方法;第2~9章是全书的主体部分,详细介绍各类典型结构的流动与传热试验,根据不同的试验目的,采用不同简化程度的试验模型,完成应用型试验或元件级、部件/子系统级研制试验;第 10 章、第 11 章是全书的增强部分,重点介绍与型号研制密切相关的核心机、整机空气系统与传热试验。

参考文献

[1] 刘松龄,陶智.燃气涡轮发动机的传热和空气系统[M].上海:上海交通大学出版社,2017.

[2] 帕坦卡 S V.传热与流体流动的数值计算[M].北京:科学出版社,1984.

[3] 陶文铨.数值传热学[M].2 版.西安:西安交通大学出版社,2001.

[4] 《航空发动机设计手册》总编委会.航空发动机设计手册 第 16 册:空气系统及传热分析[M].北京:航空工业出版社,2001.

[5] 倪志军,刘松龄.涡轮叶片型面外换热系数的数值计算[J].航空发动机,1997(3):35 - 41.

[6] 国际系统工程协会.系统工程手册:系统生命周期流程和活动指南[M].张新国,译.北京:机械工业出版社,2013.

[7] Owen J M, Bilimoria E D. Heat transfer in rotating cylindrical cavities[J]. Journal of Mechanical Engineering Science, 1977, 19: 175 - 187.

[8] Owen J M. Fluid Flow and Heat Transfer in Rotating Disc Systems[M]. New York: Metzger Hemisphere Publishing Corporation, 1984.

[9] Owen J M, Powell J. Buoyancy induced flow in a heated rotating cavity[J]. Journal of Engineering for Gas Turbines and Power, 2006, 128(1): 128 - 134.

[10] Goldstein R J, Eckert E R G, Ramsey J W. Film cooling with injection through holes: Adiabatic wall temperatures downstream of a circular hole[J]. ASME Journal of Engineering for Power, 1968, 90: 384 - 395.

[11] Witting S K L, Jacobsen K, Schelling U, et al. Heat transfer in stepped labyrinth seals[J]. Journal of Engineering for Gas Turbines and Power, 1988, 110: 63 - 69.

[12] Bunker R S, Metzger D E. Local heat transfer in internally cooled turbine airfoil leading edge regions: Part I —Impingement cooling without film coolant extraction [J]. Journal of Turbomachinery, 1990, 112(3): 451 - 458.

[13] Metzger D E, Bunker R S. Local heat transfer in internally cooled turbine airfoil leading edge regions: Part Ⅱ—Impingement cooling with film coolant extraction [J]. Journal of Turbomachinery, 1990, 112(3): 459 - 466.

[14] Han B, Goldstein R J. Jet-impingement heat transfer in gas turbine systems[J]. Annals of the New York Academy of Sciences, 2010, 934(1): 147 - 161.

[15] 航空航天工业部高效节能发动机文集编委会.高效节能发动机文集 第五分册[M].北京:航空工业出版社,1991.

[16] 董葳,侯玉柱,闵现花.进口导向叶片热气防冰系统试验[J].上海交通大学学报,2011,44(11):1579 - 1582.

[17] 王健,胡娅萍,吉洪湖,等.旋转整流罩积冰生长与脱落过程的实验[J].航空动力学报,2014,29(6):1352 - 1357.

[18] 高艳欣,周建军,李云单,等.吹气式旋转帽罩防冰特性[J].南京航空航天大学学报,2016,48(3):359-365.

[19] 张大林,常海萍,韩东,等.有初始横流的冲击壁面强化的换热特性实验研究[J].航空动力学报,1996,11(3):269-272.

[20] 刘海涌,孔满昭,刘松龄,等.有错排射流冲击的受限长通道及出流孔流场的实验研究[J].推进技术,2006,27(4):307-311.

[21] 杨通海,朱惠人,张丽,等.窄通道内冲击冷却局部换热特性的瞬态液晶测量[J].航空学报,2009,30(11):2031-2036.

[22] 郁新华,刘松龄,董志锐.航空发动机层板冷却结构的内流阻特性的试验研究[J].燃气涡轮试验与研究,2000,13(3):22-26.

[23] 陶智,魏豪杰,丁水汀,等.典型层板冷却结构中流体流阻与换热特性的实验[J].航空动力学报,2007,22(2):193-198.

[24] 吕东,陶智,邓宏武,等.两种层板性能对比[J].北京航空航天大学学报,2008,34(5):546-550.

[25] 刘存良,朱惠人,白江涛,等.涡轮叶片上收缩-扩张形孔排的全表面气膜冷却特性[J].航空学报,2010,31(4):687-693.

[26] 徐国强,陶智,丁水汀,等.高位垂直进气旋转盘流动与换热的实验研究[J].航空动力学报,2000,15(2):164-168.

[27] 罗翔,徐国强,陶智,等.30°预旋进气旋转盘流动与换热特性的实验[J].北京航空航天大学学报,2007,33(3):290-293.

[28] 于霄.径向内流旋转盘腔流动与换热研究[D].北京:北京航空航天大学,2009.

[29] 王蕾,韩光禄,罗翔,等.高压涡轮后腔流阻特性与瞬态换热试验研究[J].航空发动机,2017,43(2):91-98.

[30] 王鹏飞,刘玉芳,郭文,等.高转速对直通型篦齿封严特性影响的试验研究[J].燃气涡轮试验与研究,2007,20(2):45-48.

[31] 纪国剑,吉洪湖,黄云霞,等.直通篦齿蜂窝封严结构的风阻特性试验[J].航空动力学报,2011,26(12):2655-2660.

[32] 杜发青,吉洪湖,帅海山,等.齿形几何参数对直通篦齿封严泄漏特性影响的正交实验[J].航空动力学报,2013,28(4):825-831.

[33] Liu G W, Wu H, Feng Q, et al. Experimental and numerical investigation on leakage characteristic of stepped labyrinth seal [C]. ASME Turbo Expo 2016: Turbomachinery Technical Conference and Exposition, Seoul, 2016.

[34] Kong X Z, Liu G W, Liu Y X, et al. Investigation on the leakage flow, windage heating and swirl development of rotating labyrinth seal in a compressor stator well[C]. ASME Turbo Expo 2016: Turbomachinery Technical Conference and Exposition, Seoul, 2016.

[35] 杜春华,吉洪湖,胡娅萍,等.低前挡板型小尺寸刷式封严泄漏特性的试验[J].航空动力学报,2017,32(2):298-305.

[36] 张井山,毛军逵,李毅,等.高压涡轮间隙主动控制机匣内部换热特性试验研究[J].航空动力学报,2014,29(2):298-304.

第1章

空气系统试验的基本原理

本章主要介绍航空发动机空气系统流动和传热试验的基本原理,空气系统各元件、子系统、核心机和整机试验的试验方法将在后文各章节介绍。流动试验主要包括进出口压力一定条件下的流量特性或者泄漏特性试验,流量一定条件下的压力特性或者流阻特性试验、气流速度测量试验等。传热试验主要包括对流换热系数试验、冷却效果试验、气流温度测量试验等。

1.1 流 动 试 验

1.1.1 压力与流阻

在空气系统中,"流阻"就是指压力损失,实质上是气流流过阻力元件后的总压损失。压力损失的根本原因是气流速度的大小或者方向的改变,如气流的加速或减速、流道突缩或突扩、流道拐弯、壁面的摩阻、汇流或分流等。发动机空气系统中典型的阻力元件包括孔、管、篦齿封严和喷嘴等。通过试验测量的方法来准确确定这些元件的流阻特性,是预测空气系统各元件压力和各分支流量的关键,并通过决定流量的大小来进一步影响元件的换热特性和气流温度与固体壁面温度的高低。

对于马赫数小于 0.3 的不可压缩流,流阻或者说压力损失常采用压差 ΔP 的形式来表达,即进口总压 P_1^* 减去出口总压 P_2^*,表达式为

$$\Delta P = P_1^* - P_2^* \tag{1.1}$$

由于孔、管、封严篦齿和喷嘴等阻力元件的出口往往是一个体积很大的腔,气流速度所具有的动压在腔内一般都认为会损失掉,难以被利用,因此元件出口的总压就以出口静压 P_2 来代替。这样,以压差形式表达的元件流阻即

$$\Delta P = P_1^* - P_2 \tag{1.2}$$

以元件某截面(一般是进口、出口或者喉部)的平均动压头 $\frac{1}{2}\rho V^2$ 进行无量纲

化,得到无量纲的压力损失系数 ξ:

$$\xi = \frac{\Delta P}{\frac{1}{2}\rho V^2} = \frac{P_1^* - P_2}{\frac{1}{2}\rho V^2} \tag{1.3}$$

式中, ρ 为流体密度; V 为流动速度。

对于马赫数大于 0.3 的可压缩流,一般用无量纲的进出口压比形式来表达通过元件的压力变化或者说压力损失。基于同样的原因,一般认为阻力元件的出口动压难以利用,用出口静压来代替出口总压,即压比 π 为

$$\pi = \frac{P_1^*}{P_2} \tag{1.4}$$

因此不管对不可压流还是可压流,为了获得元件的流阻特性,必须测量元件进口的气流总压和元件出口的气流静压。

1.1.2　气流速度与流量

压力损失在本质上是由于气流速度的大小和方向改变引起的,因此元件的流阻特性应该是气流速度与压力损失间的函数关系。但在工程实际中,由于以下原因难以使用速度这个参数作为表征流阻特性的参数:孔、箅齿封严和喷嘴等元件各截面的平均速度差异巨大,即使像管元件这样各截面平均速度基本相等的情况,某个特定截面上的速度分布也是很不均匀的。仅对少数几个测点进行速度测量不具有代表性,对整个截面进行速度场测量的成本又较高。

工程上常用质量流量这个参数代替气流速度,作为表征元件流阻特性的参数。其优点是:① 元件各流通截面的质量流量相等;② 由质量流量可以计算得到截面平均气流速度,以及总压和静温等与气流速度相关的参数。虽然这些参数的截面分布不均匀,难以试验测量,但是基于截面平均的参数表征方法在一维空气网络计算分析中可以充分地体现和传递相关信息。

$$\dot{m} = \rho VA \tag{1.5}$$

式中, $\dot{m}$ 为质量流量,kg/s; ρ 为流体密度,kg/m³; V 为流动速度,m/s; A 为通道的流通面积,m²。

如式(1.5)所示,质量流量不仅与气流流动速度相关,还与流通面积和流体密度相关。因此,需要寻求一个合适的无量纲参数来反映气流速度的大小。工程界和学术界的研究者尝试在不同场合采用不同的参数来表达。主要有以下几种方式。

1. 流量系数

流量系数 C_D 定义为实际流量 $\dot{m}$ 与理想流量 $\dot{m}_{id}$ 的比值,如式(1.6)所示,表

示实际气流速度与理想气流速度的比值,是一个无量纲参数。流量系数一般为 0~1,其值越大,流经元件的流动阻力或者说压力损失越小。流过元件的理想流量计算式如式(1.7)所示,与进口总压 P_1^*、进口总温 T_1^*、流通面积 A 以及进出口压比 π 有关。孔、篦齿封严和喷嘴等元件一般采用流量系数来反映其流阻特性。

$$C_D = \frac{\dot{m}}{\dot{m}_{id}} = \frac{\rho V A}{\rho_{id} V_{id} A} \tag{1.6}$$

$$\dot{m}_{id} = \frac{P_1^* A}{\sqrt{R_g T_1^*}} \sqrt{\frac{2\gamma}{\gamma-1}(\pi^{-\frac{2}{\gamma}} - \pi^{-\frac{\gamma+1}{\gamma}})} \tag{1.7}$$

式中, π 为进出口压比,无量纲参数; γ 为绝热指数,对于空气为 1.4; R_g 为气体常数,对于空气为 287.4 J/(kg·K)。

2. 流量比

流量比 q_λ 定义为实际流量 $\dot{m}$ 与临界流量 $\dot{m}_{cr}$ 之比,如式(1.8)所示。临界流量是元件喉部面积 A 可以流过的最大质量流量,计算式如式(1.9)所示,临界流量只与进口总压、进口总温、喉部面积和临界压比有关,而临界压比只与绝热指数有关,与进出口压力都无关。临界流量与理想流量相比与出口压力无关。

$$q_\lambda = \frac{\dot{m}}{\dot{m}_{cr}} = \frac{\rho V A}{\rho_{cr} V_{cr} A} \tag{1.8}$$

$$\dot{m}_{cr} = \frac{P_1^* A}{\sqrt{R_g T_1^*}} \sqrt{\frac{2\gamma}{\gamma-1}(\pi_{cr}^{-\frac{2}{\gamma}} - \pi_{cr}^{-\frac{\gamma+1}{\gamma}})} \tag{1.9}$$

$$\pi_{cr} = \frac{P^*}{P_{cr}} = \left(\frac{2}{\gamma+1}\right)^{\frac{\gamma}{1-\gamma}} \tag{1.10}$$

式中,下标 cr 表示临界参数。

在工程实际中,常采用气流速度与临界速度之比来代替马赫数 Ma,这个无量纲的速度比即为速度系数 λ_d,如式(1.11)所示。由于临界速度只与进口总温有关,而声速与当地静温有关,因此临界速度更易于测量。速度系数与气流马赫数有一一对应关系,如式(1.12)所示,当 $\lambda_d = 1$ 时, $Ma = 1$。

$$\lambda_d = \frac{V}{V_{cr}} = \frac{V}{\sqrt{\frac{2\gamma R_g T_1^*}{\gamma+1}}} \tag{1.11}$$

$$Ma = \lambda_{\mathrm{d}} \sqrt{\frac{2}{(\gamma + 1) - (\gamma - 1)\gamma^2}} \quad (1.12)$$

利用这个速度系数可以将式(1.8)定义的流量比简化为

$$q_{\lambda} = \frac{\rho V}{\rho_{\mathrm{cr}} V_{\mathrm{cr}}} = \lambda_{\mathrm{d}} \left(\frac{\gamma + 1}{2} \right)^{\frac{1}{\gamma - 1}} \left(1 - \frac{\gamma - 1}{\gamma + 1} \lambda_{\mathrm{d}}^2 \right)^{\frac{1}{\gamma - 1}} \quad (1.13)$$

这就是气动力学中常用到的流量函数,它仅是速度系数的函数。当 λ_{d} 为 0~1 时,流量比(流量函数)是速度系数的单调增函数,其变化曲线如图 1.1 所示。可以看到无量纲的流量比为 0~1,直接反映了元件喉部截面的无量纲速度,即速度系数大小,也可以间接反映气流马赫数的大小。

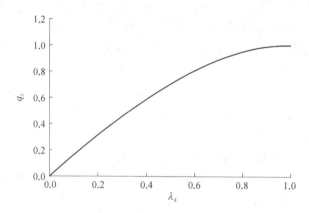

图 1.1　流量比随速度系数的变化曲线

3. 换算流量

在工程中,为了简化计算,方便应用,常采用如下的换算流量 ψ:

$$\psi = \frac{\dot{m} \sqrt{T_1^*}}{P_1^*} \quad (1.14)$$

换算流量实质上是流量比(流量函数)的简便形式,换算流量与流量比的关系为

$$\psi = \frac{q_{\lambda}}{A \sqrt{\frac{2\gamma}{R_{\mathrm{g}}(\gamma - 1)} \left(\pi_{\mathrm{cr}}^{-\frac{2}{\gamma}} - \pi_{\mathrm{cr}}^{-\frac{\gamma + 1}{\gamma}} \right)}} \quad (1.15)$$

流量比 q_{λ} 是无量纲的,因此换算流量 ψ 是有量纲的,其值可能小到 10^{-5}。换算流量可在一定程度上反映气流无量纲速度的大小,但由于其与流通面积相关,不同流通面积元件的换算流量不具有可比性。

4. 泄漏系数

在封严篦齿等元件的泄漏特性试验中,传统上还采用泄漏系数 φ:

$$\varphi = \frac{\dot{m}\sqrt{T_1^*}}{P_1^* A} \tag{1.16}$$

与式(1.14)定义的换算流量相比,二者差了一个流通面积 A。泄漏系数仍然是一个有量纲参数。

1.1.3　流量特性试验

流量特性试验就是在试验件进口总压和出口静压一定的条件下,测量流过试验件质量流量大小的试验,对于篦齿等元件,流量特性试验又称为泄漏特性试验。对于孔、篦齿和喷嘴等元件,通常的情况是元件进出口都有一个大腔,进出口腔的压力往往不受元件本身结构和流量的影响,这种情况下的元件流量特性就是在元件几何结构尺寸和进出口压力一定的情况下,反映元件流过质量流量的能力,如果是无量纲流量,则可反映元件喉部面积截面的平均无量纲速度大小。例如,流量系数反映元件喉部面积处的实际气流速度与理想速度之比;流量比反映元件喉部面积处的实际气流速度与临界速度之比。

元件的流量特性曲线就是以进出口压比为横坐标,以无量纲的流量如流量系数和流量比(或者有量纲的换算流量和泄漏系数)为纵坐标的变化曲线。图1.2给出了某封严篦齿的流量特性试验结果,即在不同齿顶间隙 c 条件下,流量系数 C_D 随进出口压比 π 的变化曲线。

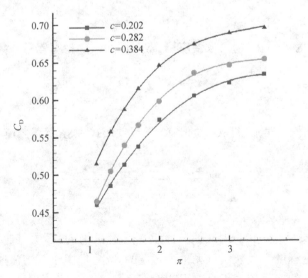

图1.2　某封严篦齿的流量特性

1.1.4　压力特性试验

压力特性试验就是在试验件质量流量一定的条件下,测量试验件进出口压力的试验,也可称为流阻特性试验。

对于不转动的孔、管等元件,气流总压沿流动方向总是降低的,采用"流阻"或者"压力损失"的概念还是比较合适的。但发动机空气系统中还包括大量的旋转部件,如预旋供气系统中的盖板腔叶轮、减涡器中的减涡管或者翅片,以及径向外流的旋转孔等,由于转子对气流做功,气流总压沿流动方向可能会升高,采用"流阻"或者"压力损失"的概念不再适合。此时"压力特性"的概念更为通用。

在空气系统中,有些情况是进口总温总压和质量流量是一定的,出口总压是待定的,如预旋供气系统和减涡器设计的主要目的之一就是要确定在引气总温总压和质量流量一定条件下的出口供气压力。此时采用压力特性曲线更为方便。

压力特性曲线就是以无量纲的质量流量,如流量比(或者有量纲的换算流量)为横坐标,以无量纲的进出口压比为纵坐标的变化曲线。图 1.3 给出了某预旋供气系统的压力特性曲线试验结果,即不同旋转马赫数 Ma_ϕ 条件下的进出口压比 π 随流量比 q_λ 的变化曲线。

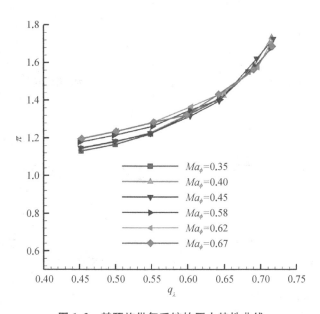

图 1.3　某预旋供气系统的压力特性曲线

1.2　瞬态换热试验

此处所讨论的"瞬态"主要是指传热过程是非稳定的,但流体的流动状态被认为是稳态的,因此如果不考虑热物性的影响(传热温差不大时,对热物性影响很小),传热速率可以认为是不随时间变化的。

1.2.1 单参数瞬态换热试验原理与实施方法

非稳态(或瞬态)传热测量理论是基于第三类边界条件下的一维半无限大物体的导热理论建立的。图 1.4 展示了第三类边界条件下一维半无限大平板瞬态传热模型,假定 $t=0$ 时刻之前,半无限大平板和环境气流的初始温度为 T_{init},系统处于平衡状态,在 $t=0$ 时刻,$x=0$ 一侧的气流温度突然变化到 T_{g},换热系数 h_{g} 已知,则描述半无限大平板内温度随时间变化的瞬态导热过程方程组如式(1.17)所示:

$$\begin{cases} \rho c_p \dfrac{\partial T(x,t)}{\partial t} = \lambda \dfrac{\partial^2 T(x,t)}{\partial x^2}, & 0 < x < \infty, \ t > 0 \\[2mm] -\lambda \dfrac{\partial T(x,t)}{\partial x} + h_{\text{g}}(T(x,t) - T_{\text{g}}) = 0, & x = 0, \ t > 0 \\[2mm] \dfrac{\partial T(x,t)}{\partial x} = 0, & x = \infty, \ t > 0 \\[2mm] T(x,t) = T_{\text{init}}, & 0 \leqslant x \leqslant \infty, \ t = 0 \end{cases} \tag{1.17}$$

式中,$T(x,t)$ 为半无限大平板 x 位置处 t 时刻的温度;c_p 为比定压热容;h_{g} 为对流换热系数;T_{g} 为气流温度;T_{init} 为初始时刻半无限大平板的温度。

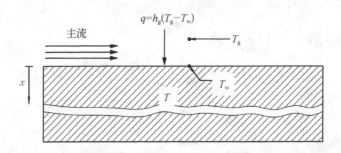

图 1.4 第三类边界条件下一维半无限大平板瞬态传热模型示意图

式(1.17)具有理论解,其解如下:

$$\frac{T(x,t) - T_{\text{init}}}{T_{\text{g}} - T_{\text{init}}} = 1 - \text{erf}\left(\frac{x}{2\sqrt{a\tau}}\right) - \left[\exp\left(\frac{h_{\text{g}}x}{\lambda} + \frac{h_{\text{g}}^2 at}{\lambda^2}\right)\right] \times \left[1 - \text{erf}\left(\frac{x}{2\sqrt{a\tau}} + \frac{h_{\text{g}}\sqrt{a\tau}}{\lambda}\right)\right] \tag{1.18}$$

式中，$a = \lambda / \rho c_p$ 为热扩散率；$\mathrm{erf}(x) = 2 \int_0^x \mathrm{e}^{-v^2} \mathrm{d}v \Big/ \sqrt{\pi}$ 为误差函数。

壁面位置 $(x = 0)$ 温度 T_w 随时间的变化关系由式(1.18)可以推导出来,结果如下:

$$\varTheta = \frac{T_w(t) - T_{\text{init}}}{T_g - T_{\text{init}}} = 1 - \exp\left(\frac{h_g^2 t}{\rho c_p \lambda}\right) \times \mathrm{erfc}\left(\frac{h_g \sqrt{t}}{\sqrt{\rho c_p \lambda}}\right) \tag{1.19}$$

式中，$\varTheta$ 为过余温度；$\mathrm{erfc}(x) = 1 - \mathrm{erf}(x)$ 为误差余函数。

式(1.19)是瞬态传热测量理论中的重要公式,它展示了 t 时刻由壁面温度 $T_w(t)$、气流温度 T_g、初始温度 T_{init} 组成的无量纲过余温度 $\varTheta$ 与对流换热系数 h_g 和半无限大平板的导热系数 λ、密度 ρ 和比定压热容 c_p 等物性参数之间的关系。在传热测量中,当测量获得 t 时刻的壁面温度 $T_w(t)$,并已知气流温度 T_g、初始温度 T_{init}、半无限大平板的导热系数 λ、密度 ρ 和比定压热容 c_p 等物性参数时,可以由式(1.19)求解得到对流换热系数 h_g。因此,式(1.19)常用作瞬态传热试验中单参数传热测量中的换热系数求解公式。

1.2.2　气膜冷却瞬态换热试验原理与实施方法

气膜冷却的传热模型比简单的对流传热模型略微复杂一点,如图1.5所示。气膜冷却换热过程中的对流换热系数 h 采用图1.5的定义,换热的驱动温差为主流气流和冷却气流的掺混温度(换热温度)T_{aw} 与壁面温度 T_w 之差,其中掺混温度 T_{aw} 可以写为无量纲的形式,即写为气膜冷却效率 η。在图1.5所示的气膜冷却传热模型中,假定气膜冷却平板是半无限大,在 $t = 0$ 时刻之前,平板、主流气流和冷却气流的初始温度为 T_{init},系统处于平衡状态,在 $t = 0$ 时刻,主流气流温度突然变化到 T_g,冷却气流温度突然变化到 T_c,对流换热系数为 h,气膜冷却效率为 η,则描述半无限大平板内温度随时间变化的瞬态导热过程方程组如式(1.20)所示:

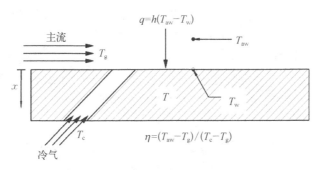

图 1.5　气膜冷却的传热模型示意图

$$\begin{cases} \rho c_p \dfrac{\partial T(x, t)}{\partial t} = \lambda \dfrac{\partial^2 T(x, t)}{\partial x^2}, \quad 0 < x < \infty, \ t > 0 \\[2mm] -\lambda \dfrac{\partial T(x, t)}{\partial x} + h_g(T(x, t) - T_{aw}) = 0, \quad x = 0, \ t > 0 \\[2mm] \dfrac{\partial T(x, t)}{\partial x} = 0, \quad x = \infty, \ t > 0 \\[2mm] T(x, t) = T_{init}, \quad 0 \leqslant x \leqslant \infty, \ t = 0 \\[2mm] T_{aw} = T_g - \eta(T_g - T_c) \end{cases} \quad (1.20)$$

对比式(1.20)和式(1.17),很容易推导出类似式(1.19)的气膜冷却条件下的壁面温度随时间变化的关系:

$$\frac{T_w(t) - T_{init}}{[T_g - \eta(T_g - T_c)] - T_{init}} = 1 - \exp\left(\frac{h^2 t}{\rho c_p \lambda}\right) \times \mathrm{erfc}\left(\frac{h\sqrt{t}}{\sqrt{\rho c_p \lambda}}\right) \quad (1.21)$$

式(1.21)给出了对流换热系数 h 和冷却效率 η 与 t 时刻的壁面温度 $T_w(t)$、主流温度 T_g、冷气温度 T_c、初始温度 T_{init} 和半无限大平板的导热系数 λ、密度 ρ 和比定压热容 c_p 之间的关系。可以看出,式(1.21)包含对流换热系数 h 和冷却效率 η 两个未知参数,无法由一个方程直接求解,因此必须构建至少两次试验,获得两组参数才能求解出对流换热系数 h 和冷却效率 η,即构建如下方程组:

$$\begin{cases} \dfrac{T_w(t_1) - T_{init1}}{[T_{g1} - \eta(T_{g1} - T_{c1})] - T_{init1}} = 1 - \exp\left(\dfrac{h^2 t_1}{\rho c_p \lambda}\right) \times \mathrm{erfc}\left(\dfrac{h\sqrt{t_1}}{\sqrt{\rho c_p \lambda}}\right) \\[4mm] \dfrac{T_w(t_2) - T_{init2}}{[T_{g2} - \eta(T_{g2} - T_{c2})] - T_{init2}} = 1 - \exp\left(\dfrac{h^2 t_2}{\rho c_p \lambda}\right) \times \mathrm{erfc}\left(\dfrac{h\sqrt{t_2}}{\sqrt{\rho c_p \lambda}}\right) \end{cases} \quad (1.22)$$

可以看出,通过两次试验,测量获得式(1.22)中需要的参数 $T_w(t_1)$、T_{init1}、T_{g1}、T_{c1}、t_1 和 $T_w(t_2)$、T_{init2}、T_{g2}、T_{c2}、t_2,由式(1.22)可以求解得到对流换热系数 h 和冷却效率 η。因此,式(1.22)常用作气膜冷却试验等双参数瞬态传热试验中对流换热系数和冷却效率的求解公式。

在上面气膜冷却问题的描述中,主流温度在 $t = 0$ 时刻之前等于初始温度 T_{init},在 $t = 0$ 时刻之后等于温度 T_g,主流温度为一个阶跃函数,冷气温度也是一个阶跃函数,数学描述如下:

$$T_g(t) = \begin{cases} T_{init}, \ t \leqslant 0 \\ T_g, \ t > 0 \end{cases}, \quad T_c(t) = \begin{cases} T_{init}, \ t \leqslant 0 \\ T_c, \ t > 0 \end{cases} \quad (1.23)$$

　　而在实际试验中,很难做到气流温度的阶跃变化,如图 1.6 所示某次试验中主流温度、冷气温度随时间的变化并不是理想的阶跃变化,这种情况下,可以将主流温度和冷气温度的变化看成是多段阶跃变化的极限情况,多段阶跃的数学描述为

$$T_g(t) = \begin{cases} T_{\text{init}}, & t < \tau_0 = 0 \\ T_g(\tau_i), & \tau_i \leqslant t \leqslant \tau_{i+1}, \ i = 0, 1, 2, \cdots, m \end{cases}$$

$$T_c(t) = \begin{cases} T_{\text{init}}, & t < \tau_0 = 0 \\ T_c(\tau_i), & \tau_i \leqslant t \leqslant \tau_{i+1}, \ i = 0, 1, 2, \cdots, m \end{cases} \quad (1.24)$$

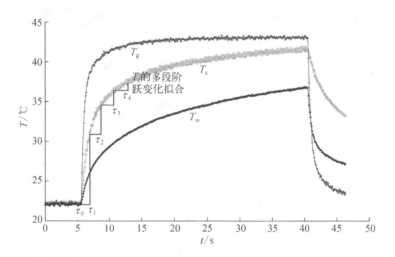

图 1.6 瞬态试验温度变化曲线

　　当时间间隔 $\tau_{i+1} - \tau_i$ 足够小时,式(1.24)就能够较好地模拟主流温度和冷气温度随时间的变化情况。

　　主流温度和冷气温度整理成阶跃变化式(1.24)时,气膜冷却条件下的壁面温度随时间变化的关系可以由式(1.21)推广为

$$T_w(t) = T_{\text{init}} + \sum_{i=1}^{n} \left[T_{\text{aw}}(\tau_i) - T_{\text{aw}}(\tau_{i-1}) \right] \times \left[1 - e^{\frac{h^2(t-\tau_i)}{\rho c_p \lambda}} \times \text{erfc}\left(\frac{h \times (t - \tau_i)^{1/2}}{(\rho c_p \lambda)^{1/2}} \right) \right]$$

$$T_{\text{aw}}(\tau_i) = T_g(\tau_i) + \eta \left[T_c(\tau_i) - T_g(\tau_i) \right], \quad i = 0, 1, 2, \cdots, m$$

$$(1.25)$$

　　与式(1.21)类似,式(1.25)同样至少需要构建两次试验才能获得换热系数 h 和冷却效率 η。在试验测量中,由于主流温度、冷气温度、初始温度和时间的测量中都存在误差,这些误差在求解中会通过式(1.25)传递到换热系数和冷却效率的

计算中。

由于误差的存在,在气膜冷却试验中,一般组织多次测量,构建多个方程,联立求解以便获得准确的换热系数和冷却效率。例如,如果组织了 n 次试验测量,就可构建 n 个方程组成的矛盾方程组,联立求解,构建的方程组如下:

$$
\begin{cases}
T_{\mathrm{w},j}(t_j) = T_{\mathrm{init},j} + \sum_{i=1}^{n} \left[T_{\mathrm{aw},j}(\tau_{i,j}) - T_{\mathrm{aw},j}(\tau_{i-1,j}) \right] \\
\qquad \times \left[1 - \mathrm{e}^{\frac{h^2(t-\tau_{i,j})}{\rho c_p \lambda}} \times \mathrm{erfc}\left(\dfrac{h \times (t - \tau_{i,j})^{1/2}}{(\rho c_p \lambda)^{1/2}} \right) \right] \\
T_{\mathrm{aw},j}(\tau_{i,j}) = T_{\mathrm{g},j}(\tau_{i,j}) + \eta \times \left[T_{\mathrm{c},j}(\tau_{i,j}) - T_{\mathrm{g},j}(\tau_{i,j}) \right] \\
\qquad\qquad i = 0,\ 1,\ 2,\ \cdots,\ m;\ j = 1,\ 2,\ 3,\ \cdots,\ n
\end{cases}
\tag{1.26}
$$

矛盾方程组(1.26)的求解采用最小方差的方法,即求解如下方程:

$$
\min_{h,\eta} \| f(h,\eta) \|_2^2 = \min_{h,\eta} (f_1(h,\eta)^2 + f_2(h,\eta)^2 + \cdots + f_n(h,\eta)^2) \tag{1.27}
$$

式中,

$$
\begin{aligned}
f_j(h,\eta) &= f(T_{\mathrm{w},j}(t),\ T_{\mathrm{init},j},\ T_{\mathrm{g},j},\ T_{\mathrm{c},j},\ t_j,\ \tau_{i,j},\ \rho c_p \lambda,\ h,\ \eta) \\
&= T_{\mathrm{init},j} + \sum_{i=1}^{n} \left[T_{\mathrm{aw},j}(\tau_{i,j}) - T_{\mathrm{aw},j}(\tau_{i-1,j}) \right] \\
&\qquad \times \left[1 - \mathrm{e}^{\frac{h^2(t_j-\tau_{i,j})}{\rho c_p \lambda}} \times \mathrm{erfc}\left(\dfrac{h(t_j - \tau_{i,j})^{1/2}}{(\rho c_p \lambda)^{1/2}} \right) \right] - T_{\mathrm{w},j}(t_j) \\
T_{\mathrm{aw},j}(\tau_{i,j}) &= T_{\mathrm{g},j}(\tau_{i,j}) + \eta \times \left[T_{\mathrm{c},j}(\tau_{i,j}) - T_{\mathrm{g},j}(\tau_{i,j}) \right] \\
&\qquad i = 0,\ 1,\ 2,\ \cdots,\ m;\ j = 1,\ 2,\ 3,\ \cdots,\ n
\end{aligned}
\tag{1.28}
$$

1.2.3 瞬态换热试验常用测温方法

传热测量技术的主要目的就是确定传热现象中的传热系数及传热温度,依据传热学原理,确定这两个参数的测量主要归结为相应温度的测量,因此,传热测量技术的关键就是温度的测量技术。对于瞬态换热试验,还要求所采用的测温技术必须具有非常快的响应速度,热色液晶全表面测温技术与红外热像仪全表面测温技术由于其快的响应速率和全表面的测温特点被广泛用于瞬态换热试验当中。

1. 热色液晶全表面测温技术

液晶是介于固体晶体和各向同性液体之间的一种各向异性的物质存在形态[1],所以它同时具有晶体和液体的某些特性。其外形类似液体,而分子结构类似晶体,具有规律的分子排列,呈现光学各向异性。用于温度显示测量的液晶主要是热致液晶中的胆甾相。这种液晶具有特殊的分子排列结构,分子分层特征明显且排列整齐,在每一层中,分子的长轴相互平行,且平行于层面,但对不同的层面,长轴方向按螺旋线缓慢地变化(图 1.7)。胆甾相液晶的这一分子结构特点,使其对白色光具有选择反射的光学特性,且选择反射光的波长与螺距有关,即不同分子螺距会反射出不同波长的单色光。

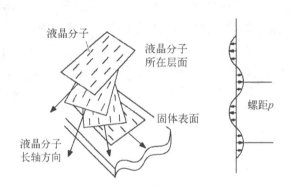

图 1.7　液晶柱状分子的分层排列结构示意图

　　胆甾相液晶的圆二向色性是指,当采用一束白光沿螺旋轴方向入射液晶层状结构时,波长 $\lambda = np$(n 是垂直于螺旋轴平面内的液晶的平均折射率,p 是液晶分子结构的螺距,如图 1.7 所示)及其附近的一个极窄波段内的光波会被分解成旋向相反的两束圆偏振光,一束透过液晶,另一束则被液晶所反射;而所有其他的光波分量均会透过液晶。胆甾相液晶所具有的这种选择性地反射光波的特性正是液晶测温技术的基础。当液晶温度变化时,其分子结构的螺距 p 会发生变化,液晶选择反射光波的波长也会随之变化,液晶呈现的颜色会相应变化。胆甾相液晶能够以色彩反映温度变化的特性称为液晶的热色性,这个特性使得液晶可以用于温度测量。热色液晶用于温度测量时,必须事先准确标定液晶颜色和温度的对应关系,标定的方法可以参考使用热色液晶测温的文献。

　　液晶一般仅在某个温度区间内呈现不同的颜色,例如,研究中常常使用型号为SPN/R35C1W 的液晶,在 35~36℃,随温度升高呈现红→橙→黄→绿→青→蓝→紫的变化;在该温度范围外无色。研究中,主要通过校准标定确定所使用型号液晶颜色与温度的对应关系。试验时可使用电荷耦合器件(charge coupled device,CCD)摄像机拍摄试验件表面液晶的颜色变化,记录所有测点位置处液晶颜色与时间的关系,通过标定的液晶颜色-温度关系,可以确定测点温度随时间的变化。

　　液晶呈现最大绿色值时对应的温度十分稳定,故在瞬态试验测量中主要记录试验表面液晶呈现最大绿色值的时间,以便获得较好的测量结果。研究中还可根据需要使用其他型号的液晶,如 SPN/R25C0.8W 和 SPN/R40C1W 两种型号,这两种液晶呈现最大绿色值时对应的温度分别在25℃和40℃左右。

2. 红外热像仪全表面测温技术

在自然界中,一切温度高于绝对零度的物体都在以电磁波的形式向外辐射热量,其中波长在0.76~1 000 μm的电磁波称为红外光波,它在电磁波连续频谱中处于微波与可见光之间的区域,如图1.8所示。按波长范围可分为近红外、中红外、远红外、极远红外四类。任何物体在绝对零度以上都会因分子和原子的无规则运动而不停地向外辐射热红外能量。在自然界中红外线辐射是最广泛的电磁波辐射,红外测温技术的关键也是因为红外光具有很强的温度效应。物体表面温度与物体的红外辐射能量、波长的大小有着十分密切的关系。因此,通过物体辐射红外能量的测量,便能准确测定物体表面温度,这是红外辐射测温所依据的客观理论基础。

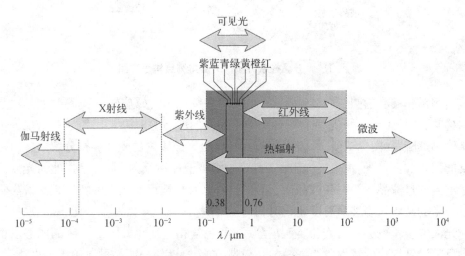

图1.8　电磁波频谱分布示意图

一个完整的红外测温系统是由光学系统、红外探测器、信号放大器及信号处理、显示输出组成的。光学系统汇聚其视场内的目标红外辐射能量,视场的大小由测温仪的光学零件及其位置决定。红外能量聚焦在红外探测器上并转变为相应的电信号,该信号经过放大器和信号处理电路,并按照仪器内置的算法和目标发射率校正后转变为被测目标的温度值。在早期的扫描型红外测温仪中,光学系统和红外探测器之间有一个光机扫描机构,对被测物体的红外热像进行扫描,并聚焦在红外探测器上,由探测器将红外辐射能转换成电信号。目前常用的红外测温仪均为非扫描型红外热像仪,也称为焦平面热像仪,它去掉了繁杂的光机扫描装置,二维平面形状的红外探测器具有电子自扫描功能,与照相机的原理非常相似,被测物体的红外辐射通过物镜就能将物体聚焦在底片上曝光成像,聚焦在红外探测器的阵列平面上,该阵列称为"焦平面阵列",焦平面热成像也称为"凝视成像"。

包括红外波段在内的电磁波,其光谱范围比较广。现阶段的红外热像仪只能对其中某一小段光谱范围的红外光产生反应,如 $3\sim5$ μm 或 $8\sim14$ μm。大气、烟云等对 $3\sim5$ μm 和 $8\sim14$ μm 的热红外线几乎没有阻碍,但可以吸收除此之外的可见光和红外线,这就是所谓的"大气窗口"。红外热像测温系统属于窄谱辐射成像的测量设备,使用红外热像仪测温必须事先通过黑体恒温炉标定出红外热像仪所能吸收的红外辐射能量与被测物体表面温度的关系曲线,标定的点越多,测温相对越准,这种标定和每个探测器本身的特性相关。

红外热像仪具有以下特点和优点: ① 响应速度快,热像仪测温的响应时间多为毫秒甚至微秒级,因此热像仪可以测取快速变化的温度(场);② 测量范围宽,辐射测温的理论下限是绝对零度(即 -273.15℃)以上,基本没有理论上限,红外热像仪因型号不同,温度测量范围不同,且温度范围可扩展;③ 测量精度高,可以分辨 0.01℃ 或更小温度值;④ 可对小面积测温,测点直径可小至几微米;⑤ 可同时测量点温、线温和面温;⑥ 绝对温度和相对温度均可测量;⑦ 非接触测量;⑧ 测量结果形象直观,红外热像仪以彩色或黑白图像的方式输出被测目标表面的温度场,与单点测温相比,不仅可提供更为完整、丰富的信息,且非常形象直观。需要注意的是,在使用红外热像仪测温时,被测表面的发射率、吸收率、大气透射率、大气发射率、背景温度、大气温度等因素都会直接影响测温的准确程度。

1.3 冷却效果试验

冷却效果是航空发动机空气系统零部件,如涡轮气冷叶片、外环块等处于高温燃气环境下的热端部件的主要性能指标之一。按照试验目的,冷却效果试验可以在高温下完成,也可以在相对比较低的温度下完成,相应的试验参数变量可以是单一的,也可以是多因素的。

本节在讨论零部件的流动换热试验方法时,将明确需要遵循的无量纲设计和分析准则。试验工作中,除了采用全尺寸全温全压试验状态外,如果描述给定状态的微分方程是已知的,可以按照量纲一致性得出无量纲参量,对于没有控制微分方程直接可用的情况可以采用白金汉量纲分析方法获取。零部件流动特性的试验准则一般包括由几何相似、运动相似和动力相似决定的无量纲参量,在换热特性试验中则需要增加考虑对流换热(合并线性化辐射换热)、表面流热耦合的无量纲参量。与此同时,这些参量还给出了试验装置设计应遵循的一般原则。

1.3.1 叶片冷却效果全温全压试验方法

近年来,结构和热分析设计人员更加倾向于进行叶片的全温全压试验,这样也便于与相关叶片温度场计算结果比较。相对于相似试验,全温全压试验条件更接近发动机中叶片经受的实际环境,而且克服了相似试验中的诸多不足。不过该方法加大了试验消耗,高的温度和压力带来了试验装置设计上的难题,也可能带来测量上相对更大的误差。

试验中出于试验器流量限制,通常安排4通道或6通道的扇形叶栅进行试验。导向叶片安装在靠近燃烧室出口,通过控制进口燃气压力和温度,使雷诺数和马赫数与发动机中相同。控制冷却空气温度和压力,可以保持燃气-冷气压比和温度比与发动机中相同。对于工作叶片,若来流不安排导向叶片,则雷诺数和马赫数不能同时保证,需要对其中一个参数进行关联式试验;若安排来流导向叶片,则参数可调整到发动机状态,但是导向叶片与工作叶片之间的距离要足够消除尾迹的影响。试验件设计时可以在叶片内部安排温度和压力测点,以便考察内部特征点温升和沿流程压力分布,但测点数量会受到结构和测量要求的限制。一般而言,试验目标如下:

(1) 设计验证,即确定叶片金属温度在设计限制之内,冷却空气压力、温度和流量在发动机运行工况之下;

(2) 换热模型验证,即在试验条件范围下,比较试验和计算结果;

(3) 在发动机设计压力水平下,验证叶片冷却流动,即通过安排试验冷却流动水平与设计值相等,验证流动模型。不过,在发动机条件下上游压力和叶片排气反压由发动机流动条件固定,叶片流动相应调整。在发动机运行条件下的试验过程中,测量流动和上游压力。如果测量的流动与设计流动一致,则流动模型被验证。

对于一些涡轮设计人员关心的高空低雷诺数试验状态,如果试验设备不具备提供高温叶栅出口负压的能力,则需要增加排气引射器或者采用排气段真空抽吸的方法解决。

1.3.2　相似模拟(降温)试验时的冷却效果试验方法

相似试验基于相似理论对影响冷却效果的众多定性参数进行了量纲分析,如白金汉方法,整理出试验中叶片外部和内部参数需要遵循的一些相似准则。对于叶栅试验,就要求在几何相似之外,满足主气流的运动相似,主气流与排出的冷却空气相互作用的过程相似,以及冷却系统"内部"参数的相似。该方法有几个版本,较为全面的如下文简述,但参数换算要相对烦琐一些。

环绕静叶的马赫数分布和动量厚度的雷诺数分布,在发动机工作与试验条件之间必须相同。这两个参数相等是相似性的基本要素,以保证传热系数和绝热壁温有同样的相对分布,以及从层流到湍流边界层有相同的转捩点。

为保证两种条件间当地马赫数不变,其当量质量流量必须相同[其中,上角(t)表示试验,上角(e)表示发动机],因此,

$$\frac{w_{\mathrm{g}}^{(\mathrm{t})}}{w_{\mathrm{g}}^{(\mathrm{e})}} = \frac{P_{\mathrm{g}}^{*(\mathrm{t})}}{P_{\mathrm{g}}^{*(\mathrm{e})}} \sqrt{\frac{(RT^*)_{\mathrm{g}}^{(\mathrm{e})}}{(RT^*)_{\mathrm{g}}^{(\mathrm{t})}}} \frac{\Gamma_{\mathrm{g}}^{(\mathrm{t})}}{\Gamma_{\mathrm{g}}^{(\mathrm{e})}} \tag{1.29}$$

式中，w_{g} 为燃气流量；Γ_{g} 为考虑比热随温度变化的一个近似修正，如 $\Gamma_{\mathrm{g}} = \sqrt{k}\left(\frac{2}{k+1}\right)^{\frac{k+1}{2(k-1)}}$。

因为当地动量厚度雷诺数也必须在(t)和(e)两种条件间保持不变，故有

$$\frac{\left(\frac{\rho V \theta}{\mu}\right)_{\mathrm{g}}^{(\mathrm{t})}}{\left(\frac{\rho V \theta}{\mu}\right)_{\mathrm{g}}^{(\mathrm{e})}} = \frac{\theta_{\mathrm{g}}^{(\mathrm{t})}}{\theta_{\mathrm{g}}^{(\mathrm{e})}} \frac{\mu_{\mathrm{g}}^{(\mathrm{e})}}{\mu_{\mathrm{g}}^{(\mathrm{t})}} \frac{w_{\mathrm{g}}^{(\mathrm{t})}}{w_{\mathrm{g}}^{(\mathrm{e})}} = \frac{\theta_{\mathrm{g}}^{(\mathrm{t})}}{\theta_{\mathrm{g}}^{(\mathrm{e})}} \frac{\mu_{\mathrm{g}}^{(\mathrm{e})}}{\mu_{\mathrm{g}}^{(\mathrm{t})}} \frac{P_{\mathrm{g}}^{*(\mathrm{t})}}{P_{\mathrm{g}}^{*(\mathrm{e})}} \sqrt{\frac{(RT^*)_{\mathrm{g}}^{(\mathrm{e})}}{(RT^*)_{\mathrm{g}}^{(\mathrm{t})}}} \frac{\Gamma_{\mathrm{g}}^{(\mathrm{t})}}{\Gamma_{\mathrm{g}}^{(\mathrm{e})}} = 1 \tag{1.30}$$

式中，θ 为当地动量厚度(边界层特征尺寸)；μ 为动力黏度，单位为 Pa·s；如在试验和发动机工作条件间保持当地气膜有效性不变，冷却介质与高温燃气质量流量比 $\frac{(\rho V)_{\mathrm{c}}}{(\rho V)_{\mathrm{g}}}$，冷却介质与高温燃气的动量比 $\frac{(\rho V^2)_{\mathrm{c}}}{(\rho V^2)_{\mathrm{g}}}$（或者密度比 $\frac{\rho_{\mathrm{c}}}{\rho_{\mathrm{g}}}$）以及动量厚度与气膜喷孔直径 D 之比 $\frac{\theta_{\mathrm{g}}}{D}$ 都必须在两种情况下相等。

若试验模型尺寸是实际尺寸，则

$$\frac{\left(\frac{\theta_{\mathrm{g}}}{D}\right)^{(\mathrm{t})}}{\left(\frac{\theta_{\mathrm{g}}}{D}\right)^{(\mathrm{e})}} = \frac{\theta_{\mathrm{g}}^{(\mathrm{t})}}{\theta_{\mathrm{g}}^{(\mathrm{e})}} = 1 \tag{1.31}$$

而式(1.30)变为

$$\frac{\mu_{\mathrm{g}}^{(\mathrm{e})}}{\mu_{\mathrm{g}}^{(\mathrm{t})}} \frac{w_{\mathrm{g}}^{(\mathrm{t})}}{w_{\mathrm{g}}^{(\mathrm{e})}} = \frac{\mu_{\mathrm{g}}^{(\mathrm{e})}}{\mu_{\mathrm{g}}^{(\mathrm{t})}} \frac{P_{\mathrm{g}}^{*(\mathrm{t})}}{P_{\mathrm{g}}^{*(\mathrm{e})}} \sqrt{\frac{(RT^*)_{\mathrm{g}}^{(\mathrm{e})}}{(RT^*)_{\mathrm{g}}^{(\mathrm{t})}}} \frac{\Gamma_{\mathrm{g}}^{(\mathrm{t})}}{\Gamma_{\mathrm{g}}^{(\mathrm{e})}} = 1 \tag{1.32}$$

式(1.32)表明，燃气流率必须按正比随着动力黏性变化，公式还给出了保证试验和发动机工作两种条件下有相同雷诺数和马赫数分布，它们的燃气压力和温度间应有的函数关系。

冷空气流率和温度就可用冷却介质与燃气质量流量比和动量比求定。要求：

$$\left[\frac{(\rho V)_c}{(\rho V)_g}\right]^{(t)} = \left[\frac{(\rho V)_c}{(\rho V)_g}\right]^{(e)},\ \text{即}\ \left(\frac{w_c}{w_g}\right)^{(t)} = \left(\frac{w_c}{w_g}\right)^{(e)} \tag{1.33}$$

式中,下标 c 表示冷气;下标 g 表示燃气。

因为冷气出口压力 $P_{c,\,out} = P_g$,为了保证试验与发动机工作条件下动量比相等,必须有

$$\left(\frac{T_{c,\,out}}{T_g}\right)^{(t)} = \left(\frac{T_{c,\,out}}{T_g}\right)^{(e)} \tag{1.34}$$

式中,$T_{c,\,out}$ 为气膜喷射温度。

与垂直于壁面方向的热传导相比较,略去其他方向的传导作用,气膜喷射温度 $T_{c,\,out}$ 可按式(1.35)与供应的冷却介质温度联系起来:

$$\frac{(H_{c,\,out} - H_{c,\,in})^{(t)}}{(H_{c,\,out} - H_{c,\,in})^{(e)}} = \frac{q^{(t)}}{q^{(e)}}\left(\frac{\mu_g^{(e)}}{\mu_g^{(t)}}\right) \tag{1.35}$$

式中,H 为冷却介质的焓;q 表示热流密度;$\dfrac{\mu_g^{(e)}}{\mu_g^{(t)}}$ 在这里代表质量流量比[参见式(1.32)]。满足式(1.32)和式(1.35)即可保证在试验和发动机工作两种条件下,环绕静叶的高温燃气侧传热系数将有相同形状的分布。

如果冷却叶片在试验中的表现与发动机实际工作中的一样,就必然存在某些准则化的外壁温度在这两种情况下保持不变。最常用的无因次壁温仅包括那些已知的温度,即冷却介质供应温度 $T^*_{c,\,in}$ 和有效燃气温度(又称为燃气恢复温度)$T_{g,\,r}$ 等。因此,无因次壁温 η(即冷却效果)定义为

$$\eta = \frac{T_{g,\,r} - T_w}{T_{g,\,r} - T^*_{c,\,in}} \tag{1.36}$$

无因次壁温或由式(1.36)中三种温度组合的某些相似准则群,常用来作为一定叶片设计的冷却效果度量。然而,要在试验中和发动机实际工作中严格保持热通量相等,对于真实的成品构件是不可能的,这是因为通过固体壁面的温度降并不按热通量的降低(由于燃气温度与压力减小)以固有的比例相应减小。在降低燃气参数条件下对叶片进行冷却较为容易,这是因为较之高温高压燃气的情况,对流冷却的驱动势 $(T_w - T_c)$ 所占的比例相对较大。不过,在适当比例的试验条件下,$\eta^{(t)}$ 和 $\eta^{(e)}$ 间的差别在大多数情况下不会超出试验精度范围(一般误差控制在5%以内)。表1.1给出了典型相似状态换算的实例,第一行为给定的设计状态。

表 1.1　换算状态

单个流道流量/(kg/s)	燃气进口绝对压力/kPa	燃气进口平均总温/K	主流出口雷诺数	主流出口马赫数	单个叶片冷气流量/(kg/s)	冷气进口总压/kPa	冷气进口总温/K
1.78	2 020	1 528	2 717 600	1.08	0.104 6	2 048	760.0
1.68	1 822	1 400	2 717 600	1.08	0.098 7	1 851	696.5
1.6	1 670	1 300	2 717 600	1.08	0.094 0	1 699	646.5
1.51	1 518	1 200	2 717 600	1.08	0.089 1	1 547	596.8
1.43	1 371	1 100	2 717 600	1.08	0.084 2	1 399	547.1

表 1.1 中,流量比和温度比也维持不变。

对于涡轮冷却叶片,弦向热流密度通常仅为壁面法向方向热流密度的 10% 左右,展向热流密度则更小。因此在稳定态,可根据一维等热流条件和傅里叶定律建立传热模型。

此时无涂层冷效的定义如图 1.9 和图 1.10 所示,其中图 1.9 表征前缘区域,图 1.10 表征弦向其他位置:

$$\eta = \frac{T_{g,r} - T_{w1}}{T_{g,r} - T_c} = \frac{1}{1 + r_2 h_g \left[\dfrac{1}{r_3 h_c} + \dfrac{\ln(r_2/r_3)}{\lambda_{12}} \right]} \tag{1.37}$$

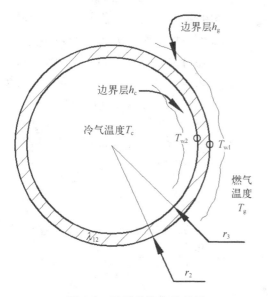

图 1.9　叶型前缘换热单元

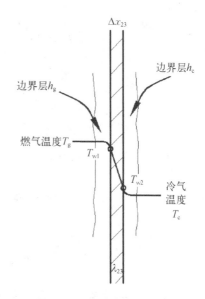

图 1.10　叶型弦向换热单元

$$\eta = \frac{T_{g,r} - T_{w1}}{T_{g,r} - T_c} = \frac{1}{1 + \left(\dfrac{\Delta x_{23}}{\lambda_{23}} + \dfrac{1}{h_c} \right) h_g} \tag{1.38}$$

从式(1.37)和式(1.38)可见,除换热系数外冷却效果还受导热系数、壁面厚度及壁面直径影响。从式(1.37)和驻点区换热系数公式 $h_g \propto Re_g^{0.5} Pr_g^{0.4} \left[1 - \left(\dfrac{\alpha}{90} \right)^3 \right] \dfrac{\lambda}{D_e}$ (其中 α 为自驻点的角度, D_e 为叶型前缘直径)还可以看出,在内冷不变的条件下,增大叶型前缘直径可以获得更好的冷却效果,增加最大厚度也便于叶型前缘冷却设计,提高叶片耐温能力;类同保温层"临界半径"的定义,增大高导前缘直径趋向于减小表面热通量。

叶片涂敷热障涂层后将使得叶片换热模式发生改变,由单层壁变为多层壁换热,可导致如下的一系列变化,从而使通过壁面的热通量改变:

(1) 叶片金属表面温度下降,涂层外表壁温水平上升;

(2) 改变叶片弦向局部金属壁温分布,尤其是内外壁温差较大的位置;

(3) 增加涂层后,冷却效果计算方法变化,使得评估不同状态间涂层效果变得复杂。

热障涂层底层为黏结层,其材料导热系数较大,且较薄,对叶片温度几乎没有影响,故未考虑底层影响,喷涂热障涂层后叶片壁面可视为双层壁,本节计算时仅考虑面层对叶片温度分布的影响。

不计薄的黏结层,叶型前缘小曲率表面可以表征为如图 1.11 所示两面接触不同温度流体的双层圆筒换热。

稳态、无内热源条件下按照穿壁等热流密度可以分别针对 T_{w1}、T_{w2} 建立冷却效果关系式。

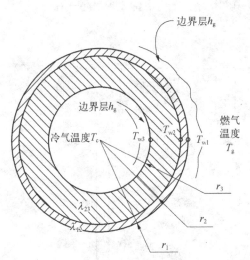

图 1.11 带涂层的前缘换热单元

涂层表面冷却效果 η' 表示为

$$\eta' = \frac{T_{g,r} - T_{w1}}{T_{g,r} - T_c} = \frac{1}{1 + r_1 h_g \left[\dfrac{1}{r_3 h_c} + \dfrac{\ln(r_1/r_2)}{\lambda_{12}} + \dfrac{\ln(r_2/r_3)}{\lambda_{23}} \right]} \tag{1.39}$$

金属外表面冷却效果 η^* 表示为

$$\eta^* = \frac{T_{g,r} - T_{w2}}{T_{g,r} - T_c} = \frac{1}{1 + \left\{ \left[\frac{1}{r_3 h_c} + \frac{\ln(r_2/r_3)}{\lambda_{23}} \right] \Big/ \left[\frac{1}{r_1 h_g} + \frac{\ln(r_1/r_2)}{\lambda_{12}} \right] \right\}}$$

$$(1.40)$$

　　不计薄的黏结层,叶型除前缘小曲率外的表面换热情况可以表征为如图 1.12 所示两面接触不同温度流体的双层壁换热。

　　稳态、无内热源条件下按照穿壁等热流密度可以分别针对 T_{w1}、T_{w2} 建立冷却效果关系式。

　　涂层表面冷却效果 η' 表示为

$$\eta' = \frac{T_{g,r} - T_{w1}}{T_{g,r} - T_c} = \frac{1}{1 + \left(\frac{\Delta x_{12}}{\lambda_{12}} + \frac{\Delta x_{23}}{\lambda_{23}} + \frac{1}{h_c} \right) h_g}$$

$$(1.41)$$

　　金属外表面冷却效果 η^* 表示为

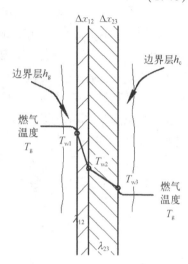

图 1.12　带涂层的弦向换热单元

$$\eta^* = \frac{T_{g,r} - T_{w2}}{T_{g,r} - T_c} = \frac{1}{1 + \left(\frac{1}{h_c} + \frac{\Delta x_{23}}{\lambda_{23}} \right) \Big/ \left(\frac{1}{h_g} + \frac{\Delta x_{12}}{\lambda_{12}} \right)} \quad (1.42)$$

典型的不同相似试验温度热障涂层隔热效果评估结果如图 1.13 所示,这是在

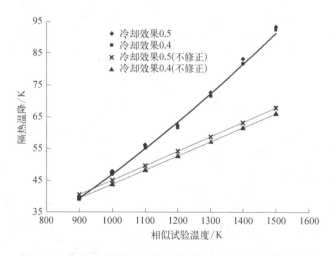

图 1.13　相同温度比不同相似试验温度下隔热温降的变化

相同燃气温度、相同燃气冷气温度比、相同涂层厚度和不同冷却效果下给出的,不进行修正处理时,随着相似试验温度提高,隔热温降结果偏离真值的幅度越来越大,最大可达30%;相同试验条件下,冷却效果越高偏离越大。

1.3.3 基于正交设计的冷却效果试验方法

这类试验方法主要是用于建立冷却效果与相关控制变量的准则关系。

单因素试验中在一定范围内只变化一个参数,其影响反映在幂指数上,如 $\theta = CRe^n$,其他变量保持不变,其影响归结到关联常数上;对不同的变量进行试验,得到完整的关联式指数,然后通过数据拟合得到最终的关联常数。该方法较为常规,试验结果具有局部特点,其优点是直观、可操作性强,适用于独立变量,当变量之间交互作用较大时不再适用。

在涡轮叶片实际工作中,往往是多个参数同时变化,有的参数之间还存在交互作用。因此,更加可靠的关联方法是进行多因素变量的组合试验,即从与冷却效果相关的多维空间上考察参数影响规律,此时从一个状态到另一个状态,试验时改变大量参数,甚至改变所有参数。但是,这些参数的匹配是在一定的试验规划原理的基础上进行选取的,希望得到的结果具有尽量多的信息。

多参数试验方法主要有正交试验法、线性规划原理指导下的约束法,与全样本空间相比,大大减少了试验工作量。与相应的数据处理结合,通过求解线性方程组,不但可以得到综合的关联式,还可以评价单一因素的变化;对于变量之间的相互影响,可以通过相关系数获得。多因素方法对试验设备的操作性提出了较高要求,试验组织更加精细。对于关联式试验,应指明其适用的参数范围,当参数范围偏离设计点时,这种情况通常出现在相似试验中,必须对相应参数进行修正,但是增大了结果的不确定性。

采用正交试验法,按正交表进行试验。此方法可安排多因素多水平的试验,并能使试验次数尽可能少,适用于与多参数有关的复杂现象的试验研究。对于冷却效果试验,依据:

$$\eta = CK_G^n \cdot K_T^Z \cdot K_R^Y \cdot Re_g^{n-m} \tag{1.43}$$

式中, C 为系数; K_G 为冷气燃气流量比; K_T 为燃气冷气温度比; K_R 为叶片前后腔流量比; Re_g 为燃气雷诺数。

对式(1.43)取对数:

$$\ln \eta = \ln C + n\ln K_G + Z\ln K_T + Y\ln K_R + (n - m)\ln Re_g \tag{1.44}$$

故正交试验可通过系列参数及对应的结果,用最小的代价来获得交互的影响,试验条件基本模拟发动机工作条件,除 K_G 、 K_T 、 K_R 、 Re_g 在使用范围变化外,其余参数均固定。如按 $L_{25}(5^4)$（5 表示水平数，4 表示因素数，25 表示试验次数）正交表安排试验，正交试验各因素对应水平分布见表 1.2。

表 1.2　正交试验表

试验号	燃气雷诺数	冷气燃气流量比	燃气冷气温度比	叶片前后腔流量比
1	1	1	1	1
2	1	2	2	2
3	1	3	3	3
4	1	4	4	4
5	1	5	5	5
6	2	1	2	3
7	2	2	3	4
8	2	3	4	5
9	2	4	5	1
10	2	5	1	2
11	3	1	3	5
12	3	2	4	1
13	3	3	5	2
14	3	4	1	3
15	3	5	2	4
16	4	1	4	2
17	4	2	5	3
18	4	3	1	4
19	4	4	2	5
20	4	5	3	1
21	5	1	5	4
22	5	2	1	5
23	5	3	2	1
24	5	4	3	2
25	5	5	4	3

第 2 章
孔管类试验

本章重点介绍空气系统孔管类试验的设备和方法,孔管类试验的范围主要包括引气管、孔(静止、旋转)、预旋喷嘴等空气系统元件的试验。这类试验的目的主要是获取相关孔、管类元件的流量特性,验证空气系统孔、管类元件设计,并根据试验获取孔、管类元件的流量特性修正空气系统一维网络模型中的孔管类元件计算模型,使空气系统一维网络计算结果更接近真实情况。另外,孔、管类试验还能积累数据,完善空气系统设计工具软件中孔、管类元件相关计算方法。

2.1 试验目的和意义

在条件允许的情况下,为了支撑核心机、整机等试验,一般会采用该台份核心机或整机的空气系统管路、预旋喷嘴装机件进行流量特性试验。在核心机或整机试验前,利用试验获取的实际流量特性修正空气系统计算模型后,开展更接近于实物状态的评估计算,能更准确地获取试验工况下空气系统计算结果,有助于在试验前发现试验中的风险。例如,引气管或预旋喷嘴流阻过大导致空气系统关键流路流量偏低或气冷叶片供气不足,引气管或预旋喷嘴流阻低于预期导致引气流量超出设计值等。

对于孔类试验,有静止孔和旋转孔两类。孔类元件在空气系统内分布最为广泛,属于空气系统网络中的基本单元。孔类试验一般不用于校核试验,常用于方法研究,通过孔的试验识别影响孔流量特性的关键参数,建立关键参数与孔流阻之间的关系,用于修正空气系统一维计算模型。

2.2 试验设备

2.2.1 管路流量特性试验设备

空气系统常规的管路流量特性试验,属于静止试验,并且试验温度为常温,无须改变来流温度,因此该类试验对于试验设备的要求比较低。试验设备只要能提供试验所需的压力与流量,且试验段空间允许,并具备相关的测试条件,即可承担管路流量特性试验。管路流量特性试验的试验设备可以专门建设管流试验器,也可以在满足压力、流量供气条件的其他合适的试验设备上开展试验。在试验设备的选取上具有较大的自由度。

比较常见的空气系统管路流量特性试验设备如图2.1所示。试验系统由引气管、集气腔、流量计、电动调节阀和测试受感部等组成。试验气源需采用连续稳定气源,整个试验系统经供气管路从气源引气,通过电动调节阀控制试验系统的流量,通过串联在系统中的流量计测量流经管路的总流量。测试系统主要测量管路进口温度、压力参数,受感部一般布置于转接段中,不直接在管路上布置测点。通过数据采集系统将测量的参数转换为数字信号存储于测试计算机中。

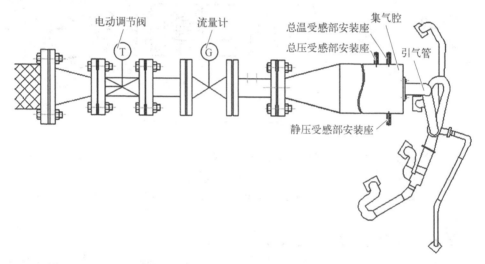

图 2.1 管路流量特性试验设备示意图

对于空气系统引气管路,在发动机的实际运行工况中从压气机侧的集气腔中引气,排入涡轮侧的集气腔。集气腔面积远大于管路面积。为了模拟管路真实工作情况,且为了保证试验件进口压力稳定,试验件与试验器管路之间的转接段需设置稳压箱,稳压箱相对于试验件流通面积的比例越大,稳压效果越明显。一般而言,稳压箱与流动方向垂直的截面积应大于10倍试验件的截面积。

对于管路试验设备的选取,试验前应针对试验目的和试验工况以及试验件尺寸开展充分的评估计算,确保试验设备能力能满足试验工况所需的最大压力、最大流量等要求。

2.2.2 预旋喷嘴流量特性试验设备

空气系统预旋喷嘴流量特性试验同样也属于静止试验,试验设备与管路流量特性试验类似,如图 2.2 所示。试验设备由稳压筒、节流阀、流量计、测试受感部等组成。图示试验设备气源通过空气压缩机压缩空气,并存储在稳压筒中,通过供气管提供给试验段。试验流量通过节流阀控制,由串联于管路中的涡轮流量计测量流量。试验转接段除了设置稳压装置外,还设置了整流段、栅网和蜂窝器进一步提高气流均匀性和稳定性。测试系统在稳压装置(外壳)中设置了静压、总压、总温测点受感部。相关测试信号通过数据采集系统将测量的参数转换为数字信号存储于测试计算机中。

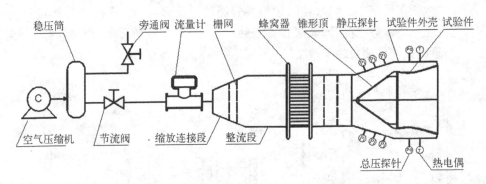

稳压筒　旁通阀　流量计　栅网　蜂窝器　锥形顶　静压探针　试验件外壳　试验件

空气压缩机　节流阀　缩放连接段　整流段

总压探针　热电偶

图 2.2　预旋喷嘴流量特性试验设备示意图

预旋喷嘴试验件通过一端法兰与试验设备稳压装置相连,另一端通过锥形顶连接密封,保证试验时气流全部经过预旋喷嘴试验件流出。

预旋喷嘴流量特性试验设备的选取原则与管路流量特性试验类似。

2.2.3　孔类流量特性试验设备

对于空气系统孔类试验,如果试验目的为获取静止孔流量特性,相关试验设备需求与管路流量特性试验一致。

对于旋转孔试验,需要在旋转试验台上开展。典型的旋转孔试验设备如图 2.3 所示,各试验设备要求如表 2.1 所示,主要包括供气系统、动力系统、数据采集系统、控制系统,以及试验台架主体。

供气系统包括气源、稳压罐、引气管路、阀门和转接段,作用是提供所需的气流。

动力系统选用三相变频电机,通过变频器控制转速,实现试验过程中不同转速的调节。

数据采集系统利用对应传感器输出信号的多通道数据采集卡对试验中传感器所采集到的原始电流信号进行转换并进行实时传输,实现试验测试数据的实时处理和实时记录。

控制系统对气源/阀门/电机等进行控制;利用各类传感器对所需参数进行测

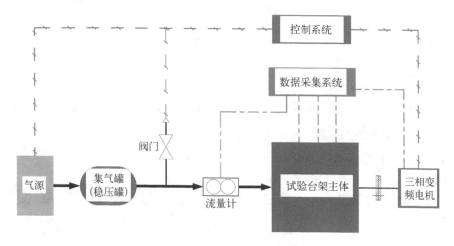

图 2.3　旋转孔试验设备示意图

表 2.1　旋转孔试验设备

序　号	试 验 设 备	要　　求
1	供气系统	常温,压力、流量要求
2	动力系统	转速可调,最大转速,功率要求
3	数据采集系统	对瞬态测量参数信号连续采集,时间间隔不大于 1 s(示例)
4	控制系统	对阀门开度、电机转速等进行控制
5	试验台架主体	安装固定试验件组件

量并反馈数据,以达到试验任务书所要求的各个工况。

试验台架主体安装并固定试验件组件,试验件组件包括进气段、试验件、排气段。根据试验目的的不同,试验件组件可以轴向进气、径向进气,根据试验目的设计进气段形式。对于修改进气角度的试验目的,还可以在进气段设置预旋叶片,通过作动器改变预旋叶片角度实现气流角度调节。

对于孔类试验设备的选取,试验前应针对试验目的和试验工况以及试验件尺寸开展充分的评估计算,确保试验设备能力能满足试验工况所需的最大压力、最大流量等要求,且试验台周期能满足试验要求。

除此之外,对于旋转孔类试验,因为属于旋转试验,试验转速高,试验出现不平衡、振动等情况的可能性较大,危险性较高,如果发生失效,容易对试验件、试验台、试验人员造成伤害。故需要在试验前对试验可能做到的最大工况开展强度评估,确认试验设备的强度可以满足试验要求。

2.3　试验方法

2.3.1　管类流量特性试验方法

引气管路等空气系统管路在各型号核心机或者发动机上因外部结构和发动机尺寸存在差异,管路的长度、拐弯数和拐弯角度都存在差别,不同发动机上的管路即使内径一致其损失模型也不一样,最好能采用该台份上的装机件管路开展流量特性试验以获取实际的管路流阻特性。

对于如引气管之类的空气系统管类元件的流量特性试验,进口气流温度为正常压缩空气温度,一般保持出口压力大气压不变,通过依次调节不同的进口总压来实现进出口压比调节,试验获取不同压比条件下的流量。

另外,对于单一进口单一出口的简单的引气管路,只需要进行一种口径的试验。对于单一进口但具有不同尺寸歧管出口的复杂管路系统,出口全开只能获取整个管路系统的流量特性。为了获取不同尺寸歧管的流量特性,需要将其他尺寸歧管的出口堵住,只保留特定管径出口打开。相关管路出口封堵可以用与管路出口法兰安装边匹配的小法兰,通过螺栓连接于管路出口法兰。

试验前需要进行的检查有:① 检查试验系统气密性;② 检查各测点初值是否异常;③ 检查供气系统是否正常工作。

试验最大压比一般至少需要做到临界,即最大压比应大于 1.89。最小压比视试验台能力,一般为 1.05 左右。试验状态点一般可以按照 0.1 的变化设置间隔,可以在设计压比附近或者小压比附近加密,如间隔设置为 0.05 左右。试验时要求各试验状态点稳定后再调整到下一状态。

为保证试验结果的有效性,试验应至少进行 2 次,以保证试验数据的重复性。

在完成一组试验件试验下台前,应检查两次试验中测试数据的有效性和重复性,如试验过程各测点分量无异常且同压比下数据重复性良好(两次试验差别不超过 1%),才可以进行下一组试验件试验。

根据上述试验方法,管路流量特性试验具体步骤如下:

(1) 完成试验前检查;

(2) 逐渐打开进口阀门,压比从最小做到最大;

(3) 逐渐关闭进口阀门,压比从最大做到最小;

(4) 数据稳定后进行记录;

(5) 检查数据有效性和重复性。

试验中检查气密性和测试系统时,为了设备人员安全,应在低压情况下开展,压力不宜超过 0.4 MPa。

2.3.2 预旋喷嘴流量特性试验方法

对于各台份预旋喷嘴,在设计几何参数一致的情况下,因预旋喷嘴加工尺寸在公差内浮动,铸件表面粗糙度等因素的影响,最准确的方式是采用该台份核心机或发动机上的装机件预旋喷嘴开展预旋喷嘴流量特性试验。

对于预旋喷嘴流量特性试验,其试验方法与管路流量特性试验类似,进口气流温度为正常压缩空气温度,保持出口压力大气压不变,通过调节进口总压实现进出口压比调节,试验获取不同压比条件下的流量。

试验前需要进行的检查有:① 检查试验系统气密性;② 检查各测点初值是否异常;③ 检查供气系统是否正常工作。

试验最大压比一般至少需要做到临界,即最大压比应大于 1.89。最小压比视试验台能力,一般为 1.05 左右。试验状态点一般可以按照 0.1 的变化设置间隔,可以在设计压比附近或者小压比附近加密,如间隔设置为 0.05 左右。试验时要求各试验状态点稳定后再调整到下一状态。

为保证试验结果的有效性,试验应至少进行 2 次,以保证试验数据的重复性。

在完成一组试验件试验下台前,应检查两次试验中测试数据的有效性和重复性,试验过程各测点分量无异常且同压比下数据重复性良好(两次试验差别不超过1%),才可以进行下一组试验件试验。

根据上述试验方法,预旋喷嘴流量特性试验具体步骤如下:

(1) 完成试验前检查;
(2) 逐渐打开进口阀门,压比从最小做到最大;
(3) 逐渐关闭进口阀门,压比从最大做到最小;
(4) 试验参数稳定后进行记录;
(5) 检查数据有效性和重复性。

试验中检查气密性和测试系统时,为了设备人员安全,应在低压情况下开展,压力不宜超过 0.4 MPa。

2.3.3 静止孔流量特性试验方法

静止孔试验多用于研究性试验,试验件一般根据试验目的进行重新加工,不用装机件。该类试验根据试验目的,可以采用不同几何参数,如长径比、倒角等参数变化的模型开展试验。

静止孔试验方法与引气管路试验方法一致,进口气流温度为正常压缩空气温度,保持出口压力大气压不变,通过调节进口总压实现进出口压比调节,试验获取不同压比条件下的流量。

试验前需要进行的检查有:① 检查试验系统气密性;② 检查各测点初值是否异常;③ 检查供气系统是否正常工作。

　　试验最大压比一般至少需要做到临界,即最大压比应大于1.89。最小压比视试验台能力一般为1.05左右。试验状态点一般可以按照0.1的变化设置间隔,可以在设计压比附近或者小压比附近加密,如间隔设置为0.05左右。试验时要求各试验状态点稳定后再调整到下一状态。

　　为保证试验结果的有效性,试验应至少进行两次,以保证试验数据的重复性。

　　在完成一组试验件试验下台前,应检查两次试验中测试数据的有效性和重复性,试验过程各测点分量无异常且同压比下数据重复性良好(两次试验差别不超过1%),才可以进行下一组试验件试验。

　　根据上述试验方法,静止孔流量特性试验具体步骤如下:

　　(1) 完成试验前检查;

　　(2) 逐渐打开进口阀门,压比从最小做到最大;

　　(3) 逐渐关闭进口阀门,压比从最大做到最小;

　　(4) 试验参数稳定后记录数据;

　　(5) 检查数据有效性和重复性。

　　试验中检查气密性和测试系统时,为了设备人员安全,应在低压情况下开展,压力不宜超过0.4 MPa。

2.3.4　旋转孔流量特性试验方法

　　旋转孔在旋转试验台开展,以航空发动机空气系统中的重要节流元件——旋转孔为试验对象,设计并加工不同角度的孔试验件,如轴向旋转孔试验件、径向旋转孔试验件。

　　试验时进气温度为常温,出口直接排入大气,通过进口压力调节改变压比,获取不同压力调节下的流量特性。通过电机控制试验件转速,获取转速影响;试验件进气系统中可以安装可调预旋叶片,通过作动机构实现叶片安装角的改变,从而改变来流的预旋角度。

　　试验压比设计根据发动机实际设计压比范围确定,最大压比应超过设计压比。试验转速按照设计转速范围和试验台能力综合确定。

　　为了研究不同孔形状、倾斜角度、孔进口倒圆/倒角等的影响,旋转孔试验件采取易于更换的结构,通过加工不同几何参数的替换试验件,采用换装的方式研究不同几何结构对流量特性的影响。

　　试验前应开展相关试验准备工作。

　　1) 试验件加工/预装配

　　在试验前首先对试验加工工装及试验对象进行试装配,检查是否出现装配问题并作出相应的调整,其中包括每个转子件的动平衡、探针等测量仪器的预安装。

2）各类传感器的标定

所使用的传感器通过流量计进行第三方的标定；对于三孔探针、五孔探针、七孔探针，在标定风洞上进行标定。

3）上台调试

试验件装配上台，上台后首先对试验件轴与电机轴进行调心，完成调心后将试验件及电机固定于底座上，然后通过膜片联轴器将试验件轴与电机轴相连接，连接好转轴后手动转动，确认无刮磨后开展下一步工作。

安装引气管、阀门、流量计、前后转接段，打开螺杆空压机及阀门，检查沿程管路及试验段是否漏气，如有漏气增加密封垫，如无漏气开展下一步工作。

将铂电阻温度传感器安装于流量计前指定位置，将振动传感器安装于轴承座上，将激光测速仪对准暴露在外的转轴（贴上反光标签），将三孔/五孔/七孔探针安装于试验件测量机匣安装座上，将三孔/五孔/七孔探针引出的测压管及机匣壁面静压的测压管连接上 PSI 压力测试仪。

连接板卡、振动/转速测量系统、PSI 压力测试仪及工控机，对各测量仪器进行调试，确保测量点可以正常反馈通道信息。

接通电机电源，进行低转速/小流量工况调试，比对变频器显示转速与激光测速仪测量转速、监测振动传感器振动值、查看三孔探针/五孔探针/七孔探针/壁面静压等压力测量结果，确保正常后可开展正式试验。

试验分为轴向孔试验和径向孔试验两部分，对于轴向孔试验，具体试验步骤如下：

（1）启动数据采集系统；

（2）对于无预旋的来流工况，调整预旋叶片出口角度接近 0°，固定预旋叶片；

（3）启动动力系统，调节变频器，控制电机转速至所需工况；

（4）打开气源阀门通入气流，调整阀门开度控制进气压力，调节进气压力至所需工况；

（5）记录试验压力、温度、流量等传感器数据，检查数据是否完整，是否无异常，按照工况代号将试验数据存储在单独的文件夹内；

（6）保持转速不变，改变气源阀门开度，完成所有压比试验；

（7）改变电机转速，重复步骤（3）~（5），完成所有转速试验；

（8）对于有预旋的来流工况，调整预旋叶片角度，重复步骤（2）~（6），完成所有预旋角度试验；

（9）对于不同孔几何参数的工况，更换旋转盘，重复步骤（1）~（7），完成所有孔型、孔倾角的试验。

对于径向孔试验，具体步骤如下：

（1）启动数据采集系统；

（2）启动动力系统，调节变频器，控制电机转速至所需工况；

（3）打开气源阀门通入气流，调整阀门开度控制进气压力，调节进气压力至所需工况；

（4）记录试验压力、温度、流量等传感器数据，检查数据是否完整，是否无异常，按工况代号将试验数据存储在单独的文件夹内；

（5）保持转速不变，改变气源阀门开度，完成所有压比试验；

（6）改变电机转速，重复步骤（3）～（6），完成所有转速试验；

（7）对于不同孔几何参数的工况，更换旋转盘，重复步骤（2）～（6），完成所有孔型、孔倾角的试验。

试验中检查气密性和测试系统时，为了设备人员安全，应在低压情况下开展，压力不宜超过0.4 MPa。

2.4　试　验　测　试

2.4.1　管路和预旋喷嘴流量特性试验测试

管路试验和预旋喷嘴流量特性试验基本测试为进口总温、进口总压、出口静压、试验流量。根据试验目的不同，还可以测量进口稳压腔内静压、管路沿程相关位置静压等参数。

温度可以采用铂电阻、热电偶等测量方式测量；压力通过压力扫描阀等进行采集；流量可以通过孔板流量计或涡街流量计等方式测量；相关温度、压力、流量传感器采集的数据进入计算机存储和处理。

典型的管路和预旋喷嘴流量特性试验测试系统示意图如图2.4所示。

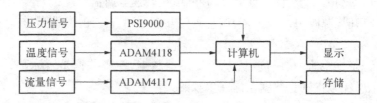

图2.4　典型的管路和预旋喷嘴流量特性试验测试系统

管路流量特性试验和预旋喷嘴流量特性试验典型的测试位置如图2.5和图2.6所示。

在布置测点之前，应根据试验工况内试验参数的最大值和最小值给出参数变化范围，作为测量参数量程选择的依据。

同时，在进行试验任务定义时，需指定测试精度范围。例如，流量、压力和温度的测量按以下精度要求：压力测量精度为±0.3%；温度测量精度为±0.4%；流量测量精度为±1.5%。

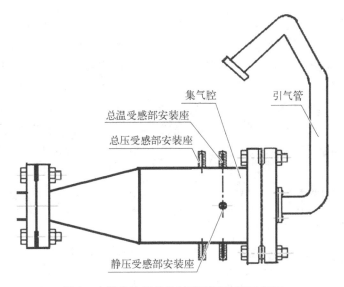

图 2.5　管路流量特性试验测试位置示意图

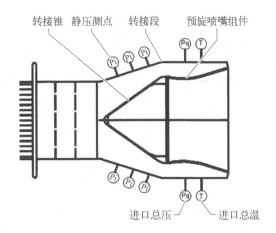

图 2.6　预旋喷嘴流量特性试验测试位置示意图

2.4.2　旋转孔测试

1. 气体流量、温度测量

旋转孔试验为常温试验,需要测量的只有孔前气流温度,温度测量使用铂电阻温度传感器或热电偶。流量通过安装在管道上的流量计进行测量,测量流量计前的温度和压力,用于将体积流量换算为质量流量。

2. 流场测量

可以使用三孔/七孔探针测量不同来流预旋、孔形状、孔倾斜角度、压比、转速下旋转孔前后的压力、速度分布,掌握这些参数对旋转孔流动特性的影响规律。

对于旋转孔试验件流场测量,选取孔前一定距离截面作为测量截面,此截面上压力、切线速度沿周向均匀分布,可作为孔前气动条件;选取孔后一定距离的多截面测量,了解旋转比沿流程变化规律;选取远离旋转孔截面,截面流场更加均匀,测量得到的静压值可作为孔出口压力条件。

测点布置示例如图 2.7 所示[1],每个测点沿周向均布三处。设计不同安装座测量不同孔前后距离截面的流动参数。试验中各测量参数的测点个数可以根据实际情况进行调整,调整前需要与测试任务提出部门进行协调确认。

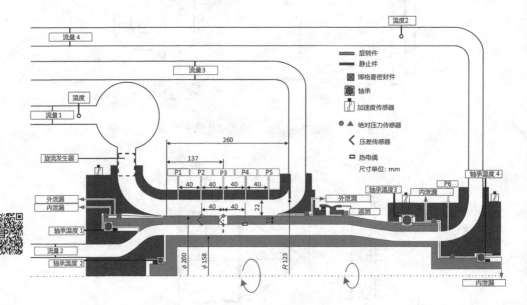

图 2.7　试验件测点布置

同样,在布置测点之前,应根据试验工况内试验参数的最大值和最小值给出参数变化范围,作为测量参数量程选择的依据。

同时,在进行试验任务定义时,需指定测试精度范围。例如,压力、温度和流量的测量按以下精度要求: 压力测量精度为±0.3%;温度测量精度为±0.4%;流量测量精度为±1.5%。具体测量精度范围可以与试验设备方面进行对接协调一致。

2.5　试验结果分析与处理

2.5.1　误差分析

孔管类试验误差主要来自测量误差。测量误差主要取决于测量系统的精度。

流量的测量精度一般在±1.5%以内,压力测量误差一般在±0.5%以内,温度测量误差一般在±1℃以内。

可以基于误差传递公式计算试验结果的误差。如果结果参数 y 与直接测量的独立参数 x_1，x_2，$\cdots$，x_n 之间存在如下关系：

$$y = f(x_1, x_2, \cdots, x_n) \tag{2.1}$$

则结果参数的绝对误差为

$$dy = \sqrt{\left(\frac{\partial y}{\partial x_1} dx_1\right)^2 + \left(\frac{\partial y}{\partial x_2} dx_2\right)^2 + \cdots + \left(\frac{\partial y}{\partial x_n} dx_n\right)^2} \tag{2.2}$$

相对误差为

$$\frac{dy}{y} = \sqrt{\left(\frac{x_1}{y}\frac{\partial y}{\partial x_1}\frac{dx_1}{x_1}\right)^2 + \left(\frac{x_2}{y}\frac{\partial y}{\partial x_2}\frac{dx_2}{x_2}\right)^2 + \cdots + \left(\frac{x_n}{y}\frac{\partial y}{\partial x_n}\frac{dx_n}{x_n}\right)^2} \tag{2.3}$$

2.5.2　管路和预旋喷嘴流量特性试验结果分析与处理

试验结果的分析与处理应剔除异常数据后开展。对于试验进口压力、温度数据,如果取其平均值,应将明显异常的点剔除后再进行平均。

管路流量特性试验和预旋喷嘴流量特性试验结果分析与处理一般为分析换算流量与进出口压比之间的关系,即

$$\psi = \frac{\dot{m}\sqrt{T_1^*}}{P_1^*} \tag{2.4}$$

$$\pi = \frac{P_1^*}{P_2} \tag{2.5}$$

管路和预旋喷嘴流量系数试验数据分析处理示例如图 2.8 所示。随进出口压比增加,换算流量逐渐增加,超过临界压比以后,换算流量趋于稳定。

确认试验数据有效性后,可以与设计特性进行对比分析,确定管路或预旋喷嘴流量特性是否与设计的流量特性相当。如图 2.9 所示,如果试验换算流量高于设计换算流量,说明试验出来的实际流量特性高于设计流量特性,用该套引气管路或预旋喷嘴开展核心机、整机试验时流量将高于设计值,需要评估对性能的影响。如果试验换算流量低于设计换算流量,说明实际流量特性低于设计值,用该套引气管路或者预旋喷嘴开展核心机、整机试验时,将存在流量不足的风险。

在核心机、整机试验前,如果相关的空气系统引气管路、预旋喷嘴流量特性试验结果流量特性与设计流量特性存在较大差异,应采用试验获取实际的引气管路、

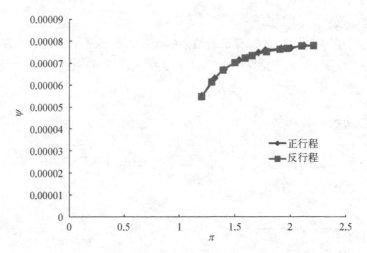

图 2.8　管路和预旋喷嘴流量特性试验数据处理示例

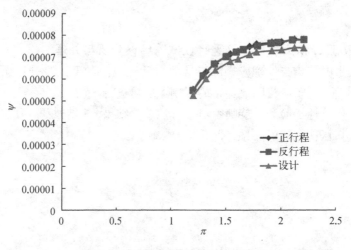

图 2.9　与设计流量特性对比示意图

预旋喷嘴流量特性进行空气系统评估计算,确定对总体性能、涡轮等专业的影响,确保相关热端部件能获得有效的冷却,从而消除试验中的风险。

2.5.3　静止孔试验结果分析与处理

试验结果分析处理应剔除异常数据后开展。对于试验进口压力、温度数据,如果取其平均值,应将明显异常的点进行剔除后再进行平均。

对于静止孔试验,与管路流量特性试验类似,同样可以将试验数据处理为换算流量随进出口压比的关系,且换算流量随压比增加而增加,到临界压比以后换算流量趋于平稳,如图 2.10 所示[1]。

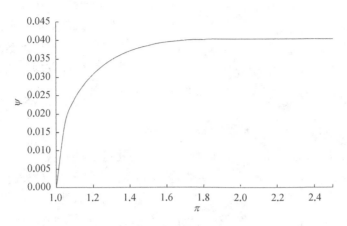

图 2.10　静止孔流量特性结果示例

对于研究性的试验,为了获取孔的流通能力,修正空气系统一维计算模型,试验数据还可以处理成进出口压比与孔的流量系数的关系,积累不同几何参数下的孔流量系数关系,形成试验数据库。

孔的流量系数定义如下:

$$C_{\mathrm{D}} = \frac{\dot{m}}{\dot{m}_{\mathrm{id}}} = \frac{\dfrac{\dot{m}\sqrt{T_1^*}}{P_1^* A}}{\sqrt{\dfrac{2\gamma}{(\gamma-1)R_{\mathrm{g}}}\left[\left(\dfrac{P_2}{P_1^*}\right)^{\frac{2}{\gamma}} - \left(\dfrac{P_2}{P_1^*}\right)^{\frac{\gamma+1}{\gamma}}\right]}} \tag{2.6}$$

如图 2.11 所示[2],给出了静止孔流量特性试验结果,其中横坐标 c/w 为横流

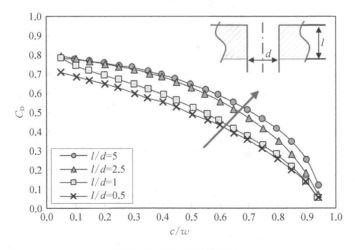

图 2.11　静止孔流量特性

速度与孔通流速度之比。图中给出了四种长径比（l/d）条件下的流量系数变化比较。示意图中的结果表明长径比越大，流量系数越大，表明流通能力越强。对于不同的长径比、不同的进口倒角、不同的倾角等几何参数可以进行静止孔的流量系数对比，积累数据形成数据库，在空气系统一维计算程序中进行调用。

2.5.4 旋转孔试验结果分析与处理

在空气系统网络中，位于盘、轴等旋转件上的孔对于整个空气系统计算的准确性具有重要影响。在静止孔研究的孔本身几何参数等因素影响以外，旋转孔还需要考虑旋转因素，在不同的旋转转速以及不同的来流条件下获得孔的流量特性。相关试验结果可以验证空气系统中旋转孔的设计，并积累数据，完善空气系统一维计算程序。

试验结果的分析与处理应在剔除异常数据后再开展。对于试验进口压力、温度数据，如果取其平均值，应将明显异常的点进行剔除后再进行平均。

旋转孔试验结果分析处理为孔的流量系数变化规律。

对于旋转孔而言，气流经过孔时盘会对其做功，特别是对于长径比大的旋转孔，其实际流量 $\dot{m}$ 可能大于理想流量 $\dot{m}_{id}$，此时 C_D 大于1。为了更准确地反映考虑旋转效应后孔的流动特性，采用相对坐标系下的流量系数，定义如下：

$$C_D = C_{D,\,rel} = \frac{\dot{m}}{\dot{m}_{id,\,rel}} = \frac{\dfrac{\dot{m}\sqrt{T_{1,\,rel}^*}}{P_{1,\,rel}^* A}}{\sqrt{\dfrac{2\gamma}{(\gamma-1)R_g}\left[\left(\dfrac{P_2}{P_{1,\,rel}^*}\right)^{\frac{2}{\gamma}} - \left(\dfrac{P_2}{P_{1,\,rel}^*}\right)^{\frac{\gamma+1}{\gamma}}\right]}} \tag{2.7}$$

式中，$m_{id,\,rel}$ 为相对坐标系下的理想流量。

相对总压、相对总温、相对马赫数定义如下：

$$P_{1,\,rel}^* = P_1\left(1 + \frac{\gamma-1}{2}Ma_{rel}^2\right)^{\frac{\gamma}{\gamma-1}} \tag{2.8}$$

$$T_{1,\,rel}^* = T_1\left(1 + \frac{\gamma-1}{2}Ma_{rel}^2\right) \tag{2.9}$$

$$Ma_{rel} = \frac{V_{1,\,rel}}{\sqrt{\gamma R_g T_1}} = \frac{\sqrt{V_{1,\,x}^2 + (U_{rel} + V_{sw})^2}}{\sqrt{\gamma R_g T_1}} \tag{2.10}$$

式中，$V_{1,\,rel}$ 是相对坐标系下的来流速度；$V_{1,\,x}$ 是横流速度；U_{rel} 是牵连速度；V_{sw} 是来流绝对切线速度。

对于旋转孔而言,其流量系数 C_D 受相对坐标系下的气流攻角影响很大。不同的入射角度,旋转孔流通能力也不同。相对坐标系下攻角 β 的定义如图 2.12 所示[3],其中 $C_{id, rel}$ 为相对坐标系下孔的理想通流速度(z 为径向,y 为切向)。将试验测量的数据整理为攻角与流量系数的曲线。

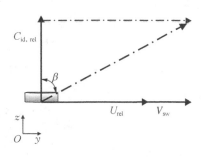

图 2.12　速度矢量图

$$\beta = \arctan\left(\frac{V_{1, rel}}{C_{id, rel}}\right) \tag{2.11}$$

$$C_{id, rel} = \sqrt{\frac{2\gamma}{\gamma - 1} R_g T_{1, rel}^* \left[1 - \left(\frac{P_2}{P_{1, rel}^*}\right)^{\frac{\gamma-1}{\gamma}} \right]} \tag{2.12}$$

旋转孔试验数据处理示例如图 2.13 所示[3]。图中给出某一几何参数旋转孔的相对流量系数随速度比(攻角正切值)的变化趋势。从示例中可以看到,随速度比增大,来流相对于旋转孔轴线的偏离程度越大,流量系数越小。速度比越小,来流相对于孔的轴线角度越小,越接近静止孔的流量特性。

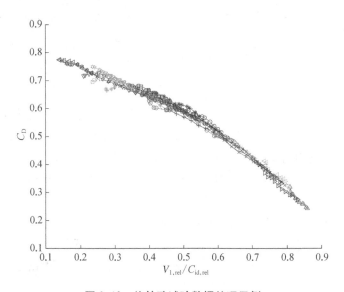

图 2.13　旋转孔试验数据处理示例

另外需要指出的是,旋转孔试验获取的随旋转速度和来流条件的影响都是针对特定几何参数的孔开展的试验,在静止状态时,孔的流通能力取决于孔本身的几何参数,旋转状态时的流通能力是旋转参数、来流条件、静止孔几何参数三者的叠加。试验数据处理分析时应考虑到这点。并且,由于旋转孔试验比较难做且比较昂贵,读者也可以考虑采用静止孔流量特性试验研究孔的几何参数对流量特性的影响,通过少量旋转孔流量特性试验结果获取旋转速度、来流条件等引起的变化,综合考虑已获取旋转孔的流量特性库,完善空气系统计算模型。

2.6　试验常见问题及处理

空气系统孔管类试验常见问题及处理方法如表2.2所示。常见的问题主要是试验系统漏气、试验测点损坏、试验过程中测试信号异常、旋转孔试验过程中振动过大等。

表2.2　空气系统孔管类试验常见问题及处理方法

序号	常 见 问 题	处 理 方 法
1	试验系统漏气	在试验前应对试验系统开展气密性检查;开展重复性试验
2	试验测点损坏	测点设置备份;更换损坏测点;对于周向有备份的测点,排除损坏的测点
3	试验过程中测试信号异常	停止试验,检查数据采集系统相关传感器和线缆是否松动
4	旋转孔试验过程中振动过大	对试验系统应进行振动预估,并设置限制值,如果试验振动超限,应停止试验检查排除故障,以降低造成试验件损坏或造成人员受伤的风险

对于试验系统漏气问题,应在试验前开展气密性检查,在较低压力情况(<0.4 MPa)下,通过肥皂水等方式对可能漏气的位置开展气密性检查。试验中可以对正反行程以及历史数据进行对比,如果流量明显偏大,或者正反行程流量差异较大,或者某个压比下流量突然增大,可以考虑试验中是否出现了漏气现象,若有漏气应及时处理,密封完全后继续试验。

对于试验测点损坏的情况,应在试验设计时就考虑测点备份,尤其是关键测点应备份3个以上。在试验开始前要对测点进行检测,确保测点完好,问题测点及时更换。试验过程中出现测点损坏,试验分析中可以剔除坏点,用剩余的点进行数据分析梳理。

对于试验过程中压力、温度、流量信号出现较多错误信号数据的情况,需要停止试验,检查数据采集系统是否松动,传感器、线缆是否松动。

对于旋转孔试验,需要在试验前开展强度评估分析,对动平衡、振动有所计算分析,设置振动监控,试验中如果振动超过允许值应及时停止试验,以免造成人员、设备等损伤。

参考文献

[1] Hüning M. Comparison of discharge coefficient measurements and correlations for several orifice designs with cross-flow and rotation around several axes[C]. ASME Turbo Expo 2008: Power for Land, Sea, and Air, Berlin, 2008.

[2] Feseker D, Kinell M, Neef M. Experimental study on pressure losses in circular orifices with inlet cross flow[C]. ASME Turbo Expo 2017: Turbomachinery Technical Conference and Exposition, Charlotte, 2017.

[3] Riedmüller D, Pfitzner M, Sousek J. A comprehensive investigation of pre-swirled flow through rotating radial holes[J]. Journal of Engineering for Gas Turbines and Power, 2015, 137(3): 031504.

第3章

封严试验

　　封严装置是航空发动机空气系统的关键部件。封严装置最重要的性能指标是泄漏特性和寿命,这两者与封严结构内的流动、传热、变形(滞后)以及摩擦磨损等密切相关。因此,封严装置的试验研究也包括泄漏流动特性、传热特性、滞后特性与摩擦磨损特性等方面,上述试验研究通常在相同的旋转试验台上进行。以下先介绍典型的封严试验设备,再分别针对各类试验介绍其方法、测试技术、结果分析与处理、流程与控制等。

3.1　试　验　系　统

　　封严试验系统通常包括试验台系统、动力系统、气路系统和测量系统、校准系统五个部分,如图3.1所示。

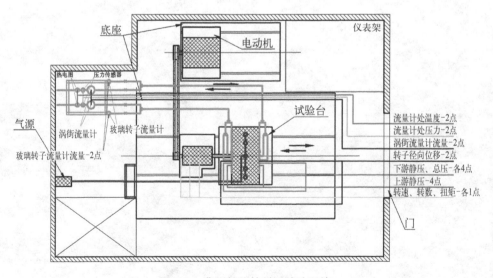

图 3.1　典型的旋转封严试验系统

典型的旋转封严试验台结构如图 3.2 所示。两个转子对称地安装在主轴上，转子外表面与封严件内表面形成间隙、过渡或过盈配合，封严件安装在静止的腔体壳上，腔体壳左右两侧对称，每侧安装 1 个试验件。封严件、转盘及直接相关附件构成试验件系统，通过联轴器将试验转轴与扭矩传感器与皮带轮连接起来。测量系统负责流量、压力、扭矩、温度和位移等参数的测量，气路循环系统负责提供试验所需气体。

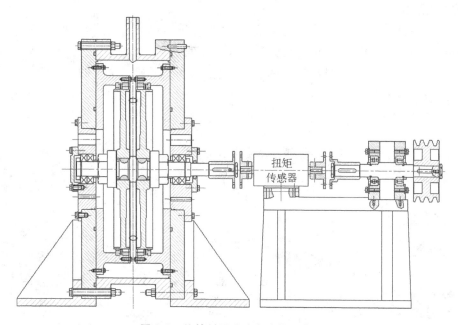

图 3.2 旋转封严试验台结构示意图

3.1.1 试验动力系统

动力系统主要负责提供转子转动所需的动力并进行转速调节。转子一般由电机传递动力，电机转速可以通过变频器进行调节和显示，转速通常要求连续可调。

3.1.2 试验气路系统

封严试验所需的高压空气通常由若干台具备一定额定流量和压力的压气机提供。高压气体经水汽分离器和稳压腔后进入试验系统，气体进入试验台的高压腔后，经过封严件向低压腔进行泄漏，之后从试验台出口排出，通过流量计，而后排入环境。试验时，可以通过调节旁通放气量调节进入试验装置的气体流量和压力。为保证试验件上下游的压力均匀，试验台通常沿着周向均布若干个进口和出口。

3.1.3　试验台系统

1. 封严件

常见的封严件有篦齿封严件、刷式封严件及指式封严件等。

篦齿封严是利用通道的突扩和突缩增加流阻以限制流体泄漏的非接触式动封严,是航空发动机中广泛使用的一种有效的、长寿命的封严结构,主要用于压气机和涡轮级间、叶片顶端、冷却流路系统、燃气隔离以及主轴承腔滑油封严系统中的油气隔离等。

篦齿封严由篦齿和封严衬套组成,一般情况下,篦齿设计在转子件上,而将衬套设计在静子件上。典型的篦齿封严结构包括直通齿-光滑衬套、直通齿-蜂窝衬套、台阶斜齿-光滑衬套结构等。图3.3为直通齿-光滑衬套结构的篦齿封严件实物,对应于图3.2的对称型试验台,图3.3(b)为一轴两篦齿盘的结构,可同时在试验台中开展试验。

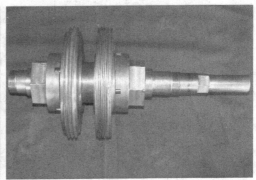

(a) 篦齿盘　　　　　　　　　　　　(b) 篦齿盘与轴

图3.3　直通式篦齿封严件实物图

刷式封严是从20世纪80年代初发展起来的一种性能优异的封严技术。刷式封严的密封效果优异,在相同条件下,其泄漏水平只有篦齿封严结构的50%甚至20%~10%。刷式封严还克服了篦齿封严容易磨损的缺点,因为与转子表面接触的刷束在转子发生径向跳动或热膨胀时会产生变形,从而有效地减小了封严磨损。此外,刷式封严还具有结构小、重量轻等优点,这对于减轻发动机的重量是非常有利的。

刷式封严由刷环和与之配合的转子组成,刷环设置在静子件上,主要由前挡板、刷束、后挡板构成。大量的刷丝顺着转子转动方向以一定角度紧密排列形成刷束,并用前、后挡板将其夹紧,然后在外圈将刷束和两个挡板焊为一体形成刷环。刷束的另一端为自由端,其与转子表面的耐磨涂层相接触,将刷环两侧的流体相互隔离,阻碍流体从上游高压侧向下游低压侧流动,从而形成封严效果。图3.4给出了基本型刷式封严件刷环部分的实物图,图3.5为基本型刷式封严件刷环内圈和外圈局部图。

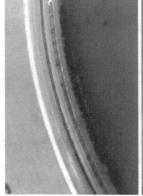

图 3.4　刷式封严件刷环实物图　　图 3.5　刷式封严件刷环内外圈局部图

指式封严是自 20 世纪 90 年代继篦齿封严和刷式封严之后发展起来的一种新型封严技术，可应用于发动机中的压气机和涡轮的级间气路封严，也可用于主轴承腔的润滑油封严。相对篦齿封严和刷式封严，指式封严泄漏量小、制造费用低、使用寿命长。

指式封严与刷式封严的结构类似，均由一端固定、另一端自由与转子表面相接触的柔性组件构成，只是指式封严的柔性组件为指片，而不是刷丝。典型的指式封严由前挡板、若干指片和后挡板通过铆钉在外圈连接而成。指片是通过在薄片圆环上按一定的曲线和分布规律切割出许多小缝隙而形成，因此指片上有大量类似于悬臂梁的细长条，称为指梁。指梁的自由端与转子外表面形成间隙或过盈配合。指式封严件的前后挡板间由若干指片交错叠合而成，每片指片上指梁间的缝隙被相邻指片的指梁所遮挡，以减少泄漏。图 3.6 为典型的指式封严件内圈和外圈的局部图。

图 3.6　指式封严件内外环局部图

2. 试验转盘

对于刷式和指式封严,封严件为静子件,与封严件配套使用的是转盘,常见的试验转盘如图 3.7 所示。通常,转盘的外径根据已加工完成的封严件的内径尺寸进行精加工,也就是将试验转盘外表面按照配合状态精磨到设计尺寸,并且对试验转盘外表面进行镀硬铬涂层处理以确保其硬度。此外,试验转盘与轴配合装配后需要进行动平衡校正。

图 3.7　试验转盘实物图

3.1.4　试验台校准系统

对于接触式封严的扭矩测量试验,存在试验台内部支撑转盘的轴、扭矩测量仪部分的轴及支撑电机的轴等多根轴配合的情况。因为扭矩测量仪对安装同轴度要求较高,所以还需要建立一套校准试验台安装精度的系统。这三段轴通过柔性联轴器连接,这样可以保证紧急停车等情况下对扭矩传感器和试验件的损害降至最小。

安装精度的校准分水平和高度两个方向。可采用一个简单工装,使其端面分别与扭矩测量仪两侧的两个联轴器的四个外圆面接触,若四条接触线同时满足安装精度要求,则认为三段轴在水平方向是同轴的。其次以标准方向表面为基准面测量两个联轴器的四个外圆面高度,并通过在不同位置调整试验台,以保证四个位置处于同一高度,如此即保证了高度方向的安装精度。

3.1.5　试验测量系统

封严试验测量系统主要包括流量测量、压力测量、温度测量、转速测量、位移测量、转数测量和扭矩测量等部分,负责采集封严泄漏量、封严上下游压力及温度、转子转速与转数及轴心位移、扭矩性能等。各测点的布置如图 3.8 所示。

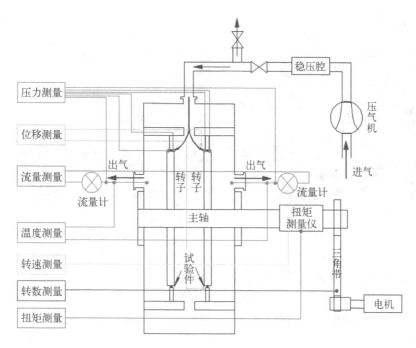

图 3.8　封严测量系统布局图

1. 压力的测量

1）环境压力

环境压力可采用空盒气压计测量,如图 3.9 所示。

2）封严件上、下游的压力

通常将封严件上、下游的气流引入压力扫描阀进行测量并通过计算机显示,如图 3.10 所示。可采用紫铜管和测压管将气体引入压力扫描阀,如图 3.11 所示。

图 3.9　空盒气压计

图 3.10　压力扫描阀

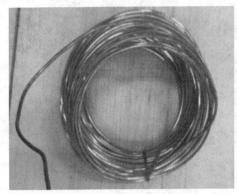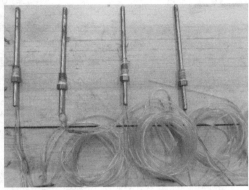

图 3.11　引气的紫铜管和测压管

3）流量计处的压力

若泄漏量采用涡街流量计测量,则还需测量流量计处的压力。通常采用压力传感器进行测量,如图 3.12 所示的 SK2088 型压力传感器。该压力传感器所测压力用作涡街流量计的压力补偿,其安装位置如图 3.13 和图 3.14 所示。

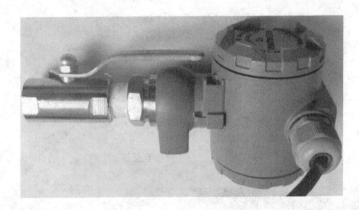

图 3.12　压力传感器

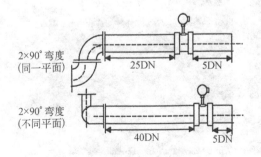

2×90°弯度
(同一平面)　25DN　5DN

2×90°弯度
(不同平面)　40DN　5DN

图 3.13　涡街流量计前后直管段要求

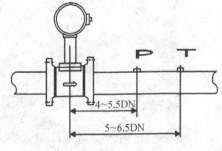

P　T

4～5.5DN

5～6.5DN

图 3.14　涡街流量计处压力、温度传感器图

2. 位移的测量

在动态试验中,转子轴心在转动过程中会发生偏移,试验过程中封严件与转子的配合状态也可能随之发生动态变化,因此有必要监测转子的轴心位移。可采用电涡流传感器进行转子轴心位移的测量,如图 3.15 所示。电涡流传感器的测量原理为:当通有交变电流的传感器线圈靠近被测物体(导电体)表面时,穿过导体的磁通量随时间而变化,在导体表面感应出电涡流,涡流与线圈之间产生互感,其互感的大小与线圈和导体表面的间隙有关,即输出量与位移成正比。

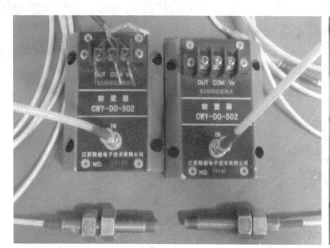

图 3.15　电涡流传感器

通常,将两个电涡流传感器分别对应在转子的水平和垂直方向调节好与转子表面的距离,再固定在封严件安装座上,安装示意如图 3.16 所示。

图 3.16　电涡流传感器布局

3. 流量的测量

由于封严泄漏试验中所测流量范围一般比较大,为了更准确地测得不同工况下的泄漏流量,通常在出口处设置两个或两个以上的管路,以安装不同量程范围的流量计。流量测量一般采用涡街流量计。不同涡街流量计的量程范围跨度大,通常的精度等级为 1.5 或 1.0 级。图 3.17 为 DN40 的 LUGB/E 型涡街流量计,其体积流量测量范围为 $25\sim207$ m^3/h,精度等级为 1.5;图 3.18 为 DN25 涡街流量计,其体积流量测量范围为 $10\sim60$ m^3/h,精度等级为 1.5。若泄漏流量很小,还可考虑采用量程较小的玻璃转子流量计。泄漏试验中根据具体的工作压差和封严配合状态,通过阀门调节使用某一路进行泄漏流量测量。流量计一般布置于试验台气流出口处。对于涡街流量计,还需进行温度和压力补偿,通常安装压力变送器和热电阻与涡街流量计连接智能流量计算控制仪,从而可从仪表上直接读出质量流量。图 3.19 为涡街流量计的实际安装情况。

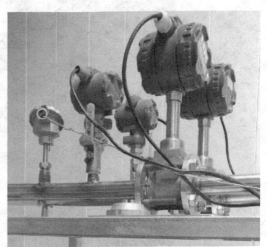

图 3.17　　　　　图 3.18　　　　　　　图 3.19　涡街流量计安装图
DN40 涡街流量计　　DN25 涡街流量计

4. 流量计处温度的测量

若泄漏流量采用涡街流量计测量,则还有必要进行温度补偿,故需测量流量计处封严出口气流的温度,通常采用热电阻来测量,如图 3.20 所示的 WZP － 231 型热电阻。热电阻是利用物质在温度变化时,其电阻也随着发生变化的原理来测量温度的。当阻值变化时,工作仪表便显示出阻值所对应的温度值。

5. 扭矩和转速的测量

采用扭矩转速传感器测量安装封严件前后转轴的扭矩及试验过程中的转速,进而可获得接触式封严如刷式和指式封严的摩擦扭矩。如图 3.21 所示的 ZH07 －

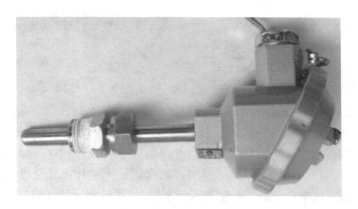

图 3.20　WZP - 231 型热电阻

100 型扭矩转速传感器,其量程为 ±100 N·m,精度为 0.5%。采用 ±12VDC 供电,转速要求 ≤6 000 r/min。信号处理采用配套二次仪表(ZHK - D),使用时直接显示扭矩、转速及功率的实时值和峰值,仪表后侧有 232/485 串口,提供通信协议,与计算机同步通信。

　　扭矩测量系统包含扭矩传感器、轴承支座、联轴器等部件,如图 3.22 所示。为了确保测试精度,避免电机轴振动对传感器测量产生影响,需在传感器与皮带轮之间安装圆柱滚子轴承和深沟球轴承。

图 3.21　ZH07 - 100 型扭矩转速传感器

图 3.22　扭矩传感器及配套二次仪表

3.2　试 验 方 法

3.2.1　泄漏特性试验方法

　　采用如图 3.1 所示的试验台,两侧各安装一个或若干个封严件,以平衡压力。固定气源和热源,为封严件上游侧提供稳定的高压、高温气体,以电动机为转子旋转提供动力,以此来模拟航空发动机封严件的工作环境。具体的测量系统已在 3.1.5 节介绍,此处不再详述。

　　进行试验时,缓慢打开试验台进气阀门,注意使进入试验台的气体压力不超过该测点要求的压力。调整进气旁通阀门使进入试验台的气体压力达到并保持稳定,压力稳定后关闭流量计前的旁通阀门使流量计(经标定的)进入工作状态。再根据试验所需压差缓慢调整进气压力至该测点所需的大小,同时观察流量变化以及时切换并选择量程合适的流量计。打开电机电源,缓慢调节电机转速至该测点所需的大小,同时观察流量变化,必要时可再次切换流量计。等待进气压力、温度和所测量的泄漏流量达到稳定后采集或记录压力、流量、温度等试验数据。采用上述方法可对不同转子转速、环境温度及上下游压差条件下封严件的泄漏量进行测量,获得封严件的泄漏特性。

3.2.2　传热特性试验方法

　　航空发动机中的封严装置可分为接触式与非接触式两种。刷式封严与指式封严通常属于接触式封严,而篦齿封严属于非接触式封严。因目前对于指式封严的研究主要集中在结构设计和泄漏特性两个方面,在传热试验方面研究较少,故本节主要集中讨论篦齿封严与刷式封严的传热试验。

　　1. 篦齿封严传热试验

　　为了更加准确地了解篦齿封严的热分布和热耗散,需要试验测量其表面温度,进而计算得到篦齿封严表面的对流换热系数[1]。篦齿封严内的气流在进出口压差的作用下从高压处流向低压处,当气流通过篦齿封严间隙时,由于气体具有黏性,其与转子、篦齿封严相接触时发生摩擦而产生摩擦热,此即为风阻温升效应。由于风阻温升效应,气流在通过篦齿封严时被不断加热,温度不断升高。随着航空发动机持续向高温、高压、高转速方向发展,篦齿封严的风阻温升效应也越来越突出,加重了篦齿封严的热负荷以及冷却气体的损耗。综上所述,对篦齿封严的传热特性进行试验研究具有重要意义。

　　先介绍两种不同的篦齿封严试验装置,分别为二维静止传热试验台、篦齿封严风阻温升试验台。

　　图 3.23 为二维静止传热试验台系统图,主要由气源、进气管道、排气阀门、扩压段、稳压腔、过渡段、试验段、收缩段、排气管道、测量系统(压力表、流量计等)等部分组成。试验台的气路系统为试验段提供稳定、均匀的气流,测量系统包括压力测量、流量测量、温度测量等,分别采用压力表、流量计以及铠装热电偶进行测量。

　　图 3.24 为篦齿封严风阻温升试验台系统示意图,试验系统主要由压气机、储气罐、流量调节阀、高精度涡街流量计、篦齿试验件以及数据采集部分等组成。空

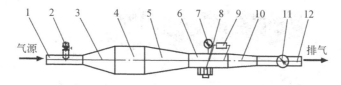

图 3.23　二维静止传热试验台系统图[2]

1-进气管道;2-排气阀门;3-扩压段;4-稳压腔;5-过渡段;6-试验段;
7-高度表;8-压力表;9-加热器;10-收缩段;11-流量计;12-排气管道

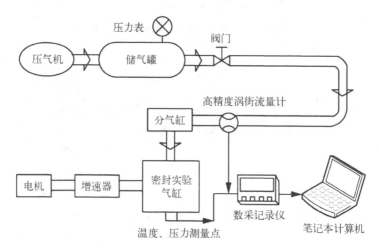

图 3.24　篦齿封严风阻温升试验台系统示意图[3]

气由压气机提供,利用润滑系统对试验台轴承进行润滑,驱动系统由电机和增速器组成,测量系统中采用热电偶进行温度的测量。为了消除加气时产生较大的轴向力,可采用中间进气的方法,使两侧的轴向力相互抵消,同时两侧对称式地安装篦齿封严件,保证两侧工况一致。

为了模拟篦齿封严结构通道内的传热特性,根据实际情况对篦齿封严的工作状态进行简化,上述二维静止传热试验台采用在试验件上部布置电阻丝电热器对篦齿试验件进行加热。为了提高加热的均匀性,在加热器与试验件之间布置一层传热效果良好的紫铜片,在紫铜片与加热电炉之间铺设云母片,起到绝缘作用。温度测点布置在篦齿齿根表面,如图 3.25 中圆点所示,由于试验件导热性能较好,可以认为测点温度与对应的齿尖处壁温相同。

由于风阻温升效应,气体在通过篦齿封严时被加热,其温度沿程升高。为了获得气体温度的沿程变化,需要布置多个测点进行测温。如图 3.26 所示,上述风阻温升试验台沿轴向和周向采用多个热电偶测温,进出口分别布置一个压力传感器测量压力,采用具有温压补偿的高精度涡街流量计测量篦齿封严的泄漏量。

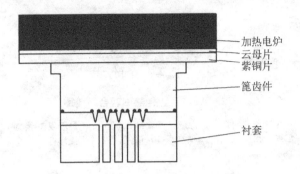

图 3.25　篦齿封严静止传热试验加热方式[2]

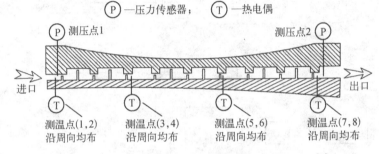

图 3.26　风阻温升试验温度和压力测点分布示意图[3]

2. 刷式封严传热试验

当刷式封严运行时,刷束与转子表面相接触,这不仅会造成刷丝的磨损,还会产生大量的摩擦热。摩擦热效应会使刷丝尖端的温度急剧升高,甚至达到其熔点,将直接影响刷式封严件的运行寿命[4],而且较高的摩擦热还会使转子产生有害的热变形,因此测量刷束与转子接触区的温度非常重要。另外,对于摩擦热流量理论计算公式的修正也需要相关试验数据。

以国内研制的某封严结构试验台为例,该试验台主要由电动机及拖动系统、传动系统、试验台架、润滑系统、空气系统、测试与保护系统等组成,如图 3.27 所示。试验台由电机驱动,经传动系统带动转子旋转,达到预定转速;空气系统可提供一定温度和压力的气流,以模拟刷式封严运行时的工作环境;测量系统包括流量计、压力表以及测温仪器,分别用来测量刷式封严的泄漏量、上下游压差以及刷束与转子接触表面的温度。

刷式封严传热试验中刷束与转子接触面的温度以及转子温度分布的测量方法大体可分为两类,即热电偶测温和红外热像仪测温。

1）热电偶测温

热电偶测温的原理是将温度信号转换为热电动势信号,通过电气仪表将热电动势信号转换为被测介质的温度。热电偶具有结构简单、价格低廉、测温范围广、环境要求低等优点,在温度测量中有广泛的应用。但是这种方式对于温度的响应

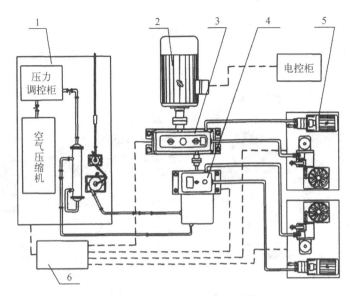

图 3.27　封严试验台原理图[5]

1-空气系统;2-电动机及拖动系统;3-传动系统;
4-试验台架;5-润滑系统;6-测试与保护系统

较慢,而且精度不高。

采用热电偶测量刷束与转子接触面的温度时,一般有两种安装方式。第一种是将热电偶埋入转子内部,毗邻转子外表面,如图 3.28 所示。图中黑点表示热电偶安装在转子内部的径向位置,当转子转动并与刷束摩擦时,产生的摩擦热量分别向刷束和转子传递,埋在转子内部的热电偶就会对温度的变化产生响应,通过测温

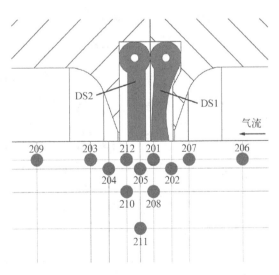

图 3.28　刷式封严传热试验热电偶在转子内部的安装图[6]

可间接得到刷束与转子接触面的温度。第二种是在刷式封严外环面向内开一个细微的小孔,然后将一种纤维热电偶通过该细微孔安装在刷束内部并与转子表面相邻,如图 3.29 所示,可直接测量刷束与转子接触面的温度。

(a) 热电偶安装局部图　　　　　　　　(b) 热电偶安装局部放大图

图 3.29　刷式封严传热试验纤维热电偶的安装位置[7]

2) 红外热像仪测温

红外热成像技术是将待测物体发出的红外辐射通过红外光学镜头汇聚成像到红外焦平面探测器上,经系统处理后转变为目标物体的红外灰度图像,即得到被测物体的温度场分布。这种方式的优点是不需要与被测物体相接触、精度高、响应速度快,缺点是对环境要求高且价格昂贵。

如图 3.30 所示,红外相机安装在离试验台 100 mm 左右的位置,虚线圈出区域

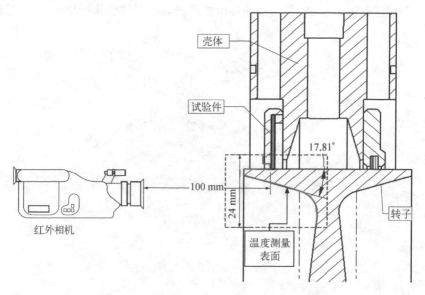

图 3.30　刷式封严传热试验红外测温系统图[1]

为其拍摄范围。为了消除多个表面发射率的复杂影响,获得更加精准的测量温度,使用高温黑色油漆覆盖被测目标区域,即转子和刷束表面都需要涂上油漆,因油漆层很薄,故可认为它不会对刷丝的弹性和导热性产生影响,最常用的黑色高温油漆的发射率为 0.99。

3.2.3　滞后特性试验方法

刷式封严和指式封严均为接触式柔性封严。在发动机转子跳动、离心膨胀或热膨胀时,刷丝或指片跟随转子一起运动,脱离初始位置。而当转子恢复到其初始位置时,由于刷丝与刷丝、刷丝与后挡板之间或指片之间、指片与后挡板之间摩擦力的作用,刷丝或指片不能恢复到初始位置,造成封严件与转子之间形成间隙,导致泄漏量增大,这就是滞后效应。

目前对刷式封严的滞后效应研究较多。滞后效应主要有两种表现形式:刷丝与转子之间接触力变化和泄漏量或泄漏系数的变化。

1. 以接触力的变化表征

刷丝与转子之间的接触力是通过刚度试验测得的。依据试验件的不同,进行刚度试验的设备分为针对刷式封严部分试验件段和针对完整封严件两种。

1) 针对刷式封严部分试验件段的刚度试验

如图 3.31 所示为对刷式封严部分试验件段进行刚度试验装置的三维结构图,其二维截面如图 3.32 所示。该装置包括两个安装在圆形密封支撑座上的大直径刷式封严部分试验件段,安装在右侧的试验件段用来进行刚度测试。大直径的转

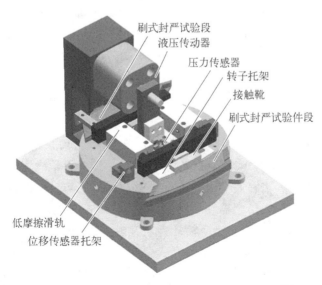

图 3.31　刷式封严部分试验件段刚度的试验装置[8]

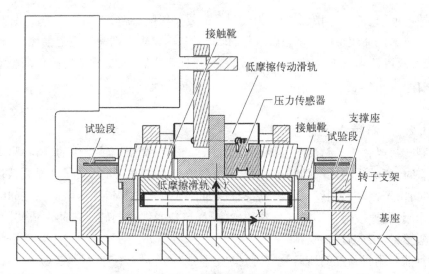

图 3.32　刷式封严部分试验件段刚度的试验装置的截面图[8]

子部分采用矩形块模拟,而采用接触靴的目的是减少误差。对于部分试验件段而言,当刷丝受到沿径向的推力后,两侧刷丝会沿着其倾斜的方向分开,导致测量误差较大,为了减小误差,令转子和接触靴均推向刷丝,但仅对接触靴上的接触力进行测量,转子的存在确保了一侧的刷丝不分离。

　　转子安装在低摩擦滑轨上,这样可使该部分沿如图 3.32 所示的 X 轴方向移动。左侧的刷式封严件段不固定在圆形密封座上,而是与转子托架部分连接并可随转子部分沿滑轨一起滑动,并时刻与转子部分保持线接触,其作用是抵消试验件段与转子之间的初始空气膜压力以及初始"吹下"作用所产生的力。

　　整个装置基座的上部位于高压环境内,低压气体存在于圆形密封支撑座内部,从而为试验提供压差。

　　2) 针对完整封严件的刚度试验

　　对完整封严件进行刚度测量的试验设备分为有压差作用和无压差作用两类。

　　图 3.33 为无压差下进行刚度测试的材料拉伸试验机,它是集计算机控制、自动测量、数据采集、屏幕显示以及试验结果处理为一体的力学检测设备。对刷式封严件进行刚度试验时,需在底端用夹具压紧试验件,采用与封严件内径相同曲率的接触靴模拟转子,利用力传感器测量刷丝与转子之间接触力的大小。以该设备进行刚度试验的缺点是无法考虑上下游压差对接力大小的影响,同时无法进行转子旋转时的动态试验。

　　图 3.34 给出了有压差下封严件刚度测试的试验台结构,与泄漏特性试验设备类似,也由转子、试验件系统以及基座等组成。不同的是,安装试验件的壳体组件

图 3.33　无压差下封严件刚度测试设备[9]

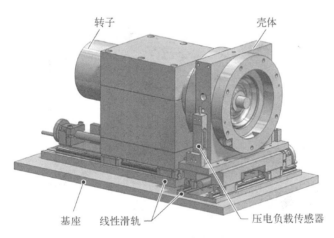

图 3.34　有压差下封严件刚度测试试验台[10]

可沿导轨在径向往复移动,封严壳体组件两侧安装有压电负载传感器。

图 3.35 为封严壳体组件结构的拆分图,主要由盖板、夹具、刷式封严件以及壳体等组成,其中两个封严件对称安装,以此消除作用在转子上的轴向载荷。高压气体通过壳体上孔进入壳体内,如此可为试验件提供有压差的工作环境。封严壳体组件各部分通过贯穿的螺栓可轻松实现组装和拆卸。

图 3.36 为转子系统的分解图,与泄漏特性试验台转子部分的构造基本相同,转子由中间连杆与转轴相连接,外部由电机或其他动力装置为转轴提供旋转动力。

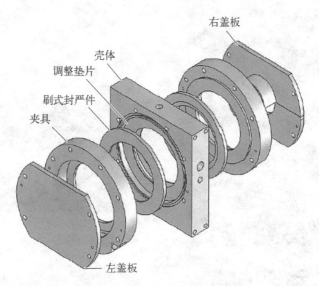

图 3.35 封严件刚度试验设备的封严壳体组件结构拆分图[10]

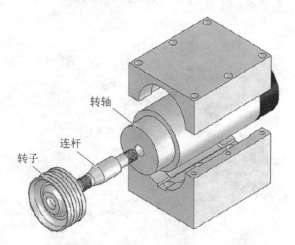

图 3.36 封严件刚度试验设备的转子系统分解图[10]

转子与转轴分体的好处是在更换不同封严内径的试验件时只需更换转子部分,这样既避免了反复拆装带来的误差,也能提高效率。

前面介绍的三种封严件刚度测试设备在工作原理上是一致的,即固定封严件,将转子沿径向压向刷丝一定距离,再将转子移回初始位置;或将试验件沿径向相对转子移动一定距离,再将试验件移回初始位置,测量在这一过程中刷丝与转子之间接触力的变化。但这三种刚度测试设备的试验方法不尽相同。

对于图 3.31 所示的试验装置,用来测试的封严件段固定在封严支撑上,并使用定位销精确定位。移动转子支架,直至它与测试的试验件段处于零间隙接触并且不受力的状态。用于消除测量误差的封严件段安装在另一侧,将其与转子托架部分连接,并确保两者之间也处于零间隙接触且不受力的状态。在两个封严件段与转子组装完成后再安装位移传感器。安装完成后,进行无压差试验时,转子支架先沿 X 轴反方向移动,使其与测试的封严件段之间存在间隙,然后转子支架沿 X 轴正方向缓慢向前移动一定距离,再将其缓慢移动回到初始位置。进行有压差下的测试时,试验方法与无压差的类似,只是在转子支架移动之前先通入高压气体,待其稳定后继续后续步骤。

采用图 3.33 所示的材料拉伸试验机进行刚度试验较为简单,将封严件通过夹具垂直固定安装在试验机的底端,并反复调整上端装有接触靴的拉杆,使接触靴与刷丝处于轻微接触且无作用力的状态。通过设定外部的控制部分使接触靴沿径向(即图 3.33 中竖直方向)向下缓慢压向刷丝一定距离,然后再将其缓慢移回初始位置。

上述两种试验机都是通过模拟转子的偏移进行刚度测量,图 3.34 所示的设备则是通过移动封严件实现转子与测试件之间的相对移动。首先对封严壳体组件的位置进行校准,使试验件与转子同轴,接下来根据封严件泄漏特性试验的步骤,将高压气体通入封严腔中,为试验件上下游提供压差,再开启电机或外部动力装置为转子旋转提供动力,缓慢调整转速使转子达到试验所需转速。然后将封严壳体组件沿导轨相对于转子缓慢滑动一定距离后,再将其缓慢移动回初始位置。以封严壳体相对于转子的往复移动来模拟转子在实际工作中的径向跳动。

2. 以泄漏量/泄漏系数的变化表征

滞后效应最初是在封严的泄漏特性试验中发现的,故也以泄漏量/泄漏系数的变化来表征滞后效应。通常,获得泄漏量/泄漏系数滞后效应的试验方式有三种:压差升降循环试验、转子转速升降循环试验、转子偏心或偏移试验。前两种试验可获得泄漏量/泄漏系数随压差、转速的变化,通过第三种试验可得泄漏量/泄漏系数在转子偏移周期中的变化。压差和转子转速升降循环的泄漏特性滞后效应试验设备即为 3.1 节所述的常规系统,转子偏移试验设备与其差异在于封严件可移动,与图 3.34 所示的设备类似,但此时测量的是泄漏量。

进行压差或转子转速的升降循环试验时,通常将压差或转子转速由零缓慢增大至某一特定值,然后再将压差或转子转速缓慢减小为零,在压差或转速增大和减小的过程中选取某些工况测量封严件的泄漏量。进行转子偏心试验前通常先采用复合材料对转子进行局部浇涂增厚,由此再模拟转子由偏心造成的跳动;转子偏移的泄漏试验是将封严件沿径向相对于转子偏移一定距离,而后将其恢复至初始位置,该试验的其他步骤均与常规泄漏特性试验相同,此处不再赘述。

3.3　试　验　测　试

3.3.1　泄漏特性试验测试

在不同的转子转速、上下游压差等条件下对试验件下游出口的泄漏量进行测量,得到封严测试件的泄漏特性。

3.3.2　传热特性试验测试

1. 篦齿封严传热试验

篦齿封严二维静态传热试验是为了获得篦齿表面的对流换热系数。根据对流换热系数的计算式,需要首先得到篦齿表面的平均温度、热流密度以及泄漏气流进出口的平均温度等参数。这些参数可根据以下试验步骤测得。

（1）组装好试验设备,并检查各测量设备;

（2）打开加热器,进行加热;

（3）打开气源,使气流在压缩气罐内增压;

（4）待气流加热到设定温度,打开阀门,进行试验;

（5）待气流与封严件的换热稳定后,测量进出口气流总温、总压以及篦齿的壁面温度、泄漏量等;

（6）根据所研究的因素,改变进出口压比、进气量等,重复上述试验步骤。

篦齿封严风阻温升效应试验是为了获得风阻温升与篦齿封严结构及工况参数的关系。具体试验步骤与篦齿封严传热试验类似,不再赘述。

2. 刷式封严传热试验

刷式封严传热试验主要测量刷束与转子接触面的温度以及温度场的分布。虽然国内外相关研究人员研制了不同的试验台,但其试验原理和步骤类似。

首先将刷式封严件安装在试验台上,打开压缩机,获得一定压力的来流气体。但经压缩机仅可获得常温高压气体,若需要较高温度的高压气体,还需使用加热装置(如电加热器等)对高压气体进行加热。气体进入试验台高压腔后,经过刷式封严向低压腔泄漏,再经流量计排入大气。当气体的温度和压力达到稳定后,打开电机,缓慢增大电机转速至指定值,待气流稳定后就可进行相关参数,如温度、压力的测量。如若探究不同因素对传热特性的影响,可改变工况条件参数,如转速、上下游压差、来流温度等。

3.3.3　滞后特性试验测试

1. 以接触力的变化表征

以接触力变化表征滞后效应的试验即封严件的刚度试验。进行刚度试验时,需要获得工况变化过程中刷丝与转子之间接触力的分布。因此,对转子或试验件施加位移以及对转子与刷丝之间的接触力进行测试与记录必不可少。

对于部分试验件段的刚度试验,如图 3.31 所示,利用安装在试验装置两侧的位移传感器测量转子相对于试验件段的径向位移,由安装在转子和液压传动器之间的压力传感器测量刷丝施加在转子上的力,即为两者之间的接触力。

对于完整试验件的刚度试验,不考虑压差作用时采用如图 3.33 所示的材料拉伸试验机进行测试,试验中利用力传感器测量刷丝与转子之间接触力的大小。考虑压差作用时,采用如图 3.34 所示的试验装置进行测试,试验时,需要测量气体压力和温度等参数,还需对封严壳体组件的位移以及刷丝与转子之间的接触力进行测量。

对于位移以及接触力分别通过位移传感器和压力/负载传感器进行测量,有压差或动态下的刚度试验还需测量并记录上下游压差或转子的转速。

2. 以泄漏量/泄漏系数的变化表征

以泄漏量/泄漏系数变化表征滞后效应的试验,无论采用第 1 部分所述三种试验方式中的哪一种,均需要测量并记录如压差、转速、泄漏量等重要参数,这与前文所介绍的基本泄漏特性试验相同,各物理量均在达到稳定后进行采集和记录。

3.4 试验结果分析与处理

3.4.1 泄漏特性试验结果分析与处理

通常采用泄漏量和泄漏系数来描述封严件的泄漏特性。

泄漏量是指通过封严的实际泄漏流量,它可直观地反映封严件的泄漏水平。泄漏量分为体积流量 Q(单位:m^3/h)和质量流量 $\dot{m}$(单位:kg/s)两种,通常采用质量流量值,它由体积流量经过以下变换得到:

$$\dot{m} = \frac{Q_0 \times \rho_0}{3\,600} \tag{3.1}$$

式中,Q_0 和 ρ_0 分别为换算成仪器标定状态($p_0 = 0.101\,325$ MPa、$T_0 = 293$ K)下的体积流量和气体密度,其中 $\rho_0 = 1.205$ kg/m³,而 Q_0 由试验工况下的体积流量换算得到。

在分析封严件性能时,通常关注其在不同上下游压差下的泄漏水平。封严件上下游的压差为

$$\Delta p = p_u - p_d = p_{gu} - p_{gout} \tag{3.2}$$

式中, p_u、p_d 分别为封严件上、下游气流的绝对压力,Pa; p_{gu}、p_{gout} 分别为封严件上、下游气流的表压,Pa。

泄漏量是一个绝对量,它受到封严件自身结构参数与所处工况条件等因素的影响,不便于不同封严结构之间的相互比较。为了方便对比,引入另一个衡量封严泄漏特性的物理量,即泄漏系数 ϕ,它由泄漏量经式(3.3)换算得到:

$$\phi = \frac{\dot{m} \times \sqrt{T_{avg}}}{p_u \times D_i} \tag{3.3}$$

式中, T_{avg} 为进口气流的平均温度,K; D_i 为封严件的内径,m。

由式(3.3)可以看出,泄漏系数消除了压力、封严尺寸等的影响,使在不同压差下工作的不同尺寸封严件可进行泄漏特性的对比。

3.4.2　传热特性试验结果分析与处理

1. 篦齿封严传热试验

对于篦齿封严结构,以对流换热系数 h 作为表征封严换热性能的参数,其定义式为

$$h = \frac{q}{T_w - T_f} \tag{3.4}$$

式中, q 为篦齿表面加热的热流密度,可通过加热功率和加热面积获得; T_w 为篦齿表面平均温度; T_f 为气流进、出口平均温度。

雷诺数 Re 的定义式为

$$Re = \frac{\dot{m}}{\mu \pi R} \tag{3.5}$$

式中, $\dot{m}$ 为篦齿泄漏的质量流量; μ 为空气的动力黏度; R 为齿尖位置的半径。

风阻温升比 K_T 的定义式为

$$K_T = \frac{T_o - T_i}{T_i} \tag{3.6}$$

式中, T_o 为篦齿封严气流出口温度; T_i 为气流进口温度。

图 3.37 为风阻温升的数值仿真结果与试验数据的对比,试验转速为 6 000 r/min。由图可知,黏性气流通过高速旋转的高低齿时,沿轴向气流温度呈整体升高趋势。图 3.38 为试验测量的泄漏量与数值仿真结果的对比,由图可知,相同转速下,随着压比的增加,篦齿封严的泄漏量逐渐增大,二者几乎呈线性关系。

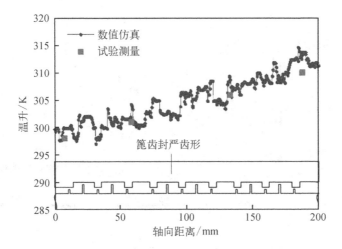

图 3.37　风阻温升的数值仿真结果与试验数据对比[3]

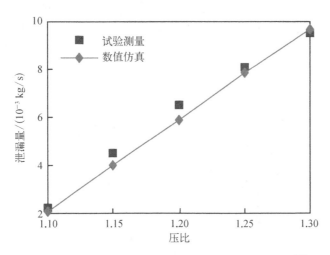

图 3.38　篦齿封严泄漏量的数值仿真与试验结果对比[3]

图 3.39 和图 3.40 为风阻温升比随雷诺数及转速的变化,图中 s 为篦齿封严间隙,b 为齿尖厚度,s/b 为相对封严间隙。由图 3.39 可以看出,在三种相对封严间隙下,风阻温升比均随雷诺数的增大而减小。这是因为雷诺数增加,气体的流速也就增大,其与壁面间的对流换热增强,故温升减小。由图 3.40 可见,当压比为 1.6 时,三种相对封严间隙的篦齿封严的风阻温度比都随转速的增加而急剧增大,故在高转速下,气流温度会有显著的提升。从机理上来说,这是由于随着转子表面旋转线速度的增大,气流在转子表面的剪切力增大,气流克服剪切力所做的功就越大,从而产生更多的摩擦热,气流吸收这部分热量后温度上升。

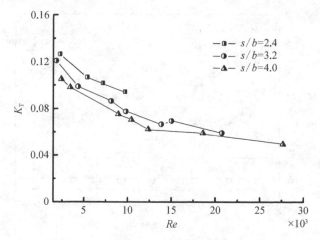

图 3.39　风阻温升比随雷诺数的变化(转速为 10 000 r/min)[11]

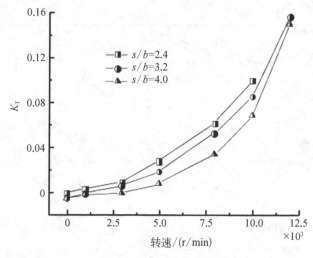

图 3.40　风阻温升比随转速的变化(压比为 1.6)[11]

2. 刷式封严传热试验

图 3.41 为刷式封严传热试验各测点温度随时间的变化。由图可知,所有测点温度都遵循进口温度的变化趋势。如预期的那样,转子部分温度低于气流温度;由节流效应导致的气流温度沿流向呈下降的趋势;在刷式封严前方的 TC 207 位置处测得最高温度。采用有限元和计算流体动力学(computational fluid dynamics, CFD)相结合的方法模拟静态条件下转子部分的传热,假设传入刷束与转子的摩擦热流量相等,得到的计算结果如图 3.42 所示。转子温度沿着气流流动方向逐渐降低;在刷式封严出口附近,转子温度显著降低,这是由于出口处气流流速较大,对流换热增强。图 3.43 为试验测量与有限元计算的温度偏差,

由于气流温度较高,所有径向和轴向位置的温度测量值和有限元计算值显示出
良好的一致性。

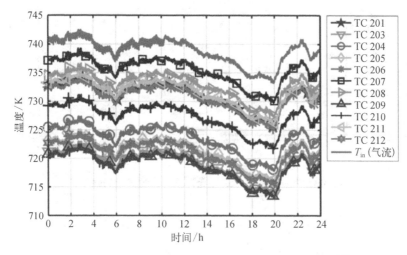

图 3.41　刷式封严传热试验各测点温度随时间的变化[6]

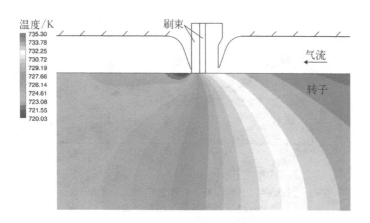

图 3.42　刷式封严转子温度分布的计算结果[6]

图 3.44 为使用纤维热电偶测温法得到的刷式封严刷束与转子接触面处温度
随时间和压差变化的曲线,其中转子转速为 5 000 r/min,且刷丝与转子为零间隙配
合。由图可知,在无压差条件下,刷束与转子接触面的温度最高。随着压差增大至
0.1 MPa,刷束与转子接触面的对流换热增强,故温度此时存在阶跃性的降低;随着
时间的增加,温度逐渐稳定。当压差增大至 0.3 MPa 时,温度又突然上升,这是因
为压差增大虽然会导致对流换热增强,但同时也使刷束刚度增大,于是摩擦热流
量显著升高,而对流换热的增强不足以抵消摩擦热流量的升高,故温度上升。当
压差增大到 0.4 MPa 时,温度又突然下降,说明此时相对于摩擦热流量的升高,

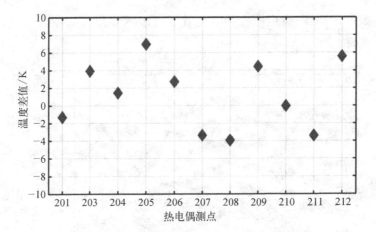

图3.43 刷式封严温度有限元计算与试验结果的偏差[6]

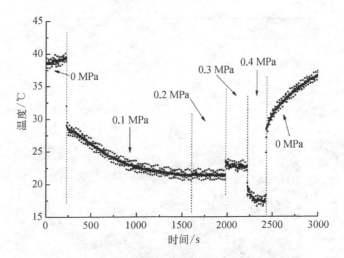

图3.44 不同压差下纤维热电偶测得的刷式
封严刷束与转子接触面温度[7]

对流换热的增强占主导地位。随着压差降低为0 MPa,温度逐渐上升,最后趋于稳定。

图3.45为采用红外成像测温法得到的刷式封严温度分布,其中图3.45(a)为无轴向流动下的温度分布,图3.45(b)为有轴向流动下的温度分布。由图3.45(a)可以看出,刷式封严最高温度出现在刷丝的尖端;刷束与转子接触面的温度分布均匀;转子部分的温度低于刷丝尖端温度,且温度沿径向逐渐降低。由图3.45(b)可以看出,由于刷式封严上下游存在压差的作用,气流的轴向流动使得刷丝、刷束及其与转子的接触面冷却,故温度降低。

刷式封严刷束与转子间的摩擦热流量 Q_f 的理论计算式为

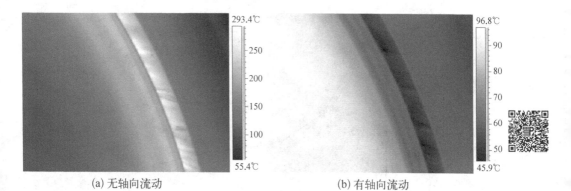

(a) 无轴向流动   (b) 有轴向流动

图 3.45 红外热像仪测得的刷式封严温度分布[1]

$$Q_f = fK_r\delta_r V = fNk_r\delta_r V \qquad (3.7)$$

式中，Q_f 为摩擦热流量；f 为摩擦系数；K_r 为刷束整体的刚度；k_r 为单根刷丝的刚度；δ_r 为刷束与转子配合的干涉量；N 为刷丝总根数；V 为转子表面线速度。

单根刷丝的刚度为

$$k_r = \frac{3\pi}{64} \cdot \frac{Ed^4}{L^3 \sin^2\theta} \qquad (3.8)$$

式中，E 为刷丝弹性模量；d 为刷丝直径；L 为刷丝长度；θ 为刷丝排列角。

将式(3.8)代入式(3.7)得到刷束与转子摩擦热流量的理论计算式为

$$Q = f\frac{3\pi}{64}N\frac{Ed^4}{L^3\sin^2\theta}\delta_r V \qquad (3.9)$$

利用式(3.9)计算得到摩擦热流量的理论值，作为体积热源项加载至刷束与转子的接触面上，再进行刷式封严传热特性的数值模拟。提取数值计算与试验测量的最高温度，绘制成最高温度随压差的变化曲线，如图 3.46 所示。由图可见试验结果远大于数值计算的最高温度值，表明计算结果存在较大的误差。究其原因，可能是上下游压差的作用以及刷丝之间、刷丝与挡板之间的相互作用，使得刷束的实际整体刚度并不是单根刷丝刚度的简单叠加，这就需要引入刚度修正系数 C_k，故刷束整体的实际刚度为

$$K_r = C_kNk_r \qquad (3.10)$$

式中，C_k 为刷束的整体刚度修正系数。

将式(3.8)代入式(3.10)，再代入式(3.7)，可得带修正的刷束与转子间摩擦热流量的计算式为

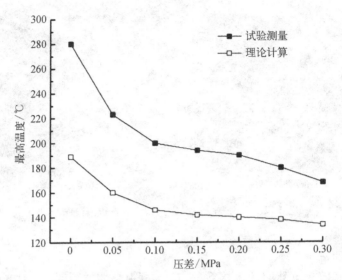

图 3.46　刷式封严最高温度值计算结果与试验的对比(未修正)[5]

$$Q_\mathrm{f} = f C_\mathrm{k} \frac{3\pi}{64} N \frac{E d^4}{L^3 \sin^2\theta} \delta_\mathrm{r} V \tag{3.11}$$

刷束整体刚度的修正系数 C_k 需采用刷式封严传热试验的数据对理论和数值计算结果进行修正来确定。对图 3.46 中计算结果与试验数据偏差较大的问题,将刷束的整体刚度即刷束与转子间摩擦热流量经试验修正后,所得的刷式封严最高温度计算结果与试验测量数据符合较好,如图 3.47 所示。

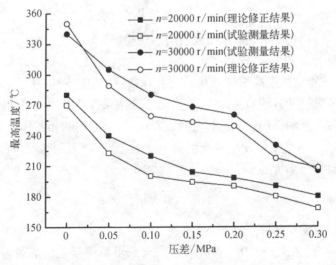

图 3.47　刷式封严最高温度值计算结果与试验的对比(修正后)[5]

3.4.3　滞后特性试验结果分析与处理

1. 以接触力的变化表征

刷式封严刚度试验得到的刷束与转子之间接触力随转子或封严件径向位移变化的典型滞后效应曲线如图 3.48 所示。由图可见,随着径向位移的增大,刷束与转子之间的接触力越大。而且在相同径向位移下,在位移加载阶段的接触力明显大于位移卸载阶段的接触力,这是因为位移加载时转子与刷丝始终接触,刷丝被转子向外推移离开原来位置,而径向位移从最大值处开始降低时,由于刷丝之间、刷束与后挡板之间的摩擦力会对已被向外推移的柔性刷丝的恢复起阻碍作用,刷丝不能完全同步跟随转子恢复至最初态,因此随着位移的卸载,刷丝与转子表面接触力会逐渐减小,并小于同一径向位移下加载阶段的接触力。

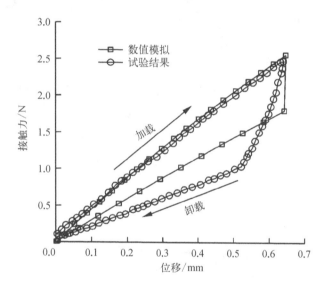

图 3.48　刷式封严刚度试验得到的刷束与转子之间接触力的滞后曲线图[12]

对刷式封严的部分试验件段进行刚度试验得到的结果如图 3.49 所示,不同压差下的位移加载和卸载过程中均表现出刷束和转子之间接触力的滞后效应,但是很明显,随着压差的增大,同一位移下位移加载和卸载过程接触力的差别越大,所表现的滞后效应越强,这是因为压差越大,刷丝之间、刷丝与后挡板之间的摩擦力越大,对刷丝变形恢复起到的阻碍作用越大,因此造成接触力的变化越大。

图 3.50 给出了有压差作用下静态和动态试验得到的刷束与转子之间接触力的变化曲线。由图可见,无论静态还是动态,接触力随位移变化的趋势基本是一致的,而且静态下的接触力大于动态下的接触力,且静态下位移加载和卸载阶段接触

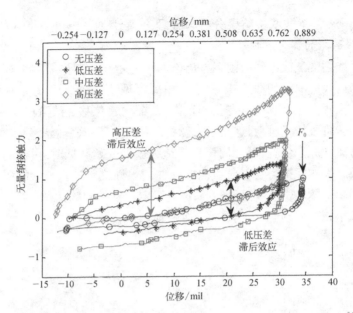

图 3.49　不同压差下刷式封严部分试验件段与转子之间接触力的变化[8]

1 mil = 0.002 54 cm

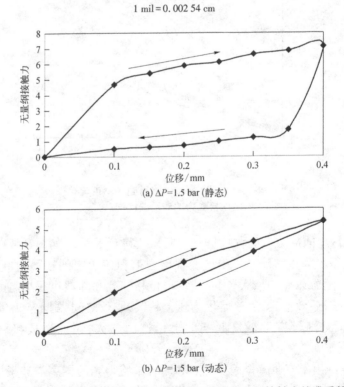

(a) ΔP=1.5 bar(静态)

(b) ΔP=1.5 bar(动态)

图 3.50　有压差作用下静态与动态试验得到的刷束与转子之间接触力的滞后效应曲线[10]

1 bar = 0.1 MPa

力的差别明显大于动态下接触力的差别,故静态下表现出更强的滞后性。这是由于当转子压向刷丝时,动态下转子顺着刷丝排列方向旋转,刷丝与转子之间为动摩擦接触,此时接触力小于静态下刷丝与转子之间静摩擦接触产生的接触力。正是由于在最大位移处,静态下接触力较大,静态下位移卸载阶段接触力的降低也更为显著。

2. 以泄漏量/泄漏系数的变化表征

1）压差升降循环泄漏特性试验

刷式封严在不同转速下的压差升降循环泄漏特性试验所得的泄漏量变化曲线如图 3.51 所示。从图中可以看出,泄漏量随压差的增大而增大;同一压差下,泄漏量在压差上升阶段的泄漏量大于压差下降阶段的泄漏量,表现出滞后效应。这是因为在压差作用下,刷束被压紧并靠向后挡板,随着压差的上升,刷束被压得越来越紧,当压差由最大值开始降低时,刷丝与刷丝之间、刷丝与后挡板之间的摩擦力会阻碍被压紧的刷丝恢复到原来的状态,因此在同一压差下,刷束被压紧的程度在压差下降阶段相比上升阶段更大,刷丝间缝隙更小,故压差下降阶段的泄漏量较压差上升阶段小。此外,从图中还可以看出,转速对滞后效应的影响并不显著。

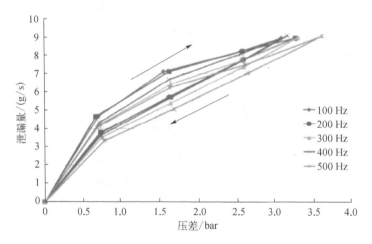

图 3.51　刷式封严在不同转速下压差升降循环泄漏
特性试验所得泄漏量变化曲线[13]

2）转速升降循环泄漏特性试验

刷式封严在转速升降循环泄漏特性试验所得的泄漏系数变化曲线如图 3.52 所示。从图中可以看出,随着转速的增大,泄漏系数略微下降,变化不明显。然而,在转速下降阶段,随着转速的减小,泄漏系数明显增大且大于转速上升阶段同一转速下的泄漏系数。这是因为随着转速的增大,转子会产生离心膨胀,于是柔性刷丝会被向外推移离开初始位置。当转速下降时,转子的膨胀量会逐渐减小,但由于刷丝之间及刷丝与后挡板之间摩擦力的存在,被推移变形的刷丝不能完全恢复至初态,这可能造成刷束与转子之间出现间隙,导致泄漏系数的增大。

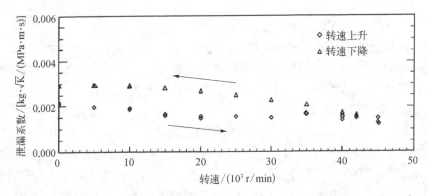

图 3.52 刷式封严在转速升降循环泄漏特性试验所得泄漏系数的变化曲线[14]

简而言之,在转速上升阶段,刷丝之间处于接触或间隙减小的状况,而在转速下降阶段,由于摩擦力的阻碍作用,刷束与转子可能分离,两者之间产生间隙,导致泄漏量增大并大于转速上升阶段中同一转速对应的泄漏量,即表现出滞后效应。

3) 转子偏心或偏移泄漏特性试验

图 3.53 给出了转子偏心的刷式封严在转速升降循环泄漏特性试验中得到的泄漏系数的变化曲线。由图可见,随着转速的增大,泄漏系数增大,而当转速

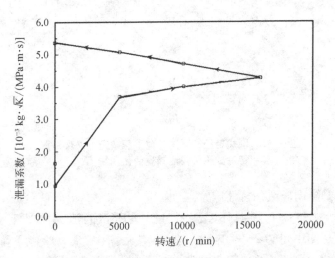

图 3.53 转子偏心的刷式封严在转速升降循环泄漏特性试验中得到的泄漏系数的变化曲线[15]

减小时,泄漏系数继续增大,且大于转速上升阶段对应的泄漏系数。这是由于转子为偏心结构,封严件与转子初始组装完成后转子局部突起处的刷丝会被向外推移。当转子开始旋转后,相当于转子的外径整体都增大,于是刷束整体均会被转子向外推移,因此刷束与转子未喷涂部分之间也会产生间隙,造成泄漏系数增大。随着转速的增大,转子还会发生离心膨胀,故刷束被推移至更远离其初始位置处,泄漏系数进一步增大。在转速下降阶段,泄漏系数随转速的降低而增大,且大于转速上升阶段对应转速下的泄漏系数,其原因仍为变形刷束的滞后效应。

3.5　国内外典型试验设备介绍

3.5.1　国内典型试验设备

国内典型的封严试验设备以南京航空航天大学自主研发的高温高速封严试验台为例进行介绍。图 3.54 为该试验台结构的简化示意图,包括试验台主体、动力系统、控制系统、数据采集系统、润滑冷却系统以及气路系统。试验台主体用于模拟封严的工作环境,动力系统提供转子旋转所需的动力,润滑冷却系统用于轴承的润滑和冷却,气路系统提供试验台主体所需的高压空气,控制系统用于控制动力系统、润滑冷却系统以及气路系统中的进、出气管路,数据采集系统负责采集试验台主体、动力系统以及气路系统出气管路的试验数据。图 3.55 为此高温高速封严试验台的实物图。以下分别对试验台各系统的结构和功能进行阐述。

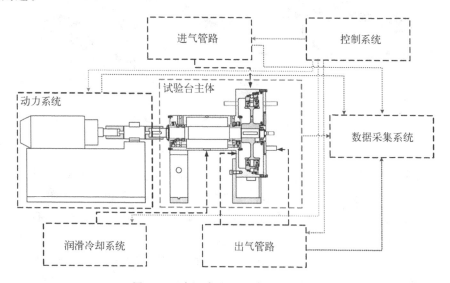

图 3.54　高温高速封严试验台系统图

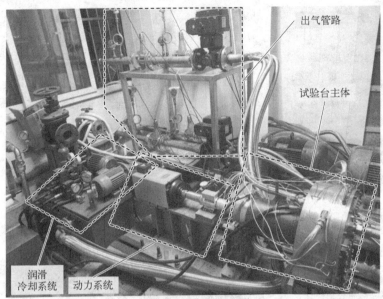

(a) 试验台主体及若干系统

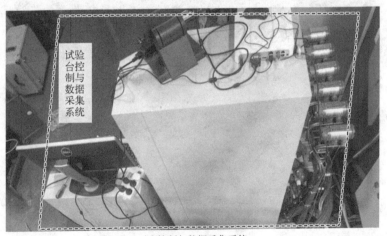

(b) 控制与数据采集系统

图 3.55 高温高速封严试验台实物图

1. 试验台主体

试验台主体部分的三维剖视和二维截面分别如图 3.56 和图 3.57 所示。试验台主体包含主轴、支座、试验转盘、封严件、密封座、油封、端盖、轴承等部件。试验台主体的所有部件都经过固溶处理,使金属材料的塑性和韧性得到改善,具有较均匀和稳定的热变形特性,试验台来流温度最高为 500 K。

试验台主体采用中间进气、两侧出气的结构,可同时对称安装两个封严件进行试验,这样不仅可以平衡气体对转轴端面产生的轴向力,还可以提高试验效率。为

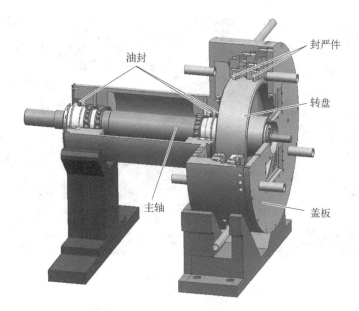

图 3.56　试验台主体三维剖视图

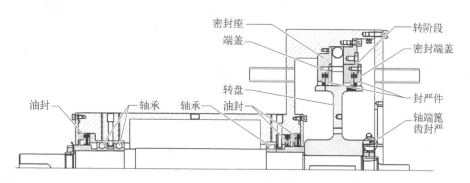

图 3.57　试验台主体二维截面图

了保证进入试验台气流的均匀性与稳定性,试验台主体沿周向均匀布置了四个气流进口且进气方向为沿圆周的周向。在试验台两侧分别设计了三个气流出口以保证封严下游低压侧的气流均匀稳定。

2. 动力系统

动力系统的实物如图 3.58 所示,它由高速电机、刚性联轴器以及扭矩转速传感器组成。高速电机的额定功率为 16 kW,最大输出扭矩为 17.9 N·m,最高设计转速为 10 000 r/min,转速的变化通过变频器进行调节。扭矩转速传感器可对电机的扭矩和转速进行实时测量,联轴器负责连接高速电机和扭矩转速传感器。为了保证高速电机、联轴器与扭矩转速传感器在高转速下稳定安全地运行,对三者的同轴度进行了校准,精度控制在 0.05 mm 以内。

图 3.58 动力系统实物图

3. 润滑冷却系统

润滑冷却系统的工作原理如图 3.59 所示。油箱中的润滑油经过滤器被供油泵输送到轴承,对轴承进行润滑并将轴承产生的热量带走,之后润滑油汇集到轴承腔底部,再经集油口重新回到油箱。油箱中的润滑油被循环油泵输送到板式换热器与自来水进行换热,最后回到油箱,完成循环。

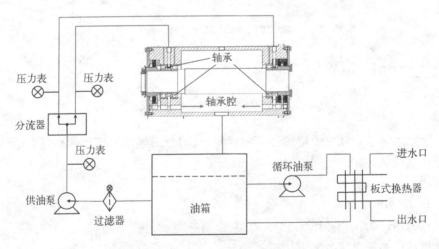

图 3.59 润滑冷却系统工作原理示意图

4. 气路系统

气路系统的工作原理如图 3.60 所示。试验所需的高压空气由一台额定流量为 35 m³/min、额定压力为 0.8 MPa 的空气压缩机提供,高压空气经水汽分离器后进入稳压储气罐,之后高压气体分为两路:一路经由旁路放气阀排到大气环境,另一路经涡街流量计测量后通过分流器分为四路进入试验台高压侧。高压气流经封严件向各自的低压侧进行泄漏,最后经各流路的涡街流量计测量后排入大气环境。封严件上游高压侧压力可通过控制旁路放气阀的开度进行调节。试验采用两种不同量程的涡街流量计进行流量测量,通过三通阀进行流量计的切换。

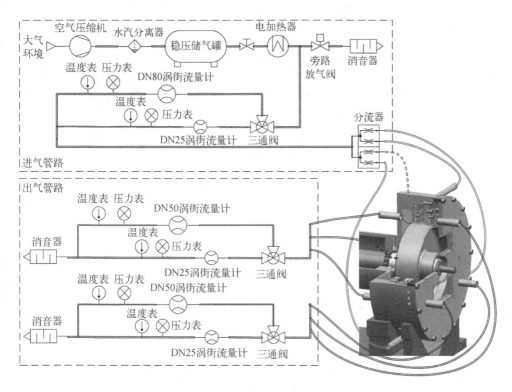

图 3.60 气路系统工作原理示意图

5. 控制系统

控制系统对高温、高速封严试验台的运行进行操控。在试验台运行之前,首先需要通过控制系统开启润滑冷却系统,依次启动进水阀门、循环油泵、供油泵、分流器阀门,然后控制动力系统,启动试验台,调整变频器输出频率使高速电机达到指定转速,最后控制气路系统,根据封严件的泄漏量,通过控制三通阀切换合适量程的涡街流量计。

6. 测量系统

试验测量参数主要包括试验台出口流量、封严件上下游的气流温度、试验件出口处的气流温度与流量计处的气流温度、试验件上下游压力以及转子转速与扭矩等。各类测量参数及其设备如表 3.1 所示。

表 3.1 封严试验台测量参数及设备

类 别	参 数	测 量 仪 器
压力	环境压力	空盒气压计
	上游高压侧压力	压力扫描阀
	下游低压侧压力	压力扫描阀
	流量计处压力	压力变送器
流量	试验件泄漏流量	罗斯蒙特 8600 型涡街流量计
温度	流量计处的空气温度	MIK – WZPK 型热电阻
	上游高压侧空气总温 下游低压侧空气总温	PT1000 热电阻
	试验件出口处空气温度	K 型热电偶
扭矩 转速	转子扭矩 转子转速	扭矩转速传感器

1) 压力测量

环境压力采用空盒气压计测量,试验件上、下游压力采用压力扫描阀进行测量并通过计算机显示。流量计处的压力采用 MIK – P400G 型压力变送器测量,量程为 0~0.4 MPa,其精度等级为 0.3 级,最大基本误差为 0.003 MPa,该压力变送器所测压力用于涡街流量计的压力补偿。

2) 流量测量

由于试验的压差范围可能较大,故而试验件泄漏量的变化范围也较大,为了更准确地测得不同压差下的泄漏量,采用两个大、小不同量程的流量计配合使用。小量程流量计为 DN25 的罗斯蒙特 8600 型涡街流量计,其体积流量测量范围为 12~161 m^3/h,精度等级为 1.0;大量程流量计为 DN50 的罗斯蒙特 8600 型涡街流量计,其体积流量测量范围为 47~646 m^3/h,精度等级为 1.0。两个流量计的转换通过三通阀进行调节。涡街流量计布置于试验台气流出口处,安装了压力变送器和热电阻进行压力和温度补偿的测量。

3) 温度测量

流量计处的空气温度采用 MIK – WZPK 型热电阻进行测量。热电阻是利用物质在温度变化时其电阻也随之发生变化的原理进行温度测量的。该热电阻的精度等级为 A 级,允差为 $\pm0.15℃$ 或 $\pm0.002|t|$。试验上、下游气流的总温采用 PT100 热电阻测量。

与试验件相关的其他需要测温的位置视具体情况确定测量方案,可采用非接触式如红外热像仪或接触式如热电偶、热电阻等进行测量。

4）转速和扭矩测量

采用 ZH07‒30G 型扭矩转速传感器测量试验件安装前后转轴的扭矩,两者相减即可得试验件的摩擦扭矩。该仪器在测量扭矩的同时也测量试验中转子的转速。扭矩的测量量程为±30 N・m,精度为 0.5%,转速的量程为 10 000 r/min。传感器测得的信号经过二次仪表处理后,实时显示扭矩、转速。

7. 数据采集系统

数据采集系统可对封严件上下游的压力及气流温度、流量计处的压力及气流温度、封严件的泄漏量、转子扭矩和转速等进行采集。

3.5.2　国外典型试验设备

本节对国外典型的封严试验设备进行简要介绍。

图 3.61 给出了美国仁斯利尔理工大学高速封严试验台的结构,该试验台可对封严泄漏、刷丝尖端与转子表面之间的接触力及摩擦生热等进行测量。

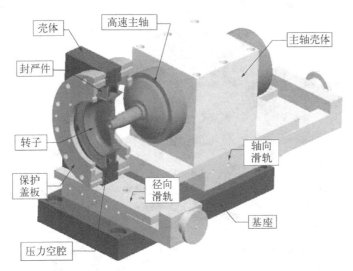

图 3.61　美国仁斯利尔理工大学高速封严试验台结构图[1]

试验台的主轴安装在主轴箱上,主轴箱安装于可轴向移动的滑轨上,使其可以沿轴向移动,试验台主轴最高转速可达 40 000 r/min。两个封严件通过壳体对称安装在转盘上,封严件的中间腔内通入高压气体。安装封严件的壳体可沿滑轨在水平方向移动,以达到封严件与转子之间配合的干涉量。

该试验台可对扭矩进行测量,从而间接获得刷丝尖端与转子表面之间的接触力。刷束与转子之间接触面的温度通过非接触测量方式,即红外热像仪进行测温。

图 3.62 为德国布伦瑞克工业大学的常温旋转封严试验台,该试验台所需的高压气体由压缩机系统提供,最高压力可达 0.8 MPa,流量达到 230 g/s。气体进入试验台后,采用涡旋流量计、精密压差传感器等测量泄漏量、压力等参数,图中所示的显微镜用于刷束与转子之间间隙的测量以及刷丝可能存在的掉落现象的观测。

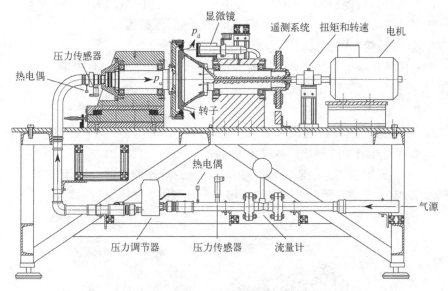

图 3.62　德国布伦瑞克工业大学常温旋转封严试验台结构图[16]

图 3.63 为美国国家航空航天局(National Aeronautics and Space Administration, NASA)的高温高速封严试验台,该试验台由空气涡轮机驱动,主轴的最高转速约为

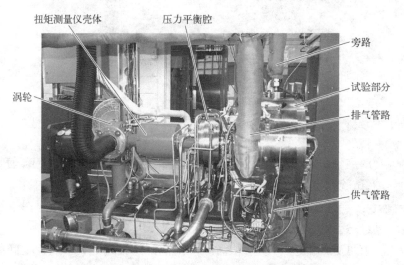

图 3.63　NASA 高温高速封严试验台实物图[17]

45 000 r/min,可达到的最高压差为 0.83 MPa,最高温度为 650℃。转子以悬挂的方式安装在轴上,主轴由两个油润滑轴承支撑。扭矩测量仪位于空气涡轮机和试验台之间,并通过主轴连接。加热并过滤后的空气进入测试装置的底部,再流入进气室,进气室将加热的空气沿轴向引导至封严件–转子界面。

试验台中封严件与转子及各参数的测量位置如图 3.64 所示,在封严件的上游测量气流的进口温度 T_{inlet}、进口压力 P_{inlet},在封严件的下游测量出口温度 T_{exit} 和出口压力 P_{exit}。位移传感器安装在封严支架上沿周向的四个等间距位置处,用于测量封严支架和转子之间的间隙变化,并监测转子的转子动力学行为。

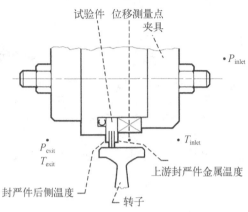

图 3.64　封严件与转子及参数的测量位置[18]

3.6　技 术 展 望

综上所述,目前国内外尤其是国内的封严试验设备和试验能力还需在以下几个方面发展和改善。

(1)试验工况需往高转速、高温、高压差方向发展。目前,封严试验研究多为常温、低转速的工况,与发动机的真实工况相差很大。当转速较低时,转子的离心膨胀、瞬时偏移以及转子与封严件间的摩擦生热等都很难体现,而这些对封严结构的性能可能具有较大影响。当试验温度为常温时,转子和封严件的热膨胀不明显,也与真实发动机工况下相差较大,这会导致试验结果包括变化规律无法应用。因此,在后续试验研究中,封严试验需往高转速、高温、高压差工况发展,以获得发动机工况下封严结构真实的泄漏流动、传热和摩擦磨损等特性。

(2)测试技术需要进一步提升。在封严试验中,测量参数主要包括泄漏流量、气体压力、封严件与转子接触面附近的温度分布、封严件的变形及磨损等。对于封严温度测试,现有的为数不多的研究有的将热电偶置于刷束中进行少数离散点的测量,由于刷束的轴向厚度和径向自由高度非常有限,无法布置大量的温度传感器以捕捉接触面附近较大的温度梯度分布;有的基于非接触式红外测温技术进行封严件和转子接触面附近温度的测量,但这无法获得温度沿轴向的分布以及刷束内部的温度分布,而且其测量精度也取决于标定试验。因此,后续需要发展封严结构更大范围内温度分布的高精度测量方法。针对柔性封严件的变形测量,由于封严件本身的径向和轴向尺度非常小,变形量也很小,而且与封严件紧密接触的转子通常处于高速旋转的工作条件下,故目前难以对封严件变形进行直接测量。封严件和转子磨损主要采用测量内径或外径变化的方法或称重法,也难以体现其真正的磨损特性。因此,对于柔性封严件的变形和磨损测量,也需要进一步发展可行性高、精度较高的方法。

参考文献

[1] Demiroglu M, Tichy J A. An investigation of heat generation characteristics of brush seals[C]. Turbo Expo: Power for Land, Sea, and Air, Montreal, 2007.

[2] 张勃,吉洪湖,杜发青,等.基于正交法的直通篦齿封严齿形几何参数对换热特性影响的试验研究[J].机械工程学报,2013,49(4):134-139.

[3] 孙丹,卢江,刘永泉,等.篦齿封严风阻温升特性研究[J].航空学报,2018,39(11):70-79.

[4] 柴保桐,傅行军.刷式密封流场和温度场数值模拟[J].润滑与密封,2016,41(2):121-125.

[5] 吴施志,江平,力宁,等.刷式密封摩擦生热温度场数值计算及试验[J].航空动力学报,2019,34(4):737-743.

[6] Raben M, Friedrichs J, Flegler J. Brush seal frictional heat generation—Test rig design and validation under steam environment[J]. Journal of Engineering for Gas Turbines and Power, 2017, 139(3): 032502.

[7] Huang S, Suo S, Li Y, et al. Experimental investigation on fiber thermocouples used in brush seals for temperature measurements[J]. Journal of Engineering for Gas Turbines and Power, 2014, 136(9): 091602.

[8] Bidkar R A, Zheng X, Demiroglu M, et al. Stiffness measurement for pressure-loaded brush seals[C]. Proceedings of the ASME Turbo Expo 2011: Power for Land, Sea, and Air, Montreal, 2011.

[9] Ruggiero E J. An overview of non-metallic brush seal technology[R]. New York: NASA, 2009.

[10] Aksoy S, Aksit M F. Evaluation of pressure-stiffness coupling in brush seals[C]. The 46th AIAA/ASME/SAE/ASEE Joint Propulsion Conference & Exhibit, Nashville, 2010.

[11] 王鹏飞,郭文,张靖周.旋转封严篦齿风阻温升的试验研究与数值分析[J].航空动力学报,2013,28(6):1402-1408.

[12] Crudgington P, Bowsher A, Kirk, T, et al. Brush seal hysteresis[C]. The 48th AIAA/ASME/SAE/ASEE Joint Propulsion Conference & Exhibit, Seattle, 2012.

[13] Deville L, Arghir M. Experimental analysis of small diameter brush seals and comparisons with theoretical predictions[J]. Journal of Tribology, 2019, 141(1): 012201.

[14] Arora G K, Proctor M P. JTAGG II brush seal test results[C]. Proceedings of the 33rd AIAA/ASME/SAE/ASEE Joint Propulsion Conference and Exhibit, Seattle, 1997.

[15] Basu P, Datta A, Loewenthal R, et al. Hysteresis and bristle stiffening effects in brush seals [J]. Journal of Propulsion and Power, 1994, 10(4): 569-575.

[16]　Schur F, Friedrichs J, Flegler J, et al. Pressure distributions below brush seals at varying operating conditions [C]. Proceedings of the ASME Turbo Expo 2018: Turbine Technical Conference and Exposition, Oslo, 2018.

[17]　Proctor M, Delgado I. Preliminary test results of non-contacting finger seal on herringbone-grooved rotor[C]. The 44th AIAA/ASME/SAE/ASEE Joint Propulsion Conference & Exhibit, Hartford, 2008.

[18]　Proctor M P, Delgado I R. Leakage and power loss test results for competing turbine engine seals[C]. Proceeding of the ASME Turbo Expo: Power for Land, Sea, and Air, Vienna, 2004.

第 4 章
机匣试验

涡轮机匣作为航空发动机涡轮静子件中的重要承力构件和关键高温部件,起着承受机械负荷、气体压力和热负荷等作用,有些机匣还直接或间接地构成了空气系统的主要通道。涡轮机匣的温度水平与涡轮机匣本身强度、寿命息息相关,同时,涡轮机匣的热力变形也直接影响着叶尖间隙的变化。目前,航空发动机涡轮机匣多采用基于可控热变形的主动间隙控制技术,来满足涡轮机匣冷却需求与变形需求。主动间隙控制系统典型结构为在机匣外侧安置多根圆形或方形冷却管,从压气机引入的冷却气流,通过冷却管上多个阵列冲击孔对机匣表面进行冷却,控制机匣温度,调节机匣热膨胀量,匹配发动机历程中叶尖间隙的变化。

机匣冲击冷却管通常采用一端进气、另一端封闭的供气方式,具有管内流程长、管壁开孔数量多等特点,冷却管路沿程出流流量分配、压力分布与流动损失等流动特性直接影响机匣周向换热与变形的分布,对冷却管路流动特性开展研究是主动间隙系统设计的基础[1,2]。同时,涡轮机匣作为重要承力构件,构造复杂,具有许多安装边、大倒角曲面、覆盖板等特殊结构,使其中的冲击换热大多为受限空间内的非规则阵列冲击,针对涡轮机匣特殊结构开展换热特性研究是主动间隙控制系统设计的核心[3-5]。机匣还需面向叶尖间隙调节,在不同发动机历程下,提供不同的冷却流量,调节机匣膨胀量,获得不同历程下机匣温度分布规律、机匣三维变形量以及机匣热响应曲线,是主动间隙控制系统设计的关键支撑[6]。因此,本章主要针对机匣主动间隙控制系统,对涡轮机匣冷却管路流动特性试验、涡轮机匣表面冲击换热特性试验、涡轮机匣主动叶尖间隙热控制试验进行介绍。

4.1 试 验 系 统

4.1.1 涡轮机匣冷却管路流动特性试验系统

本节根据发动机典型涡轮叶尖间隙控制系统的结构特点,对其典型的冷却管构件单元进行适当简化,建立相应的试验模型,开展空气冷却管沿程出流流量分配、压力分布与流动损失等流动特性试验,支撑机匣周向冷却结构设计。

1. 试验模型

图 4.1 为发动机典型的涡轮叶尖间隙主动控制系统结构示意图[7]。机匣外侧安装了数根冷却管,从压气机引出的气体进入集气管后分配到冷却管中,气流从冷却管的冲击孔流出,形成冲击射流,通过合理排布冷却孔和设置气流流量大小,可达到控制机匣表面温度、实现控制叶尖间隙的目的。无论是典型的圆形冷却管还是方形冷却管,均为 180°弯管,采用一端进气、另一端封闭的供气方式。

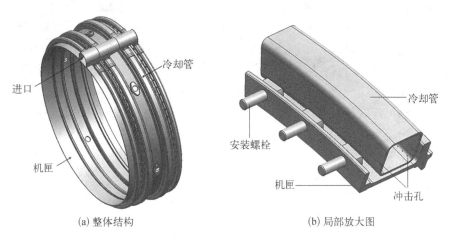

(a) 整体结构　　　　　　　　　　(b) 局部放大图

图 4.1　发动机典型涡轮叶尖间隙主动控制系统结构示意图

圆形和方形冷却管都是利用气流通过冷却管上的冲击孔,冲击机匣表面对其温度与热变形进行控制。不同冷却管的差异主要体现在冷却冲击孔的布置方式,使用圆形冷却管时,气流通过冷却管上的小孔直接冲击机匣表面,而利用方形冷却管时,常常在机匣上设计有安装边或肋条,冷却空气将喷射到这些凸起的平台上。将圆形冷却管和方形冷却管简化为图 4.2 所示的简化试验模型。

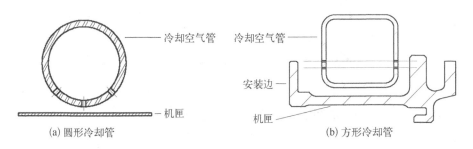

(a) 圆形冷却管　　　　　　　　　　(b) 方形冷却管

图 4.2　简化试验模型

为了获得冷却管上不同位置冲击孔的出流特性,在试验中需要获得每一个冲击孔的实际流量。而目前冷却管上冲击孔的直径一般为 0.6~1.2 mm,其对应的冷却空气出流量是十分微小的,直接测量每个小孔的出流量具有一定的挑战性。因此,在试验方案设计中采用局部平均的方法,即人为地将冷却管按冲击孔数平均分为数段,在冷却管外部安装集气腔来收集气体流量,随后将测得的出流流量平均到每个小孔上,进而计算出每段冷却管内冲击孔的平均出流流量和平均流量系数。

为了验证上述假设的合理性,以某一典型 180°弯管为例进行数值计算,分析沿程小孔流量分配情况。数值计算结果如图 4.3 所示,通过数值计算结果可以发现,冷却管沿程冲击孔出流流量分布并不均匀,但是在一个比较短的长度范围内,冲击孔出流流量变化较小。例如,当冷却空气孔在进口位置,即 0°时,小孔的气体出流质量流量为 0.000 012 kg/s,而当冷却空气孔在 15°时,小孔的气体出流质量流量增加到了 0.000 012 5 kg/s,相对 0°时仅增加了 4.17%。因此,采用局部平均的方法获得每个小孔的出流流量具有一定的可行性。在本试验中,考虑流量计的最小量程,同时,尽可能选择较多的段数来进行分段,最终决定以每 15°一段设计集气腔,收集小孔出流流量。

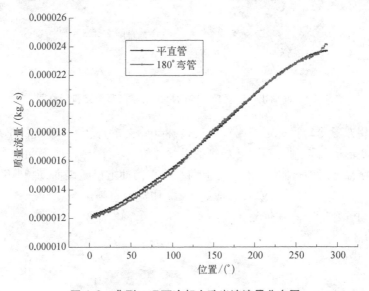

图 4.3　典型工况下冷却小孔出流流量分布图

为了避免集气腔对冷却管出流的影响,试验件设计时尽可能选择较大的集气腔,减小流动阻力,确保加装集气装置后对冷却通道中的压力分布以及流动阻力影响相对较弱。在确定了流量收集基本方式后,考虑到试验中还需要分析冷却管和机匣之间距离对小孔出流的影响,在试验中利用集气腔的壁面来模拟机匣,并通过支撑架的几何尺寸来保证集气腔壁面和冷却管之间的距离。整个集气腔通过机械加工而成,不同角度间的集气腔通过焊接的内法兰来相互隔绝。冷却管试验件分为两大部分,如图 4.4 所示,一部分为方形/圆形冲击管;另一部分为集气腔。从外界引入的冷却气体通过进气总管进入冲击管,冲击管壁面上打有冷却冲击孔,流入冲击管内的气体通过冷却冲击孔冲出并依靠套在外面的集气腔收集起来。在法兰设计中,采用内外两个法兰的设计,内法兰用于冲击管与集气腔的连接与固定。外法兰与集气腔相连接,保证其与集气腔端面在同一个平面上。

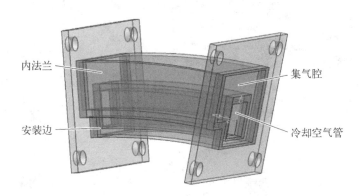

图 4.4　典型冷却管试验件三维示意图

理论上冲击冷却孔是均匀分布在冲击管表面的,而采用分段收集后,法兰会由于自身厚度挡住部分冲击冷却孔,为了尽量保持出流流量基本不变,将挡住的冲击孔放在边缘的孔两边,使之在一个横截面上,保证总的开孔面积不变。在圆形冷却管的试验件加工中,采用同样的设计思想,但是考虑到圆管的形状以及和机匣的相对位置关系特点,进行局部的调整:① 将冲击管放在集气腔的正中心,集气腔的作用只是收集气体,而不再作为冲击管的靶板;② 在冲击管下添加一块冲击靶板,在冲击管两端各补一块小法兰与冲击靶板焊接,小法兰起到固定作用,并通过法兰的高度来保证冲击距离。

2. 试验系统

针对上述试验模型,进行冷却管流动特性试验。试验系统如图 4.5 所示,由 12 段 15°周期单元构成 180°冷却弯管,弯管一端进气,另一端封闭,模拟涡轮机匣冷却管供气方式。冷却空气由压气机提供后,经过稳压腔、流量计,进入试验件,集气腔对每一周期段排气流量进行收集与测量。本试验系统可分为供气系统、试验段和测量系统三个部分,试验段已在前面第 1 部分进行介绍,下面主要对供气系统与测量系统进行介绍。

供气系统由空气压缩机、稳压腔、阀门、流量计组成。试验中气流由 5 m³/min 的空气压缩机气机提供,气体进入供气管道后,首先通过干燥装置分离出空气中的水分从而保证压缩空气的干度,干燥后的气体经稳压装置稳压整流后进入试验管道。气体流量由安全阀门控制,通过阀门的气流首先经过流量计测得流量后进入试验件。

测量系统主要包括流量测量、压力测量与温度测量。

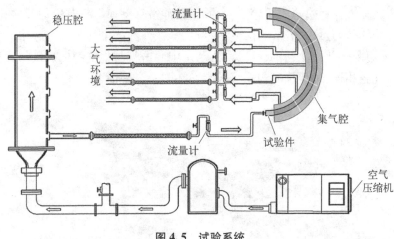

图 4.5　试验系统

流量测量主要包括进气流量测量与每周期段排气流量测量,均采用涡街流量计进行测量。为了适应试验中整个冷却管路中相对较大的空气流量、冷却孔相对流量较小的空气流量测量,在试验中应用了不同流量量程的涡街流量计。通过三通阀门的调节,将不同流量的空气导入不同量程的涡街流量计,从而实现大范围试验工况中流量的测量。试验中涡街流量计测得的流量为体积流量,因此需要在涡街流量计前安装温度和压力测点,将测得的管路内的气体体积流量、压力和温度通过理想气体状态方程计算得到气流的实际质量。

压力测量主要包括环境大气压、流量计前压力以及试验件上总静压测量,针对不同位置不同压力范围的测试,试验中采用了不同的压力测试仪器和方法。为了准确测量大气压力,采用空气盒气压表进行测量。针对流量计前压力和试验件上的压力测量,试验中采用多点压力采集系统进行测量。多点压力采集系统由压力探头、压差变送器、数据采集卡和上位机等基本部分组成。压力探头是一个细长的金属管,其主要功能为感知压力和传递压力,试验中,由压力探头测得管内气体的压力后,通过一根空心软管将压力信号传输给压差变送器,压差变送将压力信号变成电信号后传输给数据采集卡,最后经过数据采集卡和上位机将采集到的电信号变成数字信号显示出来。整个试验件共有 36 个压力测点,包括 24 个静压测点和 12 个总压测点,均匀分布在每一周期段上。

在本试验中,温度测量主要是为了准确计算气体密度,进而得到空气的质量流量,因此采用热电偶测量流量计前管路空气温度,并利用多路温度巡检仪来采集温度信号。

4.1.2　涡轮机匣表面冲击换热特性试验系统

本节对冷却管构件单元气热环境进行分析,抽取典型换热单元,模拟冷却管在发动机机匣中的气热环境,建立相应的试验模型,开展机匣表面冲击换热特性试验,获得典型工况下机匣表面换热特性分布。

1. 试验模型

涡轮机匣典型冷却管路气热环境如图 4.6 所示,冷却气流通过冷却管上排布的冲击孔,形成多股射流冲击到机匣表面。在实际涡轮机匣中,这种多根管同时工作产生射流的冲击冷却方式属于多排阵列冲击换热,在多股射流冲击到机匣表面的同时,由于多根冷却管在机匣表面呈梯状分布,上游冷却管产生的射流在受限空间内向下游做横向流动,处在下游的射流冲击将不可避免地受到这股横流的影响[1],进而影响整个机匣表面的温度分布。除了冷却结构内部自身冷却射流产生的横流外,根据实际模型,机匣核心舱中的气流同样会进入机匣上方,这一股来流形成初始横流同样会影响机匣表面冷却管的冲击射流。因此,在涡轮机匣表面冲击换热特性试验研究中,主要针对受限空间累计横流和初始横流对冲击表面换热特性的影响展开研究。

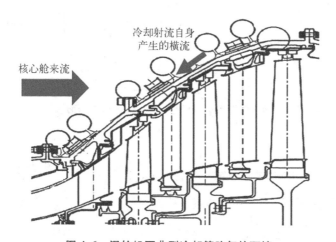

图 4.6　涡轮机匣典型冷却管路气热环境

原物理模型中,冷却管为 180° 圆形弯管,并且冷却管安装半径较大,如果按照原模型 1 : 1 设计试验件,将会对试验件加工、测点位置设定等带来较大的影响,试验难度增加。本节研究目的是获得相关的换热特性,试验重点为冷却结构中的典型换热单元,因此首先简化实际物理模型。考虑弯曲冷却管同直管冷却管的出流特性相似,且 15° 范围内小孔出流流量分布较为均匀,截取 15° 冷却管和机匣作为研究对象,并将其简化为平直段进行试验。

针对受限空间累计横流的影响,试验研究模型如图 4.7 所示,选取 5 根带有冲击孔的冷却管为冷却空气通道,与机匣(冲击靶板)共同组成典型换热单元。冷却管同样采用一端进气、另一端封闭的供气方式。试验模型顶部、上游、两侧分别设置盖板、上游挡板、侧挡板,模拟冷却管的受限空间,同时,单一的出口也模拟了射流所面临的最大横流状态。受限空间累计横流影响研究模型详细结构如图 4.8 所示。冷却管一端进气、另一端封闭,在冷却管上针对不同研究参数,开设了不同冲击孔间距的冲击孔。冷却管安装在侧挡板不同位置处,模拟不同的冲击间距。

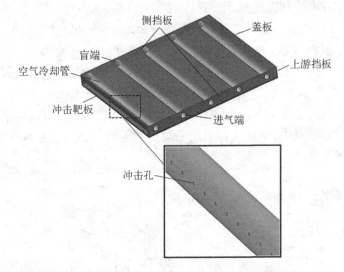

图 4.7　受限空间累计横流影响研究模型

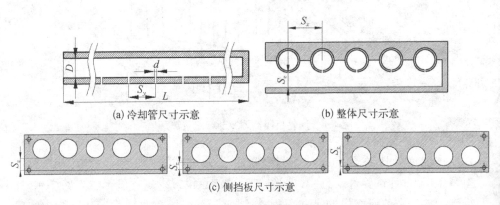

(a) 冷却管尺寸示意　　　　　　　(b) 整体尺寸示意

(c) 侧挡板尺寸示意

图 4.8　受限空间累计横流影响研究模型详细结构图

初始横流影响研究模型如图 4.9 所示,与累计横流影响模型相似,但盖板与上游挡板由横流通道代替,模拟核心舱来流产生的初始横流影响。在初始横流影响研究模型中,冷却管同样采用一端进气、另一端封闭的供气方式。针对不同工况,冷却管上开设有不同冲击孔间距的冲击孔。冷却管固定在两侧挡板的不同位置,模拟不同冲击间距。

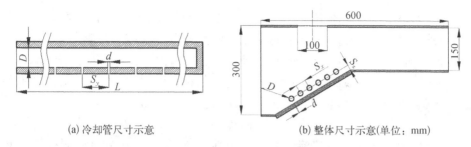

(a) 冷却管尺寸示意　　　　　(b) 整体尺寸示意(单位：mm)

图 4.9　初始横流影响研究模型

2. 试验系统

针对上述两种试验模型,分别进行受限空间累计横流对射流冲击换热特性影响研究试验与初始横流对射流冲击换热特性影响研究试验。

1) 受限空间累计横流影响研究试验

受限空间累计横流对冲击表面换热特性影响研究试验系统如图 4.10 所示,压气机产生的冷却气流,通过稳压腔与流量计分别进入 5 根冷却管,冷却管上的多个冲击孔形成冲击射流,对敷设有均匀加热的加热膜的冲击靶面进行冷却。通过冲击表面温度测量与加热膜热流密度测量,便可获得试验工况下冲击表面换热特性分布。试验系统主要可分为供气系统、加热系统、测量系统和试验段 4 个部分,试验段已在第 1 部分进行介绍,下面主要对供气系统、加热系统与测量系统进行介绍。

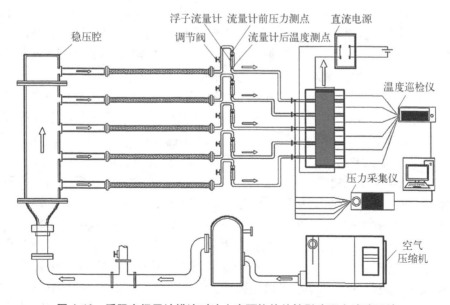

图 4.10　受限空间累计横流对冲击表面换热特性影响研究试验系统

供气系统由空气压缩机、稳压腔组成。本试验中冷却气流由 10.5 m³/min 的空气压缩机提供,气流进入供气管道和储气罐后,通过干燥装置分离出空气中的水分,保证压缩空气的干度。干燥后的气流进入进气管道,气流量由阀门控制,通过阀门的气流进入进气段经过流量计后,再经过稳压装置稳压整流后进入进气腔,然后流入试验段,调节进气量直至冲击雷诺数到达试验要求。

本试验中加热系统主要为冲击靶面提供均匀、稳定的热流密度,由加热膜、直流电源组成。为了保证热流密度的均匀性,试验中采用康铜加热膜作为发热元件,其电阻均匀且随温度变化小,厚度也仅有 0.022 mm。将康铜加热膜粘贴在靶板内表面,铜片焊接在加热膜两侧作为电极,以硅整流器为加热电源,在靶板内表面构造等热流边界条件,如图 4.11 所示。试验使用的硅整流器可以提供稳定的直流电压和电流,硅整流器电压和电流的调节范围分别是 0~30 V,0~75 A,采用这种大电流、低电压的加热方式,具有安全可靠、工作稳定的优点。

图 4.11　加热膜敷设区域

本试验中测量系统主要包括流量测量、压力测量、温度测量以及加热功率测量。

流量测量主要包括每根冷却管进气流量的测量。据试验流量要求,试验中每根冷却管所需的流量较小,因此选用 LZB 型浮子流量计,测量空气流量的范围为 1.6~16 m³/h。试验中需注意的是,流量计测量得到的读数是标准状态下气流的体积流量读数,需根据流量计前温度与压力的测量进行体积流量的修正。

压力测量主要包括当地大气压力、流量计进口前静压和试验件进口端的静压和总压的测量。当地大气压力的测量采用空气盒气压表,流量计进口前静压和试验件进口端的总静压采用压力探针和压力传感器进行测量。总压的测量均采用 L 型探针,正对来流方向,静压的测量则采用直型探针,与内壁面平齐。

温度测量主要包括流量计前温度的测量、冲击冷却过程冲击靶板的表面温度和背面温度的测量,均采用 K 型热电偶与温度巡检仪进行测量与采集。冲击靶板热电偶布置方式如图 4.12 所示,为了测量加热膜的温度分布,在冲击靶板上加工出若干个直径为 1 mm 热电偶测量孔,热电偶由冲击靶板的背面埋入测量孔,同时热电偶的头部和加热膜之间贴有一层绝缘纸胶带,以防止加热膜上电流传导至热电偶上,导致短路,这三者紧密地触在靶板表面上。为了保证热电偶能够感受到加热膜的温度变化,在各测量孔,特别是热电偶头部所在位置还涂抹了导热硅脂,来提高实验精度。在本试验中热电偶测点位置呈阵列分布,沿流向方向命名为 Row,沿冷却管径向方向命名为 Line。

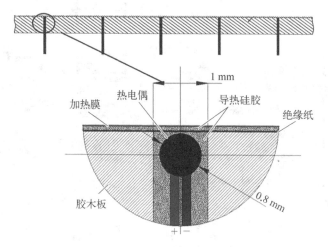

图 4.12　冲击靶板热电偶布置方式

加热功率测量主要通过测量加热电路的电流以及加热膜两电极之间的电压来实现。为了测量加热电路的电流,在电路上串联 0.75 mΩ 的标准电阻,用数字万用表测量标准电阻两端的电压就可得到电流,由于标准电阻的阻值很小,为毫欧级,测量其两端电压时需选择合适的万用表挡位进行测量。加热膜两电极之间的电压同样通过数字万用表进行测量。

2）初始横流影响研究试验

初始横流对冲击表面换热特性影响研究试验系统如图 4.13 所示,与受限空间累计横流影响研究试验相似,主要将受限通道调整为初始横流通道,模拟冷却管上对敷设有加热膜的冲击靶面进行冷却时受到的横流作用。试验系统主要可分为供气系统、加热系统、测量系统和试验段四个部分。

供气系统分别为冷却空气管供气以及横流供气系统。试验中横流气流由一台规格为 9-19-5A-7.5kW-2P 的离心式风机提供,该风机供气量为 26.8~52.7 m³/min,满足试验横流流量要求。试验中横流气体由风机提供进入供气管道,再经过风洞及格栅稳压整流后进入横流通道中。横流气流量通过调整变频电机转速来进行控制,横流流速则由皮托管进行测量。冷却管气流则由 10.5 m³/min 的压缩机提供,试验中冷却气流从压缩机出来通过干燥装置分离出空气中的水分,保证压缩空气的干度。干燥后的气流进入进气管道,进入储气罐后整流,再经过稳压腔二次稳流后进入试验件,形成冷却冲击射流。

加热系统同受限空间累计横流影响试验系统相同,在此不再赘述。

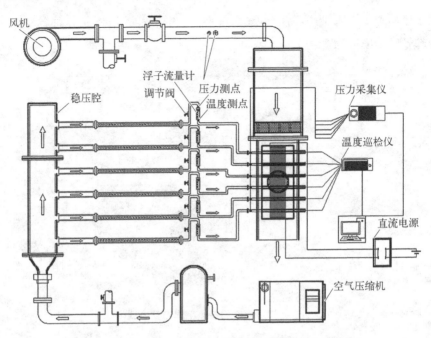

图 4.13　初始横流对冲击表面换热特性影响研究试验系统

与受限空间累计横流影响试验系统相似,测量系统包括流量测量、压力测量、温度测量以及加热功率测量,下面仅对两者的不同之处进行介绍,即横流的流量测量与冲击靶面温度测量。

针对横流流量测量,本试验中主要采用皮托管进行速度测量。由于本试验中使用低压头的离心风机为横流通道进行供气,使用涡接流量计等测量设备容易造成压力损失过大等问题,同时,涡接流量计等测量设备与横流通道连接也存在匹配性较差等问题。本试验中,将皮托管测头埋入管道中,总压孔放置于矩形通道内,正对来流方向,静压孔与来流方向平行,前者测出总压,后者测出静压。皮托管总压管、静压管分别与风速仪相连,直接测得两者之差,即为动压读数,通过换算便可获得流速。试验中,为了测得通道内气流平均流速,分别在中心处沿通道同一截面上的不同位置布置若干个速度测量点,将所有测点的平均流速作为测量截面上的气体平均流速,进而获得通过此截面的气体质量流量。

针对冲击靶面温度测量,本试验中采用红外热像仪与热电偶两种测温方式进行测量。红外热像仪从上向下对冲击靶面连续分布的温度场进行拍摄。但由于冷却管的布置,部分视野被遮挡,此时采用 K 型热电偶通过冲击靶面背面的热电偶孔进入,对加热膜温度进行测量,热电偶孔布置方式同受限空间累计横流布置方式一致。

初始横流影响试验段比受限空间累计横流影响试验段略复杂,根据试验模型可设计如图 4.14 所示模型,整个试验段由横流进气段、横流腔和排气段组成。横流通过横流进气段经过整流格栅整流后进入横流腔。横流腔包括红外测温窗口、冷却管以及冲击靶板。其中,冲击靶板为倾斜靶板,模拟真实涡轮机匣由前向后的曲率变化,同时,在冲击靶板上敷设加热膜提供均匀稳定的热流,如图中虚线所框部分。冷却管中的冷却空气通过冲击孔形成射流,冲击到斜向的冲击靶板上,横流通过横流腔,掠过冷却管与冲击靶板,之后与冲击射流一起由排气段排出。除冲击靶板外,试验段均采用 304 不锈钢加工而成,通过方形法兰与风洞出口相连接。冲击靶板依然采用胶木酚醛材料板加工而成,以减少散热。

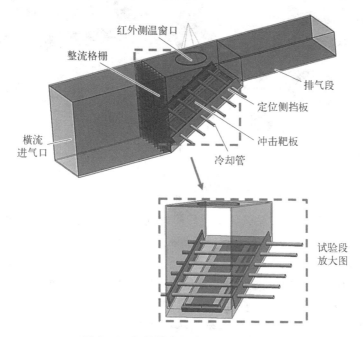

图 4.14 初始横流影响试验段研究模型

4.1.3 涡轮机匣叶尖间隙主动热控制试验系统

本节针对叶尖间隙主动控制(active clearance control, ACC)系统,即可控热变形机匣及配套的冷却管,对其进行适当简化,建立相应的试验模型,获得不同历程下机匣温度分布规律、机匣三维变形量以及机匣热响应曲线,为叶尖间隙预估与叶尖间隙调控提供支撑。

1. 试验模型

典型高压涡轮 ACC 设计方案如图 4.15 所示[9,10],机匣外侧放置了四组 8 根 180°冷却管。本书将 8 根冷却管按照相对集气腔安装位置,将集气腔左侧冷却管按照主燃气流动方向编为 w1、w2、w3、w4 号管,集气腔右侧的冷却管按照主燃气流动方向编为 e1、e2、e3、e4 号管,w1 和 e1 为 1 组,w2 和 e2 为 2 组,w3 和 e3 为 3 组,w4 和 e4 为 4 组。ACC 系统开始工作后,来自压气机引气的空气进入集气腔,分配到 8 根冷却管,通过冷却空气管上的阵列冲击孔流出,形成冲击射流,改变机匣温度分布,从而调整机匣径向位移,并最终带动涡轮外环完成叶尖间隙的调控。为了使冷却管同机匣的结构尽量匹配,采用了方形截面的异形管。

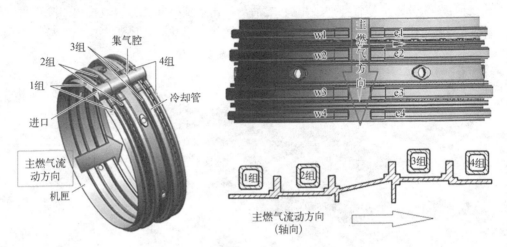

图 4.15　典型高压涡轮 ACC 设计方案

　　针对上述典型的 ACC 系统结构进行简化,形成试验模型。试验模型设计主要包括机匣模型设计、冷却管模型设计、集气腔模型设计以及机匣材料选择。

　　针对机匣材料选择,在试验中,重点在于测量机匣在不同热边界条件下的温度分布及温度改变产生的热变形,因此模型选材需重点考虑在温度变化条件下金属材料所能产生的位移大小。金属的热变形主要由热膨胀系数和泊松比决定,其中热膨胀系数的影响尤为突出。铝合金的热膨胀性较好,因而机匣模型材料选用铝合金 6061。

　　针对机匣模型设计,原始机匣模型由 part1、part2、part3 三部分组成,如图 4.16 所示,其中 part2 结构较为复杂,有较多的法兰以及凸台,整件直接加工时难度较大,成本也相对较高,因此为了减小机械加工的难度,降低成本,将机匣 part2 分为 part2A、part2B、part2C 三段,实际机匣 part2A 和 part2B 之间一体结构的法兰按照均分切成两段,同样的 part2B 和 part2C 也类似,图 4.17 给出了分割示意图。简化模型中第二部分由图中 part2A、part2B、part2C 三段通过螺栓连接。

　　将原始模型简化为五段机匣,分析各段简化机匣模型可以发现各段机匣都能由一个圆筒件和配套的法兰构成,因此为了进一步降低加工难度和成本,通过卷圆工艺加工圆筒件机匣,采用车床加工配套机匣法兰件。按照确定的简化模型及加工工艺加工出各段圆筒机匣件和配套法兰,圆筒机匣件和配套法兰通过铆钉

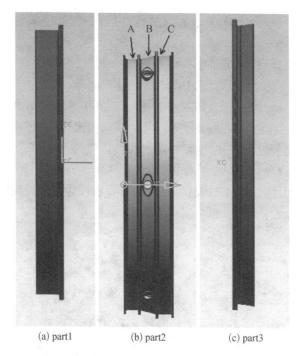

(a) part1　　　　(b) part2　　　　(c) part3

图 4.16　原始模型机匣

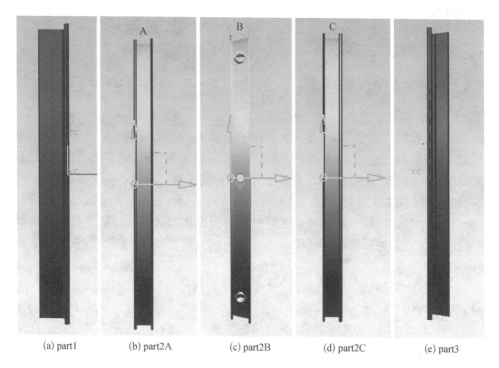

(a) part1　　(b) part2A　　(c) part2B　　(d) part2C　　(e) part3

图 4.17　分割之后机匣

连接,机匣各段之间按照顺序关系通过螺栓连接在一起,完成整个机匣试验件的建立。

针对冷却管模型设计,实验中有四组冷却空气管,冷却管截面都为矩形,且尺寸比较特殊,因此方形管可分解成 U 形弯管结构和底板两部分,将其焊接在一起,在相应位置打出冷却冲击小孔,如图 4.18 所示。其中 w1/e1 号和 w4/e4 号冷却管为单侧双排孔;w2/e2 号和 w3/e3 号冷却管为双侧四排孔。

针对集气腔模型设计,原始模型中集气腔结构较为复杂,如图 4.19 所示,为了便于加工,将集气腔简化为一个圆柱体,冷却管从集气腔两侧引气。实际容积与原始集气腔的容积相比,相对误差为 0.13%,两者容积较为接近。实际出口总面积与原始集气腔出口总面积相比,相对误差为 0.73%,两者相差不大。

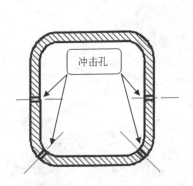

图 4.18　冷却空气管截面示意图

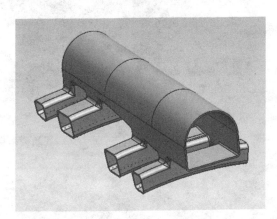

图 4.19　集气腔模型设计

2. 试验系统

针对上述试验模型,本书设计和搭建了涡轮机匣叶尖间隙主动热控制试验系统,对可控热变形机匣的模型进行验证,开展了机匣温度、变形量等参数的测量,获得不同工况下机匣热变形规律,为该方案进一步的工程应用提供重要的技术支撑。涡轮机匣叶尖间隙主动热控制试验系统如图 4.20 所示,采用加热管模拟机匣内部受热环境,空气压缩机为冷却管供气对机匣进行冷却,通过热电偶、千分表等对机匣表面温度、变形进行测量。试验系统可分为供气系统、加热系统、测量系统和试验段 4 个部分。

供气系统由压气机、储气罐、集气腔以及冷却管构成。冷却气流由螺杆式压缩机提供,进入供气管道,通过除湿器和储气罐稳流并干燥空气,保证压缩空气的干度。干燥后的气流进入进气管道,通过流量控制阀和流量计后进入集气腔。在集气腔分为 8 股气体分别进入各个冷却空气管,并通过冷却空气管上小孔排出形成冲击气流,对机匣表面温度与膨胀量进行调节。冷却管与机匣外表面相对安装位

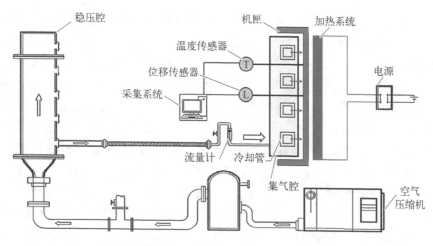

图 4.20　涡轮机匣叶尖间隙主动热控制试验系统

置关系如图 4.21(a)所示,方形冷却管[图 4.21(b)]位于机匣两侧安装边之间,冷却管两侧开设冷却孔对机匣表面与安装边进行冷却。冷却管为 180°弯管,采用一端进气、另一端封闭的供气方式。

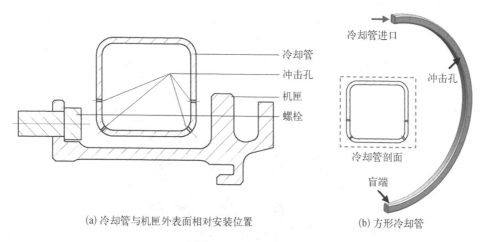

(a)冷却管与机匣外表面相对安装位置　　　　(b)方形冷却管

图 4.21　冷却系统

在试验中,最重要的是加热系统的搭建。在实际发动机工作情况下,高压涡轮中高温燃气与外环块直接接触,冲刷加热外环块,外环块与机匣相连,将热量通过导热进入机匣。试验室无法实现这种加热方式,需要其他加热方式来模拟。常用的加热方式有加热膜接触加热、电阻丝电加热和石英加热管辐射加热等。加热膜接触加热无法实现高温加热,电阻丝加热为电阻丝与物体相接触,通过电阻丝发热加热物体,安全性低且无法进行高温加热,因此选用石英加热管加热。石英加热管加热是典型的非接触式加热,电流在通过以特殊材料制成的加热管的加热丝时,加热管释放辐射加热物体。石英管向四周的辐射量大致不变,可以使得圆筒状试验件在一定范围内沿周向温度分布较为均匀。辐射加热效果明显,在保证一定的工作功率后,可以使被加热工件在较快的时间内上升到300℃以上;通过在加热区域安装热电偶,测量并反馈温度值,自动调节功率使温度稳定在1℃范围内。

试验中将45支1 kW的石英加热管做成一个加热圈,依靠一些支撑结构安装在机匣内并与内壁面保持一定的距离,如图4.22所示。石英加热管总长为330 mm,有效加热长度为270 mm,超出试验件17.9 mm,保证试验件在有效加热区。通过内部设置的热电偶反馈温度信息,三项晶闸智能调功器不断调节加热管功率大小,改变辐射强度调整机匣稳定到试验要求的温度。同时因为石英管在一定范围内向四周的辐射量大致不变,满足试验件在周向温度分布较为均匀的条件。

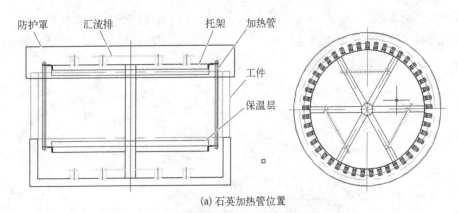

(a) 石英加热管位置

(b) 石英加热管实物

图 4.22　加热系统示例

本试验中测量系统主要包括流量测量、压力测量、温度测量以及变形测量。流量和压力测量系统与涡轮机匣冷却管路流动特性试验系统、涡轮机匣表面冲击换热特性试验系统基本相似,在此仅进行简要的计算。流量测量采用涡街流量计对冷却管流量进行测量,压力测量采用压力探针与压力传感器对流量计前静压、冷却管进气处静压和总压进行测量。

温度测量主要采用 K 型热电偶与温度巡检仪对机匣壁面温度进行测量与采集。本试验中在机匣表面设置了 64 个温度测点,同时对机匣表面温度进行监控测温。如图 4.23 所示,试验中机匣外壁面沿着轴线方向分布着 8 圈温度测点,分别表示为 r1、r2、r3、r4、r5、r6、r7、r8。每一圈温度测点分布在沿周向的 0°、35°、90°、125°、180°、215°、270°、305°。以 r1 圈为例,沿周向的温度测点按角度逆时针分别表示为(r1, 1)、(r1, 2)、(r1, 3)、(r1, 4)、(r1, 5)、(r1, 6)、(r1, 7)、(r1, 8)。

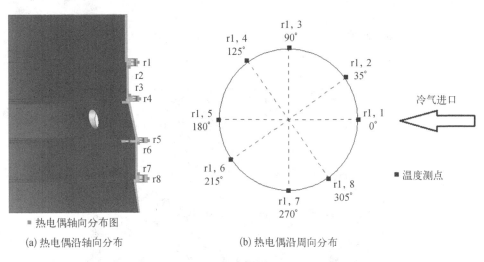

(a) 热电偶沿轴向分布   (b) 热电偶沿周向分布

图 4.23　温度测点分布图

试验中采用数显千分表测量机匣热变形,获得机匣外表面变形规律。机匣外表面最大变形大致分布在法兰上,因此主要将变形测量点分布在法兰上。本次试验共设置 16 个测点,如图 4.24 所示。试验中机匣外壁面沿着轴线方向分布着 4 层法兰,分别将该 4 层法兰从上而下定义为 n1、n2、n3、n4。每一层变形测点分布在沿周向的 45°、135°、225°、315°。以 n1 层法兰为例,沿周向的变形测点按角度从小到大,逆时针方向分别表示为(n1, 1)、(n1, 2)、(n1, 3)、(n1, 4)。

根据试验系统与试验模型,试验段可设计如图 4.25 所示。在工作中,通过调节多根石英管工作状态的切换(开启或关闭)实现加热功率的变化,进而模拟出机匣的不同受热状态。具有不同的冲击冷却结构的冷却管对机匣进行冷却,同时,可调节空气压缩机供气流量,调节冷却气流大小。K 型热电偶与数显千分表分别对机匣温度与热变形进行测量,验证涡轮机匣叶尖间隙主动热控制系统对叶尖间隙调控的可行性。

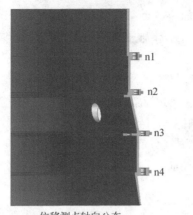

■ 位移测点轴向分布

(a) 变形测点沿轴向分布

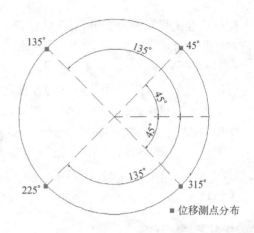

■ 位移测点分布

(b) n1层变形测点沿周向分布

图 4.24　位移测点分布图

图 4.25　试验段

4.2　试 验 方 法

4.2.1　涡轮机匣冷却管路流动特性试验方法

涡轮机匣冷却管路流动特性试验中主要对小孔流量和沿程总压、静压进行测量,利用冷却管的总压、静压获得沿程的压力分布及压降损失特性,利用冷却管的总压、外部集气腔的静压、小孔实际流量计算获得沿程冷却孔的流量系数与冷却管平均流量系数。

当冷却气流经冲击孔壁时,存在进口损失、摩擦损失、出口突扩损失,而导致实际通过小孔气流流量 $\dot{m}_{re}$ 比相同流动情况下的理论流量 $\dot{m}_{th}$ 小,由此引出流量系数的定义:

$$C_d = \frac{\dot{m}_{re}}{\dot{m}_{th}} \tag{4.1}$$

影响实际流量的因素很多,因此实际流量由试验确定,理论流量是假设从次流总压 P_t 到主流静压 P_m 是等熵膨胀的条件下计算出来的,小孔流量系数可转化为

$$C_d = \frac{\dot{m}_{re}}{p_t \left(\dfrac{p_m}{p_t}\right)^{\frac{k+1}{2k}} \sqrt{\left[\left(\dfrac{p_m}{p_t}\right)^{\frac{k-1}{k}} - 1\right]\left[\dfrac{2k}{(k-1)R_g T_t}\right]} S_h} \tag{4.2}$$

式中,$\dot{m}_{re}$ 为通过冲击孔的实际质量流量;分母为考虑到流体的可压缩性时的理论流量,其中 p_m 为集气腔内的静压,p_t 为冷却管路内冲击孔前的总压(试验中取为每一个 15° 的进口总压),T_t 为冷却管路内相应于总压位置的总温(试验中取为每一个 15° 的进口总压对应位置的总温),S_h 为每段冲击孔的总面积。

同时给出平均流量系数来描述冷却空气管内部的流动特性,即

$$\overline{C_d} = \frac{\sum\limits_{i=1}^{n} C_{di}}{n} \tag{4.3}$$

式中,n 表示冷却空气管段数;C_{di} 表示冷却空气管内各段冷却冲击孔的平均流量系数。

针对小孔流量测量,本试验采用局部平均方法进行测量,即人为地将冷却管按冲击孔数平均分为数段,在冷却管外部安装集气腔来收集气体流量,随后将测得的出流流量平均到每个小孔上,进而计算出每段冷却管内冲击孔的平均出流流量和平均流量系数。为了评估局部平均方法的可行性,结合数值仿真,对 180° 弯管沿程出流流量相对变化幅度进行分析,并考虑流量计测量精度,最终决定以每 15° 一段设计集气腔,收集小孔出流流量。

针对总压与静压测量,本试验中采用总静压探针与压力传感器进行测量。测量总压时,采用内径为 0.8 mm、外径为 1 mm 的 L 形细钢管制成的总压探针,深入空气管内部来进行测量,并根据压力范围选择不同量程的压力传感器来获得压力数值。静压测量采用在管道壁面上开静压孔,同样采用内径为 0.8 mm、外径为 1 mm 的细钢管制成的静压探针来测量。

4.2.2 涡轮机匣内表面冲击换热特性试验方法

本试验基于热膜法与热电偶或红外测温技术获得冲击靶面的换热特性,其主

要通过在壁面敷设加热膜提供均匀恒定的热流边界条件,利用热电偶从背面测得加热膜温度,或红外相机直接从正面测得加热膜温度,再由相关计算公式得到壁面换热系数等换热特性参数。

热膜法基本原理为能量守恒,如图 4.26 所示,冲击靶面上的加热膜通电后产生热量,一部分热量通过冲击对流作用被冷却气流带走,另一部分热量通过冲击靶板的固体导热与辐射散热散失到周围环境中。

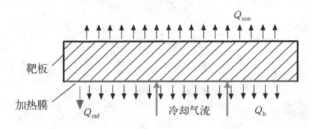

图 4.26　加热膜热量分配示意图

利用热电偶监测加热膜表面的温度,当温度稳定时记录,冲击靶面在该热电偶测点处的局部努塞特数 Nu 可由如下公式计算得到:

$$Nu = \frac{(Q_{total} - Q_{loss})d}{(T_w - T_{in})A\lambda_{air}} \tag{4.4}$$

$$Q_{total} = UI \tag{4.5}$$

$$Q_{loss} = Q_{con} + Q_{rad} \tag{4.6}$$

$$Q_{con} = \lambda A(T_w - T'_w)/\delta \tag{4.7}$$

$$Q_{rad} = \varepsilon\sigma A(T_w^4 - T_{in}^4) \tag{4.8}$$

式中, Nu 为局部努塞特数; Q_{total} 为电加热功率; U 和 I 为加热膜两端的电压和电流; Q_{loss} 为散热损失,包括靶板导热损失 Q_{con} 和加热膜辐射损失 Q_{rad}; λ_{air} 为空气导热系数; λ 为靶板导热系数; A 为加热膜面积; δ 为靶板厚度; T_w 为加热膜表面温度; T'_w 为靶板背面温度; T_{in} 为冷却气流进口温度; d 为冲击孔直径。

区域的平均努塞特数 $\overline{Nu}$ 可由此区域内的有效局部努塞特 Nu 进行算术平均值后获得:

$$\overline{Nu} = \frac{\sum\limits_{i=1}^{n} Nu_i}{n} \tag{4.9}$$

式中, n 为该区域的有效测点个数,其中 Nu_i 为对应测点的局部努塞特数。

4.2.3　涡轮机匣叶尖间隙主动热控制试验方法

在涡轮机匣叶尖间隙主动热控制试验中,主要关注机匣局部温度和平均温度,机匣局部变形和平均变形特性。局部温度和平均温度用于评估冷却管冷却效率,局部变形和平均变形用于分析 ACC 系统对叶尖间隙的调控性能。

为了获得机匣上温度分布规律,试验中在机匣外壁面沿轴向设置了 8 圈温度测点,每一圈设置了 8 个温度测点。试验时等待机匣受热稳定后,通过温度巡检仪获得 8 圈热电偶测得的机匣温度,以 r1 圈 8 个测点为例,从 0° 开始逆时针方向分别定义为 $Th_{r1,1}$、$Th_{r1,2}$、$Th_{r1,3}$、$Th_{r1,4}$、$Th_{r1,5}$、$Th_{r1,6}$、$Th_{r1,7}$、$Th_{r1,8}$;ACC 系统工作,冷却空气冲击机匣,等待机匣温度再次稳定获得此时温度分布,仍以 r1 圈为例,分别定义为 $Tc_{r1,1}$、$Tc_{r1,2}$、$Tc_{r1,3}$、$Tc_{r1,4}$、$Tc_{r1,5}$、$Tc_{r1,6}$、$Tc_{r1,7}$、$Tc_{r1,8}$。

为了便于分析测量数据,将每一圈的 8 个测点温度的平均值来代表该圈机匣温度。其中 Th_{ri} 为加热稳定后每一圈机匣平均温度,Tc_{ri} 为受到冷却稳定后机匣每一圈平均温度,i 为 1~8,分别代表 1~8 圈温度测点。

$$Th_{ri} = \frac{1}{8} \times (Th_{ri,1} + Th_{ri,2} + Th_{ri,3} + Th_{ri,4} + Th_{ri,5} + Th_{ri,6} + Th_{ri,7} + Th_{ri,8})$$

(4.10)

$$Tc_{ri} = \frac{1}{8} \times (Tc_{ri,1} + Tc_{ri,2} + Tc_{ri,3} + Tc_{ri,4} + Tc_{ri,5} + Tc_{ri,6} + Tc_{ri,7} + Tc_{ri,8})$$

(4.11)

同时,为了便于比较不同工况下冷却管冲击冷却机匣温度的效果,本试验定义了机匣冷却效率 η_T(T_{in} 为试验时集气腔进口气流温度):

$$\eta_T = \frac{(Th_{ri} - Tc_{ri})}{(Th_{ri} - T_{in})}$$

(4.12)

针对机匣变形测量,试验时首先将电子数显百分表读数归零,等待机匣受热稳定后读取 4 层法兰各个测点加热稳定后的读数。以 n1 层法兰 4 个测点为例,沿周向的 45°、135°、225°、315° 逆时针方向分别定义为 $L_{n1,1}$、$L_{n1,2}$、$L_{n1,3}$ 和 $L_{n1,4}$。当 ACC 系统工作后,冷却空气冲击机匣,同样等待机匣温度稳定后再次读取 4 层法兰各个测点电子数显百分表读数,仍以第一层法兰 4 个测点为例,分别定义为 $Lc_{n1,1}$、$Lc_{n1,2}$、$Lc_{n1,3}$ 和 $Lc_{n1,4}$。那么机匣的 4 个测点冷却收缩量就分别定义为 $\Delta L_{n1,1}$、$\Delta L_{n1,2}$、$\Delta L_{n1,3}$ 和 $\Delta L_{n1,4}$。具体的计算公式如下:

$$\Delta L_{ni,j} = L_{ni,j} - Lc_{ni,j}$$

(4.13)

式中,i 为机匣层数;j 为第 i 层机匣上温度测点数。

机匣在试验加热时,受热膨胀是自由的,仅受到底部与托架之间接触表面的摩擦力。考虑到试验加热时,机匣膨胀的位移沿周向分布可能并不均匀。为了便于分析测量数据,将每层法兰 4 个测点的读数取平均值代表该层机匣径向热变形。分别定义 L_{ni} 为机匣加热稳定后每一层平均热变形,Lc_{ni} 为受到冷却稳定后机匣每一层平均热变形,ΔL_{ni} 为机匣每一层冷却收缩量的平均值:

$$L_{ni} = \frac{1}{4} \times (L_{ni,1} + L_{ni,2} + L_{ni,3} + L_{ni,4}) \tag{4.14}$$

$$Lc_{ni} = \frac{1}{4} \times (Lc_{ni,1} + Lc_{ni,2} + Lc_{ni,3} + Lc_{ni,4}) \tag{4.15}$$

$$\Delta L_{ni} = \frac{1}{4} \times (\Delta L_{ni,1} + \Delta L_{ni,2} + \Delta L_{ni,3} + \Delta L_{ni,4}) \tag{4.16}$$

为了更好地比较不同工况下机匣位移冷却收缩的效果,定义了机匣位移收缩率 η_L,即 ACC 系统工作后机匣的收缩量和 ACC 系统工作前机匣受热膨胀变形量的比值,具体定义如下:

$$\eta_L = \frac{\Delta L_{ni}}{L_{ni}} \times 100\% \tag{4.17}$$

4.3　试验结果分析与处理

4.3.1　涡轮机匣冷却管路流动特性试验结果分析与处理

本节对涡轮机匣冷却管路流动特性试验结果进行分析,以方形 180° 弯管典型工况为例,对管内沿程静压、总压,小孔出流平均流量系数规律进行探究。在方形 180° 弯管中,冲击间距为 $4d$,冲击孔间距为 $5.4d$,方管进口雷诺数 Re 为 35 000。

典型工况冷却管内的沿程静压和总压变化规律如图 4.27 所示,其中横坐标为测点偏离进口位置 a 对应的圆心角,纵坐标为对应的总压 P_t 和静压 P_m。从试验结果可以看到,随着测点位置远离冷却管进口位置,总压逐步降低,而静压逐步增加。试验中冷却管为一端进气,另一端封闭,并且冷却管的横截面积相对较小,气体在冷却管内的运动速度较大,特别是在冷却管的进口附近。因此,在冷却管进口位置附近,管内气体总压相对较高。随着气体不断从冷却冲击孔流出,冷却管内运动的气体流量逐步减小,总压也随之降低。同时越靠近冷却管的封闭端,冷却管内气体流动的速度越低,综合作用下离冷却的进口越远,即越靠近冷却管的封闭端,冷却管内气体的静压越大。

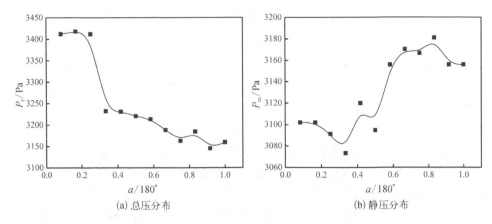

图 4.27　典型工况冷却管内沿程总压和静压分布

典型工况冷却管沿程的小孔流量及对应的流量系数分布规律如图 4.28 所示,其中横坐标为测点偏离进口位置对应的圆心角,纵坐标为对应的出流流量 $\dot{m}$ 或对应的流量系数 C_d。从图 4.28(a)中可以看到,180°弯曲的冷却管在周向不同位置上,冷却冲击孔的出流流量存在着明显的差异:从进口位置起(即 $a/180°=0$),冷却冲击孔的出流流量不断增加。在靠近进口位置的 15°范围内(即圆心角处于 0°~15°),每个冷却冲击孔的平均流量为 0.028 g/s 左右,而在靠近封闭的冷却管尾部的 15°范围内(即圆心角处于 165°~180°),每个冷却冲击孔的平均流量达到了 0.04 g/s,相比靠近进口位置的 15°区域,单个冷却冲击孔的平均流量增加了近 43%。冷却冲击孔的出流流量取决于小孔两侧的压力差。在靠近冷却管进口位置附近,冷却管内静压相对较小,导致此区域内冷却冲击孔的出流相对较小,而在远离冷却管进口位置附近,冷却管内静压相对较大,致使此区域内冷却冲击孔的出流流量变大。

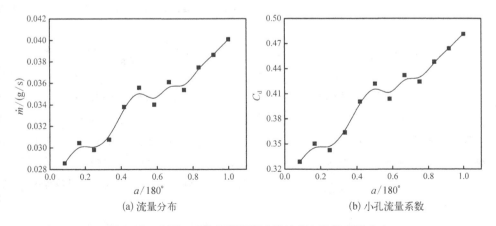

图 4.28　典型工况冷却管沿程小孔流量与流量系数分布

在获得了每15°中冷却冲击孔的平均出流流量后,再利用试验中测量得到的每一段进口总压,可得到每15°区域内冷却冲击孔的平均流量系数。从图4.28(b)中可以发现,正如同图4.28(a)中所示,随着远离冷却管的进口端,冷却冲击孔的出流流量逐渐变大,对应的流量系数也在逐步增加。从进口位置到冷却管封闭端,平均流量系数可从0.32增加到0.48左右,增加幅度达到了50%。

4.3.2　涡轮机匣内表面冲击换热特性试验结果分析与处理

本节对涡轮机匣内表面冲击换热特性试验结果进行分析,分别探究受限空间累计横流与初始横流对冲击表面换热特性的影响。

针对受限空间累计横流对冲击表面换热特性的影响研究,本节以冲击距离比 $S_z/d = 8$、冲击孔间距比 $S_y/d = 8$, 冲击雷诺数 $Re_j = 10\,000$ 为典型工况,对冲击表面努塞特数 Nu 分布进行分析。在典型工况下,不同冲击孔排沿横流流向特征线局部 Nu 分布如图4.29所示,其中横坐标表示沿横流流向方向测点位置,纵坐标为局部 Nu 。

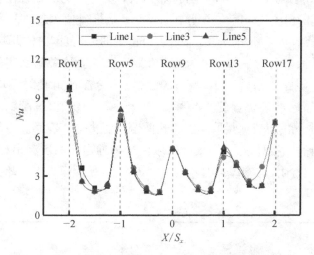

图4.29　典型工况下局部 Nu 分布(受限空间累计横流)

从图4.29中可知,局部换热系数分布沿横流流向方向呈波峰波谷状,在冲击滞止区域具有最高的 Nu 数值,射流直接撞击在壁面上,滞止区域边界层较薄,换热效果十分显著。而在冲击射流由滞止区向外发展形成壁面射流的过程中,速度边界层和温度边界层逐步增厚,导致在逐步远离滞止区的区域内换热能力也在逐渐衰减。此外,从局部 Nu 分布也可以看出,受累计横流的影响,局部 Nu 沿横流流向方向逐渐降低。

沿横向对每根冷却管局部换热系数进行平均,可得到沿横流流向方向局部平

均努塞特数 Nu（即$\overline{Nu}$）分布曲线,如图 4.30 所示。图中标出受限空间内累计横流流向,上游冷却射流沿靶面横向移动并从单一出口流出,形成最大横流状态。从图 4.30 可以看出,横流的存在使得 $\overline{Nu}$ 的峰值明显降低,并且沿着横流方向换热的降低更为明显。此外,累计横流对冲击滞止区域换热影响更为明显,对壁面射流区域换热的影响相对较弱。位于滞止区域的测点:Row1 的 $\overline{Nu}$ 为 20.95,Row5 的 $\overline{Nu}$ 为 12.02,Row9 的 $\overline{Nu}$ 为 9.42,Row13 的 $\overline{Nu}$ 为 8.12,相对 Row1 的 $\overline{Nu}$,减小幅度分别为 42.6%、55%、61.2%。其余位置测点,不同冷却管之间差异较小。射流在滞止区域直接撞击壁面进行换热,引入横流后,射流与横流相互掺混,削弱了射流撞击壁面时的动能,换热降低较为明显。而壁面射流区域由于冷却管间距较大,冲击换热作用较弱,横流影响较小。

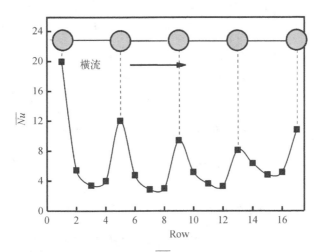

图 4.30 典型工况下局部 $\overline{Nu}$ 分布（受限空间累计横流）

针对初始横流对冲击表面换热特性的影响研究,本节以冲击距离比 $S_z/d = 8$、冲击孔间距比 $S_y/d = 8$,冲击雷诺数 $Re_j = 10\,000$,横流雷诺数 $Re_c = 40\,000$ 为典型工况,对冲击表面 Nu 分布进行分析。

典型工况下,不同冲击孔排沿横流流向特征线局部 Nu 曲线分布如图 4.31 所示,其中横坐标表示沿横流流向方向测点位置,纵坐标为局部 Nu。从图中可以看出,局部 Nu 分布同样呈现波峰波谷状分布。但值得注意的是,局部 Nu 峰值并未出现在正对冲击孔投影处的测点,也就是图中标出的 Row1、Row8、Row15 等处,而是出现在了靠近这些测点下游处的测点。这是因为初始横流的存在使冲击射流发生偏移,导致冲击滞止区后移。同时,初始横流对滞止区域 Nu 的影响较小,对滞止区域 Nu 的削弱作用低于累计横流带来的影响。初始横流对冲击靶面换热特性的影响较为复杂,一方面需要考虑初始横流与冲击射流相互作用的影响;另一方面,也需考虑横流与冲击冷却管的作用。此外,在此试验中,冲击靶板为倾斜安装,横流本身对靶板沿横流流向也具有一定的冲击作用。因此,初始横流仅造成了射流向下游的偏移,但滞止区域 Nu 并未明显削弱。

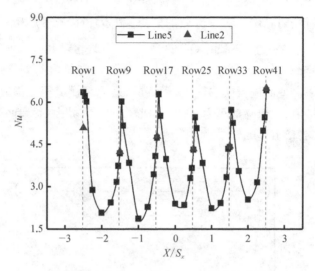

图 4.31　典型工况下局部 Nu 分布(初始横流)

　　沿横向对每根冷却管局部换热系数进行平均,可得到沿横流流向方向局部 $\overline{Nu}$ 分布曲线,如图 4.32 所示。从图中可以看出,初始横流的存在明显使得射流滞止区向下游移动,同时也会造成滞止区域 Nu 轻微的削弱。第一排冷却管几何滞止点

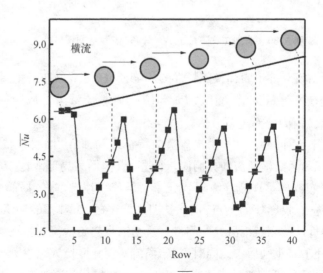

图 4.32　典型工况下局部 $\overline{Nu}$ 分布(初始横流)

与物理滞止点均位于 Row3 处，$\overline{Nu}$ 为 6.34；第二排冷却管几何滞止点位于 Row11 处，$\overline{Nu}$ 为 4.27，物理滞止点均位于 Row13 处，$\overline{Nu}$ 为 6.01；第三排冷却管几何滞止点位于 Row18 处，$\overline{Nu}$ 为 3.98，物理滞止点均位于 Row21 处，$\overline{Nu}$ 为 6.38；第四排冷却管几何滞止点位于 Row26 处，$\overline{Nu}$ 为 3.61，物理滞止点均位于 Row30 处，$\overline{Nu}$ 为 5.64；第五排冷却管几何滞止点位于 Row34 处，$\overline{Nu}$ 为 3.86，物理滞止点均位于 Row37 处，$\overline{Nu}$ 为 5.72。

4.3.3 涡轮机匣叶尖间隙主动热控制试验结果分析与处理

本节对涡轮机匣叶尖间隙主动热控制试验结果进行分析，以冲击雷诺数 $Re_j = 3\,000$ 为例，对带有 ACC 系统和未带 ACC 系统的机匣表面温度分布与变形特性进行分析。

针对机匣温度分布，本节首先对典型工况下未带 ACC 系统的机匣表面温度分布进行分析，可为带有 ACC 系统的机匣表面温度分布提供参照，结果如图 4.33 所示。

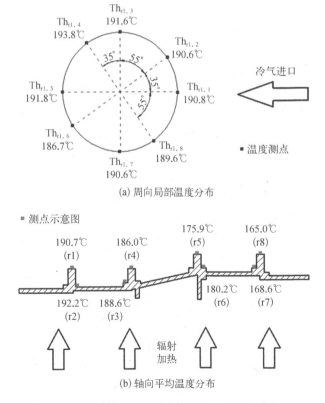

(a) 周向局部温度分布

(b) 轴向平均温度分布

图 4.33 未带 ACC 系统的机匣表面温度分布

首先对机匣周向温度分布进行分析,以 r1 为例,结果如图 4.33(a)所示。从图中可以看出,温度沿周向分布较为均匀,测点中最大值为 193.8℃,最小值为 186.7℃,平均值为 190.7℃,最大相对误差为 2.1%。同时,这也充分表明了本试验中采用的辐射加热方式具有较好的实施效果。机匣轴向平均温度 Th_{ri} 分布如图 4.33(b)所示,从图中可以发现,机匣轴向上的平均温度存在着明显温差,最高温度出现在 r1 和 r2 位置,Th_{r1} 为 190.7℃,Th_{r2} 为 192.2℃;最低值在 r7 和 r8 位置,Th_{r7} 为 168.6℃,Th_{r8} 为 165.0℃。

针对未带 ACC 系统的机匣,影响机匣稳态温度分布的主要参数是辐射加热量和机匣壁面与空气之间的自然对流换热量。试验中石英加热管长度超过机匣长度 78 mm,机匣受热面处于石英加热管工作中段,以避免石英加热管两端边缘可能带来的加热不均匀影响。同时石英加热管也采用了均匀布置的方法,来保证周向加热的一致性。因此,针对未带 ACC 系统的机匣,其稳态温度场主要受机匣壁面与空气之间的自然对流换热影响。试验中,机匣安放在试验平台上时,r7 和 r8 所在的大半径部位处于机匣下方,此时机匣内部热空气在自然对流的作用下不断向上运动,r1 和 r2 等位置的空气温度要高于 r7 和 r8 位置,使得这些位置的对应机匣温度也相应偏高。

针对带有 ACC 系统的机匣,机匣表面周向局部温度分布与轴向平均温度分布如图 4.34 所示。首先对周向局部温度分布进行分析,以 r1 为例,结果如图 4.34(a)所示。与未带 ACC 系统的机匣相比,带有 ACC 系统的机匣表面温度明显降低,但同时机匣表面温度沿周向非均匀性也有一定的增加。沿周向 8 个测点中最大值为 53.0℃,最小值为 45.3℃,平均值为 49.5℃,最大相对误差为 8.5%。带有 ACC 系统的机匣可通过冷却管,对机匣表面进行冲击冷却,降低机匣表面温度。但冷却管采用一端进气、另一端封闭的供气方式,管内流程长、管壁开孔数量多,冷却管路沿程出流流量分配存在明显的非均匀性,导致机匣在周向存在一定的非均匀性。带有 ACC 系统的机匣轴向平均温度 Tc_{ri} 分布如图 4.34(b)所示,从图中可以看出,引入冷却空气后,机匣温度迅速降低,r1 位置的温度从 190.7℃ 降低为 49.3℃。温度变化幅度最大的测点是 r2 位置,从 192.2℃ 降低为 49.8℃,温度变化达到了 142.4℃。

此外,对图 4.33 与图 4.34 进行比较,可以发现带有 ACC 系统的机匣沿轴向的平均温度不再单调增加,而是呈现出先增加后降低的规律,机匣上最低温度出现在 r1、r2 位置,最高温度出现在 r5、r6 位置。这是由于带有 ACC 系统工作后,机匣稳态温度分布主要取决于强烈的冲击对流换热,机匣表面温度分布与冷却管的冲击孔位置、冲击孔冷却流量息息相关。如在此试验中,机匣 r1、r2 位置两侧均存在冷却管的垂直及 45°斜向冲击,而 r5、r6 位置仅有一侧存在冲击射流,所以 r1、r2 位置附近的机匣温度相对较低。此外,为了匹配机匣内部非均匀热负荷,试验中从集气

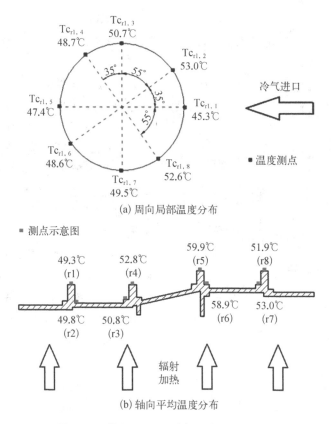

(a) 周向局部温度分布

(b) 轴向平均温度分布

图 4.34 带有 ACC 系统机匣表面温度分布

腔流到各冷却管的流量也并不相同,根据测量结果,这 4 组管流量占进口总流量比例分别为 14.8%、40.8%、23.8%、20.6%。每根冷却管进气流量的不同使得每根冷却管冲击小孔出流流量也会有所不同,r1、r2 位置冷却管具有最大的进气流量,因此 r1、r2 位置具有最低的温度分布。

机匣变形特性取决于机匣结构、机匣温度分布以及安装约束等,机匣在加工与安装过程中已进行机匣圆度检测,可近似作为轴对称结构。因此,试验中机匣变形主要受温度分布与安装约束的影响。针对机匣变形特性,本节首先对典型工况下,未带 ACC 系统的机匣表面温度分布进行分析。由图 4.33 可知,未带 ACC 系统在周向上温度均匀分布,周向可均匀变形,因此下面仅对机匣轴向变形分布进行分析,并以此作为带有 ACC 系统机匣变形参考,结果如图 4.35 所示。从图中可以发现,未带 ACC 系统的机匣轴向变形先增加后减小。

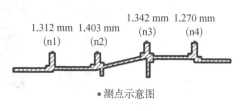

图 4.35 未带 ACC 系统的机匣轴向变形分布

机匣在 n1 处平均热变形为 1.312 mm,随后在 n2 处达到最大热变形,为 1.403 mm,后续变形逐渐降低,n3 处为 1.342 mm,n4 处最小为 1.270 mm,最大相对误差为 10.47%。影响热变形的主要因素为温度分布与安装约束,通过图 4.33 温度分布可以发现 n1 处温度最高、n2 处较 n1 稍小、n3 与 n4 逐级降低明显,但是机匣各层法兰结构并不相同,在机匣温度分布以及安装约束相互影响下可出现上述变形分布。

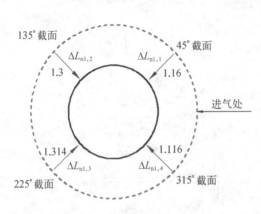

图 4.36 带有 ACC 系统机匣 n1 层周向收缩量

针对带有 ACC 系统的机匣变形分布,由于带有 ACC 系统的机匣在周向上存在温度分布非均匀性,首先对机匣周向变形特性进行分析,以 n1 层为例,结果如图 4.36 所示。虚线表示未带 ACC 系统的机匣位置,实线表示带有 ACC 系统的机匣位置,从外圈指向内圈的箭头表示引入 ACC 系统后机匣的径向冷却收缩量。带有 ACC 系统后机匣在周向上存在非均匀收缩,$\Delta L_{n1,1}$ 为 1.16 mm,$\Delta L_{n1,2}$ 为 1.3 mm,$\Delta L_{n1,3}$ 为 1.314 mm,$\Delta L_{n1,4}$ 为 1.116 mm,ΔL_{n1} 为 1.223 mm,最大相对误差为 8.75%。结合带有 ACC 系统的机匣温度分布,机匣远离进气位置温度相对较低,温降较大,使得机匣在远离进气位置冷却收缩量相对较大,造成 $\Delta L_{n1,2}$ 和 $\Delta L_{n1,3}$ 大于 $\Delta L_{n1,1}$ 和 $\Delta L_{n1,4}$。

带有 ACC 系统的机匣沿发动机轴向平均收缩量如图 4.37 所示,从图中可以看出,n1 处平均收缩量为 1.223 mm,最大平均收缩量出现在 n2 处,为 1.243 mm,

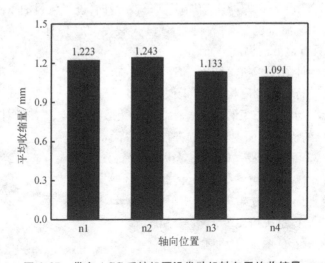

图 4.37 带有 ACC 系统机匣沿发动机轴向平均收缩量

n3 处和 n4 处平均收缩量递减,分别为 1.133 mm 和 1.091 mm,此时四处测点平均收缩量平均值为 1.173 mm,最大相对误差为 6.99%。综上所述,ACC 系统可以较好地降低机匣温度,并通过冷却孔布置与冷却流量的调节实现对机匣变形量的调节。

4.4 试验常见问题及处理

针对涡轮机匣冷却管理流动特性试验、涡轮机匣表面冲击换热特性试验以及涡轮机匣主动叶间间隙热控制试验,试验过程中主要存在管路密封性、均匀热流边界条件的提供、热电偶测温等常见问题,以上常见问题描述与处理方法如下所示。

(1)管路密封性。在机匣试验中,冷却管多为焊接结构,冷却管与气源之间也存在许多连接件,且冷却管路流量均较小,管路的密封性对冲击孔冲击雷诺数 Re_j 的准确获得至关重要。在试验前,需进行通气调试,在连接件连接处、焊接处涂抹肥皂水进行气密性检测。如遇管路漏气等情况,需将管路进行重新连接,同时对连接处可适当涂密封胶进行密封。

(2)均匀热流边界条件的提供。在机匣表面换热特性试验中,采用敷设加热膜来为冲击靶面提供均匀的热流边界条件。试验时,需在未通冷气前,采用热电偶或红外测温,对加热膜表面温度进行测量,检验加热膜加热的均匀性。加热膜厚度极薄,试验过程中应避免出现折痕、破损等造成局部热点的情况。如遇冲击靶面设有出流孔、扰流柱,需要对加热膜进行开孔等情况,可借助数值仿真对加热膜表面热流密度分布进行预估与修正。加热膜在长期使用时,尤其在曲面容易出现鼓包等情况,加热膜脱离冲击靶面,造成一个低温区,此时应及时更换加热膜,缩短加热膜长期使用时间,减小鼓包出现的概率。此外,加热膜采用铜片焊接供电,在加热膜两侧会出现一段范围内的局部高温区域,测点的布置需避免出现在这个区域附近。

(3)热电偶测温。在机匣试验中,多借助热电偶对加热膜表面温度、机匣表面温度进行测量。针对加热膜表面温度的测量,热电偶从冲击靶面背部开设热电偶孔,热电偶容易从热电偶孔中脱离出来,需在热电偶孔背部涂上胶水进行固定。此外,热电偶头部作为温度传感器需与加热膜紧密接触,但又需防止热电偶头部凸起对加热膜的破坏。在试验过程中,需严格保证热电偶头部与冲击靶面壁面平齐,同时在热电偶头部涂导热硅脂,增强热电偶头部附近的导热,准确测量加热膜表面温度。针对机匣表面温度测量,热电偶直接与机匣表面进行接触,未用热电偶孔等进行固定,容易出现脱落等问题。试验中,可在机匣表面开设部分小凹坑结构,将热电偶固定在小凹坑结构内,也可采用贴片式薄膜热电偶进行测量。

4.5 技 术 展 望

综合考虑试验设备和试验能力,涡轮机匣表面冲击换热特性试验与涡轮机匣主动叶尖间隙热控制试验还需要在以下几个方面进行改善。

(1) 试验需往高温、高压工况发展。目前,在机匣试验研究中多为低温、低压工况,冷却气流可压缩性相对较弱,冷却气流物性参数在低温低压工况下也与高温、高压工况存在一定的差异,无法真实反映发动机工况下的冷却换热。此外,发动机涡轮机匣部件处于高温状态,由辐射换热带来的影响是不可忽略的。而目前的试验往往处于低温工况下,辐射换热带来的影响基本可忽略。因此,在后续试验研究中,试验能力需往高温、高压工况发展,或发展相应试验处理,完善低温低压工况下换热数据修正方法,获得高温、高压工况下机匣表面真实的换热特性。

(2) 测量技术需进一步提升。在机匣试验中,主要对机匣表面温度分布与变形进行测量。针对机匣表面温度分布,主要采用热电偶进行离散点的测量,全场信息的获得需要布置大量的传感器进行测量。后续试验中,可基于非接触式测温技术,如红外测温技术、温敏漆等,发展机匣全表面温度分布的测量,获得连续、高精度的换热特性分布。针对机匣变形测量,主要采用千分表进行测量。千分表体积较大,不易于大面积的布置,且针对带有外环结构的涡轮机匣,无法对外环等内部动态结构进行测量。后续试验中,可基于电容式叶尖间隙传感器等,提升机匣多部件变形测量,更为全面地获得机匣变形特性。

(3) 试验台功能需进一步完善。目前,涡轮机匣主动叶尖间隙热控制性能验证试验仅对机匣部件和冷却管部件进行了试验研究,获得了机匣的变形特性。虽然叶尖间隙的调控通过对机匣变形的控制来实现,但叶尖间隙影响因素较多,其中,燃气通道工作环境对机匣燃气侧换热具有重要的影响。目前试验中采用的模拟热源方法无法准确模拟燃气侧工作环境。因此,后续试验需发展准部件级 ACC 系统性能验证试验,在涡轮部件条件下开展叶尖间隙调控策略研究。

参考文献

[1] 夏木云. 半受限空间内带横流冲击冷却特性试验研究[D]. 南京: 南京航空航天大学,
2016.

[2] Andreini A, Da Songhe R. Numerical characterization of aerodynamic losses of jet arrays for
gas turbine applications[J]. Journal of Engineering for Gas Turbines and Power, 2012,
134(5): 052504. 1 - 052504. 8.

[3] Da Songhe R, Andreini A. Numerical characterization of pressure drop across the manifold of
turbine casing cooling system[J]. Journal of Turbomachinery, 2013, 135(3): 031017. 1 -
031017. 9.

[4]　Andreini A, Da Songhe R, Facchini B, et al. Experimental and numerical analysis of multiple impingement jet arrays for an active clearance control system[J]. Journal of Turbomachinery, 2012, 135(3): 287 – 299.

[5]　Liu F Y, Mao J K, Han X S, et al. Heat transfer of impinging jet arrays on a ribbed surface [J]. Journal of Thermophysics and Heat Transfer, 2018, 32(3): 669 – 679.

[6]　Liu F Y, Mao J K, Han C et al. Study of a cooling feed pipe with a covering plate on a ribbed turbine case [J]. Journal of Engineering for Gas Turbines and Power, 2019, 141 (7): 071024.

[7]　Lorenzo C, Alessio P, Bruno F, et al. Effect of jet-to-jet distance and pipe position on flow and heat transfer features of active clearance control systems[J]. Journal of Engineering for Gas Turbines and Power, 2022, 144: 041010 – 1.

[8]　Gaffin W O. JT9D – 70/59 improved high pressure turbine active clearance control system [R]. NASA CR – 159661, 1979.

[9]　徐逸钧,毛军逵,王鹏飞,等.高压涡轮主动间隙控制系统机匣模型试验[J].航空动力学报,2016,31(7): 1591 – 1601.

[10]　王鹏飞.高压涡轮主动间隙控制系统的供气流路与机匣传热研究[D].南京:南京航空航天大学,2018.

第 5 章
气冷叶片试验

涡轮气冷叶片是航空发动机上最关键、最核心的零部件之一。业界称航空发动机为"工业皇冠",气冷叶片则被誉为"皇冠上的明珠",表明了气冷叶片设计的复杂和困难。在航空发动机研制过程中,需要开展大量的试验验证工作来模拟并验证气冷叶片在不同工作环境下的性能和结构完整性,其中,流动传热试验是必不可少的试验类型。通过开展压力系数测量获得不同冷却结构的流阻特性,通过冷却效果试验来验证叶片的冷却效果及温度分布是否满足设计要求,最终为气冷叶片设计和优化提供依据。

5.1 试 验 系 统

在发动机涡轮叶片气动和换热设计中,风洞试验起着关键作用。模拟发动机真实工况的风洞试验获得了叶片工作的各项参数,为叶片设计提供了大量试验数据。与连续式风洞耗资巨大相比,短周期风洞在涡轮气动及传热试验中得到了广泛应用。

5.1.1 主流系统

短周期跨声速叶栅传热风洞试验原理图如图 5.1 所示。该风洞高压气源容积为 140 m³,有效工作时间大于 5 s。试验段上游装有大开角段和稳压舱,用于保证进入试验段气流的均匀性。叶栅雷诺数和马赫数通过控制叶栅进出口压力实现,叶栅进出口压力通过上游的手动节流阀、下游的手动蝶阀和引射器共同调节。当试验段出口压力高于大气压时,关闭引射器,根据试验状态设置合适的调压阀开度,并通过开大节流阀提高试验段进口压力、关小蝶阀提高试验段出口压力获得合适的雷诺数和马赫数;当试验段出口压力低于大气压时,蝶阀全开,叶栅出口压力通过引射器控制,风洞的引射器系统由 16 根可单独开关的喷嘴组成,引射气体取自调压阀后,因此调压阀后压力即为引射压力,提高引射压力或增加打开的引射喷管根数均可降低叶栅后压力,叶栅入口压力通过节流阀调节。

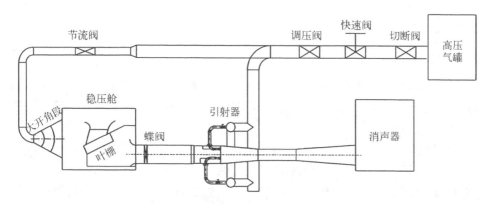

图 5.1　短周期跨声速叶栅传热风洞试验原理图

该风洞试验段主要参数如下：试验段进口压力为 $0.2 \times 10^5 \sim 3.5 \times 10^5 \text{ Pa}$；试验段流量为 $1.0 \sim 20 \text{ kg/s}$；试验段进口雷诺数 Re 为 $1.0 \times 10^5 \sim 16.0 \times 10^5$；试验段出口马赫数 Ma 为 $0 \sim 1.6$。

下面对试验风洞的主要设备逐一进行简单介绍。

1. 高压气罐

高压气罐(图 5.2)是储存高压气体的容器。在试验开始前,采用空气压缩机将空气压缩并储存到高压气罐中。当进行涡轮叶片换热试验时,从高压气罐放气获得高压空气。在开展试验前,根据试验状态计算得到所需的高压气罐的压力,并在空气压缩机上设定其气压的最大值,当气压罐中的压力达到设定值时空气压缩机停止工作,这样可节省试验运行成本和减少等待时间,同时也起到保障安全的作用。

2. 空气压缩机

空气压缩机(图 5.3)是向高压气罐输送高压气体的装置,为试验提供动力。

图 5.2　高压气罐　　　　　　　　**图 5.3　空气压缩机**

该压缩机可以通过操作面板设置试验所需要的最高气源压力,达到该压力后自动停机,低于目标压力一定值时又自动启动,使压力维持在目标压力左右。

3. 切断阀

切断阀是气体流出高压气罐后经过的第一个阀门,如图5.4所示。它具有良好的密封性,在维修或风洞长期不运行时关闭闸阀,在风洞启动和关闭时能快速完成动作,并能完全截止气流。

4. 快速阀

快速阀(图5.5)位于切断阀和调压阀之间,可由电机控制带动,用于快速切断通道和调压阀前的气体,保护调压阀,使调压阀处于一个较安全的运行环境。由于该风洞在进行增压试验和使用引射器的降压试验时耗气量较大,该阀门的快速启闭有利于延长风洞的有效工作时间。

图 5.4　切断阀　　　　　　　　　　　　　　图 5.5　快速阀

5. 调压阀

调压阀(图5.6)位于快速阀之后,其作用是对叶栅前总压或阀后压力(引射器集气室压力)的闭环控制,以达到调节通道压力的目的。调压阀由控制系统控制其开度,以保证叶栅入口压力稳定在预定值,因此要有良好的压力调节精度。

6. 节流阀

节流阀(图5.7)可起到调节进入试验段和引射器集气室气体流量和压力的作用。它的开度要在试验前设定好,在试验过程中保持不变。

7. 蝶阀

蝶阀(图5.8)用于改变叶栅前后压比。在同样的叶栅前总压或流量条件下,通过对蝶阀开度的不同预置可以改变叶栅前后的压比(叶栅前马赫数)。为了可

图 5.6　调压阀

图 5.7　节流阀

靠预置蝶阀开度,专门安装了一个特制的开度指示器。

8. 大开角段

大开角段(图 5.9)位于试验段前,安装大开角段的目的是使进入试验段的气流比较均匀,减小调压阀与稳压舱之间的管路充气容积,从而缩短风洞启动时间。风洞启动时间是稳压舱压力非稳定阶段过渡到稳定阶段的时间。大开角段内顺气流方向设置了两层孔板。为了防止气流通过大开角段时发生严重的分离,大开角段的扩张角度及其内部整流装置必须合理匹配。根据以往的经验,扩张角一般取 $30° \sim 90°$。

图 5.8　蝶阀

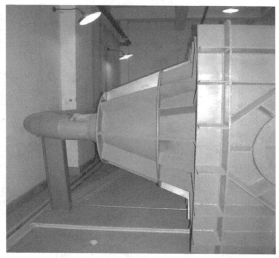

图 5.9　大开角段

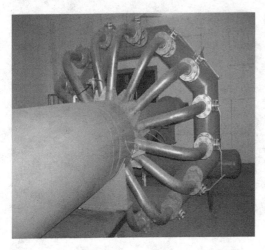

图 5.10 引射器

9. 引射器

当风洞运行方式属于降压运行方式时,引射器投入工作,用于降低风洞的排气背压,从而拓宽叶栅试验雷诺数。引射器共有 16 根引射喷管组成,如图 5.10 所示,根据不同的试验状态,引射管要全部打开或者部分打开。降压运行方式是指利用引射器的抽气能力降低风洞的排气背压的试验方式。降压运行方式可以在相同的马赫数下,达到比常压试验低的雷诺数。

5.1.2 二次流系统

当进行气膜冷却试验时,还需引入二次流系统,为试验叶片气膜冷却提供可调流量的冷气,因此需对风洞进行改造,添加二次流系统。图 5.11 为二次流系统示意图。在航空发动机真实工作环境中,叶片外侧的主流为高温燃气,气膜孔二次流为低温冷气。考虑到试验条件的限制,本试验拟采取加热冷气的方案,即试验中主流为冷流,而二次流为加热后的热流,从而形成主流/二次流间温差。二次流系统主要由空气压缩机、气罐、空气过滤器、流量控制器、电加热器、电磁阀以及连接管路等组成。

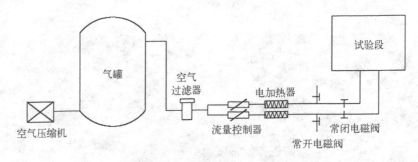

图 5.11 二次流系统示意图

二次流空气压缩机为风冷式空气压缩机,将常压空气压入高压气罐中。由于气膜孔尺寸较小,为了防止阻塞气膜孔保证出流,在气源出口安装了空气过滤器。之后,空气分为两路,分别供入试验段,这样在进行单排孔气膜冷却试验时,压力面孔排和吸力面孔排可以做到单独供气和单独流量控制,而相互不影响,从而提高试验效率。每一路中,流量控制器可针对不同的吹风比设定不同的流量值,在试验过程中调节流阻以保证流量恒定,而不受前后压力变化的影响。电加热器由接触式调压器供电,可通过调节其电压把二次流加热到所需温度。由于电加热器的热惯性比较大,需要较长时间才能使二次流温度稳定,因此试验前需要将二次流排入大气中,等其加热温度稳定后才能进行试验,试验时通过一对常开/常闭电磁阀实现气流切换。

5.1.3　试验段

叶片在风洞中的安放位置如图 5.12 所示。由于导叶为轴向进气,通过两个角度调节机构(丝杠)调节进口导流板的角度,使其方向与叶栅额线成直角。试验叶栅由五个叶片组成周期性条件,其中两侧的四个陪衬叶片为钢制叶片,中间一个为试验叶片。在进行换热试验时,试验叶片材料为低导热系数的 PEEK(聚醚醚酮)材料,其中截面上布有热电偶;进行表面静压测量试验时,为钢制叶片,在其中截面开有静压测孔。在平面叶栅前后约 1 倍轴向弦长处,放置了进口总压和出口静压测点,在进口还放置了静压测点和总温测点。

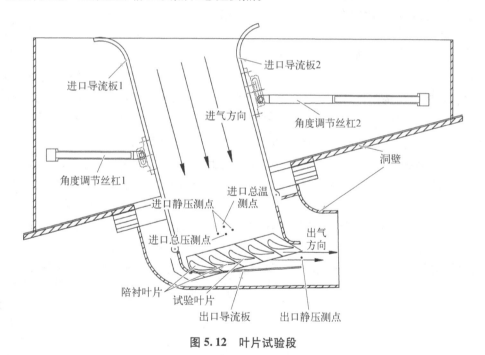

图 5.12　叶片试验段

5.2　试　验　方　法

5.2.1　换热试验方法

在实际的涡轮叶栅中,主流温度高于壁面温度,热量传入壁面,但在短周期跨声速叶栅瞬态传热试验风洞中对大流量的主流进行加热是非常困难和昂贵的。本试验采用了反向热流的方法,即对冷气进行加热,热流从壁面传向主流。只要保证流场结构与实际情况相似,这样得到的换热规律也是相似的。本试验用冷气加热法进行型面气膜冷却效率试验,并用热电偶测量温度场分布。叶片型面中段位置嵌有加工后的"镍铬-镍硅"热电偶记录当地叶片表面温度。试验之前引入一股加热气流从试验段下方通到试验段内给叶片加热,加热过程中叶片温度由测试系统监控,直至叶片达到均匀一致的初始温度,此过程每次试验大约为 45 min。此时,开启风洞,在约 8 s 时间内,完成一次吹风试验,并使用数据采集系统记录 8 s 内温度变化过程,以供后续数据处理,得到换热系数和冷却效率的分布结果。

另外需要注意的是,在风洞启动的 2 s 时间内,是风洞建立稳定流动的阶段,试验段流量和叶片表面的换热系数持续增大,因此叶片表面的流动和换热属于非稳态。当试验段建立稳定流动后,叶片表面换热系数才达到恒定值,因此当风洞开启 2 s 之后的温度记录数据才为有效的试验数据。

5.2.2　压力系数试验方法

叶片表面静压的测量过程为:静压测孔通过引线连接至压力扫描阀,当风洞开启后,压力扫描阀以一定频率(每秒 1~2 次,全瞬态过程)对叶片表面静压进行采集,并将测得的电信号传递至计算机,计算机通过软件将其还原为压力信息。采集的数据经过自编程序处理得到不同工况下叶片表面的压力系数。

压力测点的布置(数量和位置)直接取决于试验件的结构。理论上,压力测点应该足够多,保证能够捕捉到任何压力的变化细节,但实际上受限于试验件尺寸的大小以及测试结果的准确性,若试验件尺寸过小,在有限的空间内就无法布置过多测点,同时测点的布置会对局部流场造成影响,导致测试结果出现偏差。因此,一般原则是在能够实现试验目标的前提下尽可能少地布置压力测点,同时要考虑试验件内外气流的流动状况,如果局部流动损失较小,则可以适当少布一些测点,如果局部压力损失大,则应该多布测点以捕捉比较细节的压力损失数据。

5.3　试　验　测　试

5.3.1　换热数据测量

1. 热电偶表面测温

由于液晶和红外热像仪测温用于短周期风洞换热测量的技术还不成熟,本试验将使用热电偶表面测温技术进行叶片表面换热测量。下面简要介绍热电偶的工作原理。

由两种不同的导体或半导体材料 A、B 组
成闭合回路(图 5.13),如果两接点 1、2 处于
不同温度,回路中将会产生电流及电动势,该
现象称为热电效应,该电动势称为热电势,导
体 A、B 称为热电极。接点 2 通常用焊接法接
在一起,使用时被置于测温场所,故称为测量

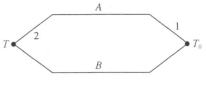

图 5.13　热电偶回路

端(或工作端)。热电偶是一种换能器,它将热能转变为电能,用所产生的电动势
来测量温度,该热电势由接触电势和温差电势组成。

A、B 两个不同导体或半导体由于接触处的电子密度不同,电子扩散速率不
同,得失电子不同而形成静电势。静电势将诱导静电场以阻碍电子的进一步扩散,
最终达到平衡状态,在 A 和 B 接触点形成一个稳定的电位差,该电位差即接触电
势,其值仅与导体的性质和接触点温度 T 有关。

温差电势是指同一导体上因为两端温度不同而产生的热电动势。温度不同
时,电子的能量不同,从高温端运动到低温端的电子数目较低温端运动到高温端的
电子数目多,从而使高温端带正电荷,低温端带负电荷,形成静电场阻碍电子运动,
最终达到平衡时在导体两端形成电位差,即温差电势 $e_A = \phi_A(T) - \phi_A(T_0)$,
$\phi_A(T)$、$\phi_A(T_0)$ 仅与导体性质和温度相关。对应图 5.13 所示的由 A、B 两种均质
导体组成的热电偶回路,两接触点温度分别为 T、T_0 时所产生的回路热电势为两个
接触电势和两个温差电势的代数和:

$$
\begin{aligned}
E_{AB}(T, T_0) &= \left[\phi_A(T_0) - \phi_A(T)\right] + \phi_{AB}(T) + \left[\phi_B(T) - \phi_B(T_0)\right] - \phi_{AB}(T_0) \\
&= \left[\phi_{AB}(T) + \phi_B(T) - \phi_A(T)\right] - \left[\phi_{AB}(T_0) + \phi_B(T_0) - \phi_A(T_0)\right] \\
&= e_{AB}(T) - e_{AB}(T_0)
\end{aligned}
$$

(5.1)

式中, $E_{AB}(T, T_0)$ 为回路总热电势; $e_{AB}(T)$、$e_{AB}(T_0)$ 分别为各接触点的分热
电势。

热电偶的测温原理就是通过测量热电偶回路的电势获得被测温度。在壁面结
构很小或气膜冷却壁面的气膜孔附近的稳态换热试验,以及瞬态换热的研究性试
验中,非常薄的薄膜热电偶具有体积小(热容量小)、灵敏度高、便于安装、温度测
量范围宽、动态响应时间短、响应快、集成度高和稳定性强等优点,明显优于普通的
热电偶,薄膜热电偶测量正迅速成为一项可靠的试验技术。

换热测量使用的是树脂叶片,无法直接将薄膜热电阻镀在叶片表面上。目前
国内生产的薄膜热电阻基准电阻值较小,在试验温度变化范围内要精确分辨电阻
值的变化比较困难,并且标准的薄膜热电偶和薄膜热电阻都是制作在基座上的,使
用时需要将基座粘接在被测叶片表面上。由于缺乏好的粘接工艺,本试验最终采

用的测量方法是将普通的直径为 0.2 mm 的热电偶加工成直径为 0.5 mm、厚度为 0.03 mm 左右的薄片状,并粘接在试验叶片中截面位置的叶型表面上,热电偶的引线镶嵌在沿叶高方向的叶片表面开槽中从上端壁引出,如图 5.14 所示。

图 5.14　热电偶布置及引线图(示例)

2. 温度数据采集

本风洞采用热电偶测量试验过程中的主流和叶片表面温度。由于短周期风洞瞬态换热试验的时间仅几秒钟,而试验过程中叶片壁温有较大变化,主流温度在风洞开启过程中变化很大,为了捕捉快速的温度变化,不但需要热电偶有较短的响应时间,还需要采集系统有很高的采样频率。高采样频率带来的一个问题就是系统容易受到干扰,本试验使用的采样频率为 10 kHz。为了减小干扰,测试系统设计时专门布置了高质量的地线系统,并采用了高精度净化电源和很好的屏蔽措施。

测试系统数据采集的原理为:通过传感器将各种随时间变化的物理量转变为模拟电信号,经调理与放大后,由数据采集系统的模/数转换模块将模拟信号转化为数字信号,通过计算机进行数据的存储处理,得到需要的各种测试数据。试验时风洞测试系统监视并记录风洞运行状态,测试并记录试验叶栅上的压力分布、温度分布及变化情况。

该系统中温度传感器输出为 0~10 mV 的电压信号,压力传感器输出为 0~100 mV 的电压信号,通过 JV55012(宽带高精度电压放大器)分别放大 1 000 倍和 100 倍,变为 0~10 V 电压信号,然后由 JV53112(高速并行数据采集模块)采集,通过总线传输到计算机进行处理和存储。该测试系统的最高采样频率为 100 kHz,本试验使用的采样频率为 10 kHz。试验数据采集系统原理图如图 5.15 所示。

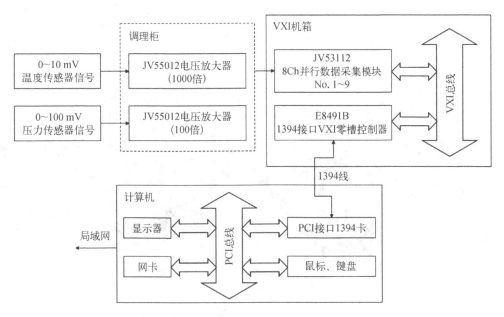

图 5.15　试验数据采集系统原理图

　　虽然测试系统设计了各种避免干扰的措施,但是这并没有完全消除干扰。图 5.16 为风洞在一次常压状态调试过程中直径为 0.2 mm 的热电偶输出电压值(由测试系统放大 1 000 倍后)的局部放大图,图 5.17 为该电压信号的对数功率谱。从中可明显看出,在测试系统中存在频率为 50 Hz 整倍数的明显干扰,这是由市电线路中的交流电导致的,另外测试系统中还存在着随机噪声信号。

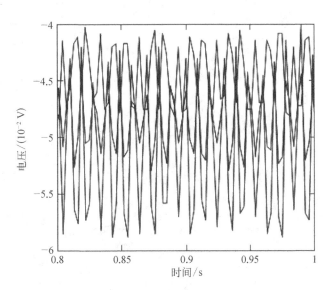

图 5.16　热电偶电压信号局部放大

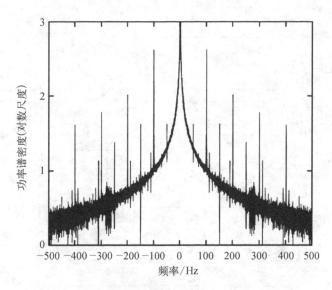

图 5.17   电压信号的对数功率谱

　　针对干扰信号的特点,编写专门的程序,首先通过傅里叶变换将信号转换到频域内去除市电干扰,然后滤除随机噪声信号。经过处理后的电压信号就可以转换为温度值,考虑到热电偶的差异性,试验中使用的所有热电偶都需要单独进行标定。图 5.18 为滤波前三个主流热电偶的电压(放大 1 000 倍)信号,图 5.19 为滤波后由电压信号计算的主流总温,可见经过滤波程序处理后干扰信号已经基本消除了。

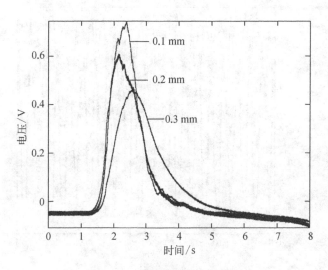

图 5.18   原始热电偶电压信号

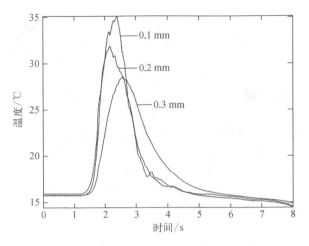

图 5.19 滤波后热电偶温度曲线

5.3.2 压力数据测量

叶片试验中使用钢制静压测量叶片(图 5.20)连接压力扫描阀(图 5.21),调整主流雷诺数 Re_3 和马赫数 Ma_3,测得叶片中截面位置静压数值。通过式(5.2)可以计算得到叶片中截面的压力系数分布。测点布置于叶片的叶盆和叶背同一径向截面,沿着前缘到尾缘各布置 5~10 个测点。

图 5.20 静压测量叶片(图中圆圈处为静压测点)

压力采用压力扫描阀测量,采样频率设为 50 Hz,通过计算机软件记录数据。通过式(5.2)计算压力系数:

$$C_p = \frac{p - p_{1t}}{\Delta p} = \frac{p - p_{1t}}{p_1 - p_{1t}} \qquad (5.2)$$

式中,C_p 为压力系数;p 为叶片表面当地静压;Δp 为叶栅前动压头;p_{1t} 为叶栅进口

图 5.21   压力扫描阀

总压；p_1 为叶栅进口静压。

5.4   试验结果分析与处理

无气膜冷却条件下第三类边界一维半无限大瞬态导热示意图如图 5.22 所示，导热方程如下：

$$\frac{\partial T(x,\ t)}{\partial t} = a^2 \frac{\partial^2 T(x,\ t)}{\partial x^2},\ a = \sqrt{\lambda / \rho c_p},\quad 0 < x < \infty,\ t > 0$$

$$\lambda \frac{\partial T(y=0,\ t)}{\partial y} = h[\,T_w(t)\, -\, T_{gr}(t)\,],\quad x = 0,\ t > 0 \tag{5.3}$$

$$\frac{\partial T}{\partial x} = 0,\quad x = \infty,\ t > 0$$

$$T = T_0,\quad 0 \leqslant x \leqslant \infty,\ t = 0$$

式中，T_{gr} 为换热壁面的主流恢复温度，在低速叶栅风洞中，由于主流速度较小，T_{gr} 和主流温度 T_g 差异很小，可以直接使用 T_g 进行计算；T_w 为壁温；h 为换热系数；q 为热流密度。

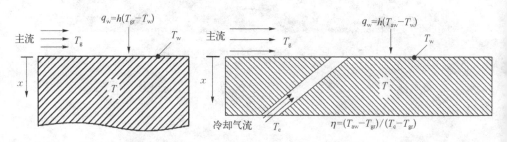

图 5.22   无气膜时气流换热模型简图　　　　图 5.23   气膜冷却条件下的瞬态导热模型

气膜冷却条件下第三类边界一维半无限大瞬态导热示意图如图 5.23 所示。

将式(5.3)边界条件中的 T_{gr} 替换为绝热壁温 T_{aw}，可得

$$\frac{\partial T(x,t)}{\partial t} = a^2 \frac{\partial^2 T(x,t)}{\partial x^2}, \quad a = \sqrt{\lambda/\rho c_p}, \quad 0 < x < \infty, \ t > 0$$

$$\lambda \frac{\partial T(y=0,t)}{\partial y} = h[T_w(t) - T_{aw}(t)], \quad x = 0, \ t > 0 \tag{5.4}$$

$$\frac{\partial T}{\partial x} = 0, \quad x = \infty, \ t > 0$$

$$T = T_0, \quad 0 \leqslant x \leqslant \infty, \ t = 0$$

5.4.1　表面热流处理

由于高速风洞的稳定建立时间约为 2 s，在此启动阶段换热系数为变化的，因此温度阶跃的边界条件无法满足，而需使用测量的壁温 $T_w(t)$ 作为边界条件求解表面热流密度 $q_w(t)$，再由表面热流求解风洞稳定阶段的换热系数 h 和冷却效率 η。此时导热微分方程和初始条件与式(5.4)相同，边界条件变为

$$T(0,t) = T_w(t) = f(t), \quad x = 0, \ t > 0 \tag{5.5}$$

$$\frac{\partial T}{\partial x} = 0, \quad x = \infty, \ t > 0 \tag{5.6}$$

对时间 t 进行拉普拉斯变换，得到象函数的方程为

$$\bar{T}'' - \frac{s}{a}\bar{T} = 0 \tag{5.7}$$

对边界条件式(5.5)、式(5.6)进行拉普拉斯变换得到：

$$\bar{T} = F(s), \quad x = 0 \tag{5.8}$$

$$\bar{T}' = 0, \quad x = \infty \tag{5.9}$$

式(5.7)的解为

$$\bar{T} = c_1 e^{\sqrt{\frac{s}{a}}x} + c_2 e^{-\sqrt{\frac{s}{a}}x} \tag{5.10}$$

式中，c_1 和 c_2 为积分常数。将式(5.10)代入式(5.9)中，当 $x \to \infty$ 时，有

$$0 = \sqrt{\frac{s}{a}} c_1 e^{\sqrt{\frac{s}{a}}\infty} - \sqrt{\frac{s}{a}} c_2 e^{-\sqrt{\frac{s}{a}}\infty} \tag{5.11}$$

所以 $c_1 = 0$, 在 $x = 0$ 处得

$$c_2 = F(s) \tag{5.12}$$

有

$$\bar{T} = F(s)\mathrm{e}^{-\sqrt{\frac{s}{a}}x} \tag{5.13}$$

经拉普拉斯变换得

$$\frac{x}{2\sqrt{a\pi}}t^{-\frac{3}{2}}\mathrm{e}^{-\frac{x^2}{4at}} = \mathrm{e}^{-\sqrt{\frac{s}{a}}x} \tag{5.14}$$

于是利用卷积定理求得式(5.13)的原函数:

$$T(x, t) = \int_0^t f(\tau)\,\frac{x}{2\sqrt{a\pi}}(t-\tau)^{-\frac{3}{2}}\mathrm{e}^{-\frac{x^2}{4a(t-\tau)}}\mathrm{d}\tau \tag{5.15}$$

当试验中测量的壁温随时间的变化用单位斜坡函数 $T_\mathrm{w}(t) - T_0 = f(t) = tu(t)$ 表示时,式(5.15)的解为

$$
\begin{aligned}
T(x, t) &= \int_0^t \tau\,\frac{x}{2\sqrt{a\pi}}(t-\tau)^{-\frac{3}{2}}\mathrm{e}^{-\frac{x^2}{4a(t-\tau)}}\mathrm{d}\tau \\
&\underline{\underline{t-\tau = u^{-2}}}\int_{\frac{1}{\sqrt{t}}}^{\infty}(t-u^{-2})\,\frac{x}{\sqrt{a\pi}}\mathrm{e}^{-\frac{x^2}{4a}u^2}\mathrm{d}u \\
&\underline{\underline{\frac{x}{2\sqrt{a}}u = \eta}}\int_{\frac{x}{2\sqrt{at}}}^{\infty}\left(t - \frac{x^2}{4a\eta^2}\right)\frac{2}{\sqrt{\pi}}\mathrm{e}^{-\eta^2}\mathrm{d}\eta \\
&= \left(t + \frac{x^2}{2a}\right)\mathrm{erfc}\left(\frac{x}{2\sqrt{at}}\right) - x\sqrt{\frac{t}{a\pi}}\mathrm{e}^{-\frac{x^2}{4at}}
\end{aligned}
\tag{5.16}
$$

物体中任一点的热流密度为

$$q(x, t) = -\lambda\,\frac{\partial T}{\partial x} = 2\lambda\sqrt{\frac{t}{a\pi}}\mathrm{e}^{-\frac{x^2}{4at}} - \frac{\lambda x}{a}\mathrm{erfc}\left(\frac{x}{2\sqrt{at}}\right) \tag{5.17}$$

于是表面上的热流密度为

$$q_\mathrm{w}(t) = 2\lambda\sqrt{\frac{t}{a\pi}} \tag{5.18}$$

试验中测量的壁温随时间变化的函数可以用一系列斜坡函数的叠加表示:

$$T_w(t) - T_0 = \sum_{i=1}^{n} \frac{T_{w,i} - T_{w,i-1}}{t_i - t_{i-1}} \left[(t - t_{i-1})u(t_{i-1}) - (t - t_i)u(t_i) \right] \quad (5.19)$$

此时表面热流密度解析解为

$$q_w(t) = \frac{2\lambda}{\sqrt{a\pi}} \cdot \sum_{i=1}^{n} \frac{T_{w,i} - T_{w,i-1}}{\sqrt{t - t_i} - \sqrt{t - t_{i-1}}} \quad (5.20)$$

利用傅里叶导热定律式(5.4)的导热微分方程变形为

$$\frac{\partial T}{\partial t} = \frac{1}{\rho c_p} \frac{\partial q}{\partial x} \quad (5.21)$$

对叶片表面应用式(5.21),把壁温和表面热流密度分别看成输入、输出信号,叶片材料按常物性处理,这是一个线性时不变系统,因此叶片表面热流密度可表示为系统的脉冲响应函数和壁面温度的卷积:

$$q_w(t) = h(t) \times T_w(t) = \int_{-\infty}^{\infty} h(\tau) T_w(t - \tau) d\tau \quad (5.22)$$

脉冲响应函数 $h(t)$ 可以通过已知解析解的 $q_w(t)$ 和 $T_w(t)$ 反卷积求得。例如,对于阶跃表面热流函数 $q_w(t) = u(t)$,对应的壁温函数为

$$T_w(t) = \frac{2}{\sqrt{\rho c_p \lambda}} \sqrt{\frac{t}{\pi}} \quad (5.23)$$

求出 $h(t)$ 后,对于任意的壁温随时间变化的函数都可用式(5.22)计算出对应的表面热流密度随时间变化的函数。当壁温和表面热流密度均为离散信号时,式(5.22)变为

$$q_w[n] = h[n] \times T_w[n] = \sum_{-\infty}^{\infty} h[n-k] T_w[k] \quad (5.24)$$

快速傅里叶变换(FFT)的存在使式(5.24)的卷积运算速度很快,这种处理方法称为脉冲响应法,该方法已较为成熟地运用于牛津大学的涡轮叶片传热风洞上。使用脉冲响应法,可快速计算得到表面热流 $q_w(t)$。

5.4.2 无气膜情况下表面换热系数的计算

5.4.1节介绍了根据试验测量的壁温 $T_w(t)$ 计算表面热流密度 $q_w(t)$ 的方法。本节将给出由表面热流密度 $q_w(t)$ 计算无气膜情况下表面换热系数 h 和主流恢复温度 T_{gr} 的方法。主流总温为 T_g,与壁面进行换热的驱动温度为主流在壁面的恢复温度 T_{gr}。

定义指向壁面为热流的正方向,表面热流密度 q_w 可表示为

$$q_w = h(T_{gr} - T_w) \tag{5.25}$$

T_{gr} 同气流静温 T 的关系可表示为

$$T_{gr} = T + r\frac{V^2}{2c_p} \tag{5.26}$$

式中,r 为温度恢复系数,V 为气流速度。又因为:

$$\frac{V^2}{2c_p} = T_g - T \tag{5.27}$$

$$\frac{T_g}{T} = 1 + \frac{k-1}{2}Ma^2 \tag{5.28}$$

式中,k 为气体的比热比;Ma 为气流的当地马赫数,将其代入式(5.26),简化得到

$$\frac{T_{gr}}{T_g} = r + \frac{1 - r}{1 + \dfrac{k-1}{2}Ma^2} \tag{5.29}$$

由式(5.29)可知,比值 T_{gr}/T_g 与流动状态相关,对于一个给定的气动状态,每个热电偶测点位置的 T_{gr}/T_g 均为常数,同主流总温 T_g 在试验中是否保持不变无关。用主流温度 T_g 去除式(5.25)的两端,得

$$-\frac{q_w}{T_g} = h\frac{T_w}{T_g} - h\frac{T_{gr}}{T_g} \tag{5.30}$$

将试验中流动稳定阶段测量的主流总温、叶片壁温及用式(5.25)计算的表面热流密度按式(5.30)进行整理,以 $-q_w/T_g$ 为因变量,以 T_w/T_g 为自变量,将数据点表示在二维坐标系中,这些点将呈线性关系。因此,用最小二乘法对这些数据点进行线性拟合,拟合直线的斜率就是表面换热系数 h,直线在横轴上的截距就是 T_{gr}/T_g。图 5.24 为某叶型换热试验中 5 个不同测点数据拟合的直线。图 5.24 展示的实际上是两次试验的数据,这两次试验的流动状态完全相同,其中一次试验叶片初始温度为室温,另一次试验叶片初始温度比室温高,这样做的目的是减小试验误差。因为试验中主流温度为常温,叶片初始温度为室温的试验中温差很小,叶片表面各点热流很小,所以数据点非常靠近拟合直线在横轴上截距的位置,可以减小 T_{gr}/T_g 的误差;而叶片初始温度比室温高的试验中,叶片表面热流密度很大。把两次试验数据放在一起处理,就可以减小拟合直线斜率的误差,也就是换

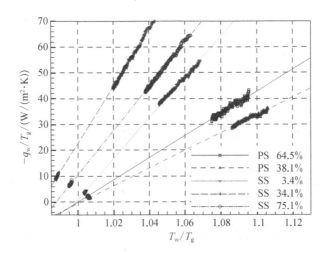

图 5.24　无气膜情况下求解 h_0 和 T_{gr}/T_g

PS 表示压力面;SS 表示吸力面;百分比表示该位置弧长占表面总弧长的百分比

热系数的误差。

5.4.3　有气膜情况下表面换热系数与气膜冷却效率的计算

本节介绍由表面热流密度 $q_w(t)$ 计算有气膜情况下表面换热系数 h 和绝热气膜冷却效率 η 的方法。主流总温为 T_g,绝热壁温 T_{aw} 为与壁面进行换热的驱动温度,也为主流与冷却气流的掺混温度。

对于有气膜冷却的情况,绝热气膜冷却效率可表示为

$$\eta = \frac{T_{aw} - T_{gr}}{T_c - T_{gr}} \tag{5.31}$$

式中,T_{aw} 是局部掺混温度,表面热流密度表示如下:

$$q_w = h(T_{gr} - T_w) \tag{5.32}$$

用 $T_{gr} - T_c$ 去除式(5.32)两边,得

$$\frac{q_w}{T_{gr} - T_c} = h\frac{T_{gr} - T_w}{T_{gr} - T_c} = h\eta \tag{5.33}$$

式(5.33)中的 T_{gr} 需要通过无气膜叶片换热试验获得,对比式(5.33)和式(5.30)可发现二者具有相同的形式,所以处理气膜冷却试验数据和无气膜冷却试验数据的方法是类似的。将流动稳定阶段各测点数据进行整理,以 $q_w/(T_{gr} - T_c)$ 为因变量,$(T_{gr} - T_w)/(T_{gr} - T_c)$ 为自变量,将数据点表示在二维坐标系中,这些点将呈线性关系。图 5.25 为某试验件三个测点试验数据拟合的直线,试验次数为两

次,两次试验的气动状态相同,不同的是试验叶片的加热温度,原则是一次试验中尽量让壁面热流密度接近零值,另一次试验中壁面热流密度比较大,这样换热系数(直线斜率)和绝热气膜冷却效率(直线在横轴的截距)误差比较小。

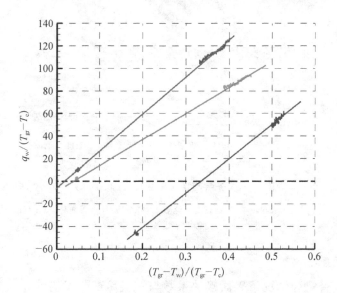

图 5.25   有气膜情况下求解 h 和 η

5.5   试验流程与控制

5.5.1   试验流程

风洞的试验状态是通过一台工控机监视和控制的。典型的试验过程为,首先根据试验状态设置合适的调压阀开度、节流阀开度、蝶阀开度(或打开的引射喷管根数),打开起安全作用的电动阀,发送试验开始信号,快速阀打开,并通知测试系统进行数据采集,待气控阀完全打开后,试验段已达到要求的试验状态。但随着试验进行,气源压力不断下降,此时控制程序通过不断开大调压阀开度保持调压后压力不随气源压力下降而改变。停止试验时,由控制程序发送结束信号关闭气控阀并通知测试系统停止数据采集。如果试验过程中出现异常情况,安全控制程序会紧急停止试验以确保安全。

5.5.2   试验风洞气动状态控制

1. 试验气动状态计算与调节

本试验短周期风洞根据叶栅进口雷诺数 Re_3 和叶栅压比 p_r 调节试验状态,Re_3 定义为

$$Re_3 = \frac{\rho_3 V_3 L}{\mu_3} \tag{5.34}$$

p_r 定义为

$$p_r = p_{3t}/p_4 \tag{5.35}$$

式中，ρ_3、V_3、μ_3 分别为叶栅入口的气流密度、速度和动力黏性系数；L 为叶栅弦长；p_{3t} 为叶栅前总压；p_4 为叶栅后静压。

本节采用类比航空发动机空气系统网络法[1]的求解思路，将阀门模化为单元，给出一个由 Re_3 和 p_r 计算调压阀、节流阀、蝶阀开度或打开的引射喷管根数的方法，并以调压阀流量特性数据作为先验知识（或称专家知识），同比例积分微分（propotion integration differentiation，PID）控制方法结合，给出一种简单有效的维持试验状态稳定的控制方法。要确定一个试验状态对应的阀门开度，首先需要知道各阀门的流量特性数据，即阀门不同开度下流量函数和阀门压比的关系。

流量函数 q 的定义为

$$q(\lambda) = \left(\frac{k+1}{2}\right)^{\frac{1}{k-1}} \lambda \left(1 - \frac{k-1}{k+1}\lambda^2\right)^{\frac{1}{k-1}} \tag{5.36}$$

式中，λ 表示速度系数，为速度与临界声速之比。

不同开度下流量函数与阀门压比的关系很难用解析式表示，因此选用依据试验得到的阀门流量特性数据的拟合曲线。为了计算方便，调压阀、节流阀和蝶阀的特性曲线图中使用的都是阀后总压与阀前总压之比。

图 5.26 是调压阀流量特性曲线，图中数据涵盖了所有的试验状态，每一条曲线都是调压阀出口的等流量函数线。图中 5 条等流量函数线的获得方法如下：将节流阀和蝶阀全关闭，让气流不经过试验段，通过改变打开引射器喷管根数的方法控制气流量，这时气流从调压阀经过引射器后直接排入大气。引射器拉法尔喷管的进口面积：喉部面积：出口面积约为 $2.3:1:2.8$，考虑气动损失后保守估计调压阀后总压 p_{1t} 高于 $1.27\times10^5\ \mathrm{Pa}$ 时，喷管喉部就会达到临界状态。试验前将气源压力 p_t 设定为最高压力 $8.0\times10^5\ \mathrm{Pa}$，试验过程中控制调压阀开度均匀地从最小值变化到最大值，并将喷

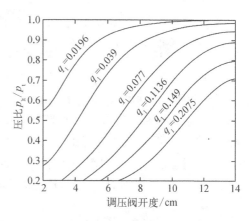

图 5.26　调压阀流量特性曲线

管喉部处于临界状态的数据记录下来,这样就得到了一条等流量函数曲线,调压阀后流量函数 q_1 的具体数值需要根据打开引射器喷管的根数和调压阀后到引射器喷管喉部的总压恢复系数 σ 确定。

使用上述方法,打开 2 根、4 根、8 根、12 根、16 根引射器喷管时,就分别得到 q_1 为 0.019 6、0.039、0.077、0.113 6、0.149 对应的调压阀等流量函数线。图 5.26 中 $q_1 = 0.207\ 5$ 对应的曲线是在 16 根引射器喷管全开且试验段有气流的情况下获得的,这种情况下在试验过程中需要控制调压阀开度以保持调压阀后总压 p_{1t} 不变,则 q_1 也保持不变。

获取节流阀和蝶阀的流量特性曲线时要关闭引射器,将阀门开到一定开度,试验过程中缓慢控制调压阀开度均匀地从最小值变化到最大值,就得到一条流量特性曲线。将阀门设为不同的开度,重复进行试验就可得到阀门全范围的流量特性曲线图。

图 5.27 是节流阀流量特性曲线,节流阀的开度是用螺杆机构调节的,表示阀门开度时用调节盘圈数比用螺杆位移精度高,所以采用调节盘圈数表示开度,开度范围 0~60 圈。

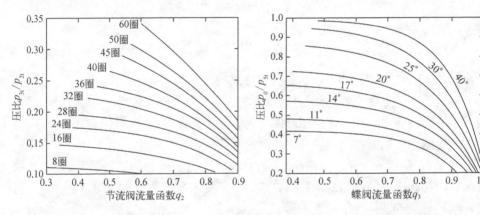

图 5.27 节流阀流量特性曲线

p_{3t} 为叶栅前总压;p_{2t} 为节流阀前总压

图 5.28 蝶阀流量特性曲线

p_{5t} 为蝶阀前总压

图 5.28 是蝶阀的流量特性曲线,蝶阀流量特性试验中引射器喷管是全关的,所以阀后压力为大气压 p_0。蝶阀的开度用角度表示,有效范围 7°~84°。考虑阀门本身的特点,当阀门开度大于 40°后,其流动特性等同于全开,所以试验数据只做到 40°。图 5.29 是蝶阀全开时引射器的引射能力曲线,由于试验段气流是被引射气体,其流量改变时会使图 5.29 的曲线位置发生偏移,所以图 5.29 中曲线是在相应的试验段流量下得到的,这样使用图 5.29 的曲线计算引射气体压力时结果就更准确一些。

从图 5.29 可以看出,通过改变引射器喷管根数和调压阀后总压($2.5\times10^5 \sim 5.4\times$

10^5 Pa），能使叶栅后静压在 $0.2 \times 10^5 \sim$
0.9×10^5 Pa 内连续调节，所以打开引射器
喷管时就不需要蝶阀了，而当叶栅后静压
高于 0.9×10^5 Pa 时只需要用蝶阀，所以蝶
阀和引射器可以分开使用，这样不但简化
了控制，还避免了高压气体浪费。要说明
的是，确定使用蝶阀还是引射器的叶栅后
静压分界点小于大气压 p_0，这是因为试验
段出口有很长的扩张段，在扩张段中气流
速度下降，静压升高，所以不打开引射器时
叶栅后静压也会低于大气压，但是不打开
引射器时叶栅后总压始终高于大气压 p_0。

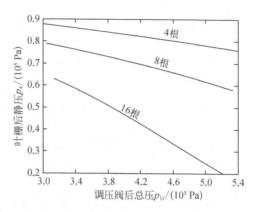

图 5.29　引射器引射能力曲线

根据叶栅后静压可将短周期风洞试验分为三种类型，即降压试验、常压试验和
增压试验。降压试验需要开引射器，叶栅后总压低于大气压，常压试验和增压试验
不用开引射器，常压试验蝶阀开度较大，叶栅后总压同大气压接近，增压试验通过
较小的蝶阀角度得到高于大气压的叶栅后总压。下面将针对三种情况进行具体
讨论。

对于给定试验段进口雷诺数 Re_3 和叶栅压比 p_r 的情况，试验段流量 G_s 可由雷
诺数定义求得

$$G_s = Re_3 \mu A_3 / L \tag{5.37}$$

式中，L 为叶栅弦长；μ 为动力黏度；A_3 为叶栅流通面积。

根据试验得到的试验段流量特性曲线：

$$q_3 = f(p_r) \tag{5.38}$$

和试验段流量公式：

$$G_s = KA_3 q_3 p_{3t} / \sqrt{T_t} \tag{5.39}$$

可求得叶栅前总压 p_{3t}，K 始终为常数，T_t 为来流总温。

由式（5.35）即可得到叶栅后静压 p_4，再用试验段流量的另一个表达式：

$$G_s = KA_4 y(\lambda_4) p_4 / \sqrt{T_t} \tag{5.40}$$

和叶栅后总压的关系式：

$$p_{4t} = p_4 / \pi(\lambda_4) \tag{5.41}$$

求出叶栅后总压 p_{4t}，其中 A_4 为叶栅后流通面积，λ_4 为叶栅后速度系数。知道了试

验段参数,就可以计算阀门开度和引射器喷管的打开根数。接下来分两种情况。

1) 降压试验

这种情况下蝶阀全开,需要确定的参数是节流阀开度、调压阀开度、引射器喷管打开根数和引射气体压力。引射器的引射能力可用公式表示为

$$p_4 = f_5(p_{1t}, n) \tag{5.42}$$

引射喷管喉部处于临界状态,喉部面积用 A_6 表示,流量为

$$G_y = KnA_6\sigma p_{1t}/\sqrt{T_t} \tag{5.43}$$

所以由式(5.42)求得调压阀后总压 p_{1t},再求得引射气体的流量。求解 p_{1t} 的过程也可以在图 5.29 上完成,即得 $y = p_4$ 的直线交某条引射能力曲线于一点,该点对应的横坐标值即为 p_{1t},所使用的喷管根数 n 也随之确定。如果 $y = p_4$ 同两条曲线相交,则根据情况再选择一个交点。

节流阀入口流量可表示为

$$G_s = KA_2 q_2 p_{2t}/\sqrt{T_t} \tag{5.44}$$

式中, q_2 为节流阀流量函数; A_2 为节流阀面积。

节流阀特性曲线可用公式表示为

$$p_{3t}/p_{2t} = f_2(q_2, kd_2) \tag{5.45}$$

因为节流阀同调压阀距离很近,所以总压损失可以忽略,故 $p_{2t} = p_{1t}$,所以由式(5.44)可求得 q_2,再用式(5.45)求得节流阀开度 kd_2。

调压阀后流量特性公式为

$$G = KA_1 q_1 p_{1t}/\sqrt{T_t} \tag{5.46}$$

式中, A_1 为调压阀流通面积;流量 G 表示如下:

$$G = G_s + G_y \tag{5.47}$$

调压阀流量特性用公式表示为

$$p_{1t}/p_t = f_1(q_1, kd_1) \tag{5.48}$$

由式(5.46)可求得调压阀后流量函数 q_1,然后由式(5.48)计算调压阀开度 kd_1。式(5.48)中气源压力 p_t 取值并不唯一,可根据 p_{1t} 和试验用气量选取。在图5.26 上操作的方法是先插值求得调压阀工作状态的等流量特性曲线,然后求该曲线与 $y = q_1$ 的交点,交点的横坐标就是调压阀开度。

2) 常压试验和增压试验

这种情况下引射器喷管全关,需要确定的参数是节流阀开度、蝶阀开度和调压

阀开度。

因为引射器没有流量，$G_y = 0$，所以蝶阀流量可表示为

$$G_s = KA_5 q_5 p_{5t} / \sqrt{T_t} \tag{5.49}$$

式中，A_5 为蝶阀流通面积；q_5 为蝶阀流量函数。

蝶阀同叶栅出口距离很近，总压损失可以忽略，故 $p_{5t} = p_{4t}$，蝶阀流量特性可表示为

$$p_0 / p_{5t} = f_5(q_5, kd_3) \tag{5.50}$$

计算蝶阀开度的方法同节流阀情况类似，节流阀、调压阀的计算可参见降压试验，这里不再赘述。不同的是调压阀后压力 p_{1t} 不再是唯一的，可根据叶栅前总压 p_{3t} 适当选取，而降压试验中 p_{1t} 由叶栅后静压 p_4 决定。

使用上面的方法，对于给定的试验状态，就可以计算出相应的阀门开度和引射器喷管根数，但是这样调试的状态有时同预计值存在偏差。为了能精确地调试出所需的试验状态，还需要计算出各阀门开度或引射气体压力（即调压阀后压力）对 Re_3 和 p_r 的敏感度，并据此对阀门开度和引射气体压力进行修正。通过编制专门的程序来进行这个计算过程，一般通过 1～2 次调试就可以精确地达到预计的试验状态。

2. 试验气动状态控制

由于高压气源容积有限，短周期风洞在试验过程中气源压力会不断下降，如果不采取控制措施，试验段入口压力会不断降低，叶栅流动状态就无法达到稳定。试验中所有气体都要经过调压阀，所以只要保证调压阀后压力不变，试验状态就是稳定的。因此，在试验过程中通过一定的控制规律不断开大调压阀开度，使阀后压力不变，也就保证了试验过程中气动状态的稳定。这里控制目标是调压阀后总压 p_{1t}，控制参数是调压阀开度 kd_1。

传统 PID 方法历史悠久，控制简单，在工业控制中应用范围很广，因此本试验短周期风洞控制系统设计时首先考虑采用传统的 PID 控制[2]。该方法的控制精度依赖于比例、积分和微分系数的选取，如果风洞的工作状态数比较少，只要通过合适地选取每个状态下的系数，就可以达到很好的控制效果。但由于短周期风洞的试验参数范围大，每个试验状态对应的控制参数都要根据经验选取并通过多次状态调试确定，状态调试工作量很大。如果参数选取不合理导致试验段入口压力振荡或发散，以致超过最大设计压力，会给试验带来安全隐患。图 5.30 是 PID 方法控制失败时风洞调试状态的调压阀开度变化曲线及压力曲线。传统 PID 控制的改进方法，如"学习型"PID 控制或"专家-模糊"PID 控制，能改善 PID 方法的适应性和稳定性。这些改进的 PID 方法可在几秒内使系统稳定，能很好地应用于长时间

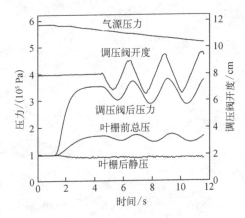

图 5.30   PID 控制失败时的调压阀开度
变化曲线及压力曲线

稳定运行的风洞,但本试验的短周期风洞总有效时间只有 5 s,所以这些方法也难以应用。

如果能根据先验知识准确地计算出每个状态最优的 PID 控制参数,则既能省去人为给定 PID 控制参数的麻烦,又可以使系统在最短的时间内达到稳定。对于短周期风洞来说,这种先验知识就是调压阀的等流量函数线。

图 5.26 中的每条曲线都是等流量函数线,根据这些已知的曲线插值就可以得到试验状态对应的调压阀后等流量函数线,要保证试验过程中调压阀后状态不变,调压阀的工作点只能沿着这条等流量函数线移动,所以只要计算调压阀压比的变化率(实际只需计算气源压力 p_t 的变化率,因为调压阀后总压 p_{1t} 是不变的),并根据等流量函数线当前工作点的斜率就可以计算出调压阀开度的变化率。调压阀开度变化同气源压力变化的这种关系很容易转化为传统 PID 方法的比例系数,但是又有所不同,传统 PID 方法是在出现偏差后进行修正的,而这里是根据预知出现的偏差进行控制,所以没有滞后现象。同时由于气源压力的变化基本为线性,而调压阀后等流量函数线是非线性的,所以这种控制方法是非线性的。

考虑到计算的调压阀等流量函数线可能出现小的偏差,还需要结合 PID 方法的积分项进行修正。试验系统没有采用 PID 方法的微分项,因为微分操作会放大压力测量的噪声而降低控制方法的稳定性。经验证该方法精度高、控制简单并且不会出现振荡,适用于所有试验状态。

除了控制方法外,快速阀打开需要约 2 s,导致风洞启动时间较长,为了加快压力稳定的过程,本试验采用先把调压阀开度设为比预定值大,在气控阀打开的过程中用设定的函数让调压阀回到预定值,这在一定程度上起到了缩短气流稳定时间的作用。图 5.31 为常压调试状态中调压阀开度变化曲线及对应的压力曲线,从中可以看出,第 1 s 时调压阀开始动作,到第 3 s 时叶栅前达到稳定状态,试验段稳定流动建立时间约为 2 s。

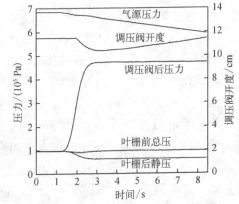

图 5.31   试验过程中的调压阀开度
变化曲线及压力曲线

5.6　试验常见问题及处理

1. 试验叶片加热方法

由于在高速风洞中,对主流进行加热代价较高且难以实现,因此本试验采用对叶片进行加热的方法,使叶片和主流产生温差。这就要求在试验开始前将叶片加热至一定温度,并保持整个叶片温度均匀。

本系统在每次试验之前引一股加热气流从试验段下方通到试验段内给叶片加热,加热过程中叶片温度由测试系统监控,直至叶片达到均匀一致的初始温度,此过程每次试验大约为45 min。在试验开始前关闭加热管路,此时开启风洞,在约8 s时间内,完成一次吹风试验,并使用数据采集系统记录8 s内的温度变化过程,以供后续数据处理,得到换热系数和冷却效率的分布结果。

2. 试验件的设计与加工

高速风洞静压试验件使用钢材加工,首先使用线切割加工出叶片外形,而后使用钻头在钢叶片中截面处开静压测量孔。

高速风洞换热试验件的设计与加工需要考虑:① 叶片强度。在高速风洞试验段,主流流量大,流速高,叶片压力面和吸力面压差大,因此要求叶片材料有较高的强度。② 优良的机械加工性。叶片表面为曲面,且对于气膜叶片来说,叶片表面开有多排圆柱形或异型气膜孔,因此要求叶片材料具有优良的机械加工性能。③ 合适的几何尺寸。为了使叶片表面有足够的空间布置热电偶,并保持叶片中截面处流动状态的二维性,以及更好地满足瞬态换热试验的一维半无限大条件,在叶片设计的过程中需对原始叶片进行相应的放大。

换热测量使用的是PEEK叶片,该材料不仅有较高的强度和很好的机械加工性能,且具有较低的导热系数,有利于满足瞬态换热试验中的一维半无限大条件。

3. 热电偶敷设方法

由于液晶和红外热像仪测温用于短周期风洞换热测量的技术还不成熟,本系统现阶段使用热电偶表面测温技术进行叶片表面换热测量。

换热测量使用的是树脂叶片,无法直接将薄膜热电阻镀在叶片表面上。目前国内生产的薄膜热电阻基准电阻值较小,在试验温度变化范围内要精确分辨电阻值的变化比较困难,并且标准的薄膜热电偶和薄膜热电阻都是制作在基座上的,使用时需要将基座粘接在被测叶片表面上,由于缺乏好的粘接工艺,且单个薄膜热电偶占据空间较大,难以在试验叶片表面密集布置。同时薄膜热电偶价格较高,单个薄膜热电偶价格近千元,不利于实际工程应用。因此,本试验最终采用的测量方法是将普通的直径为0.2 mm的K型热电偶加工成直径为0.5 mm、厚度为0.03 mm左右的薄片状,并粘接在试验叶片中截面位置的叶型表面上,热电偶的引线镶嵌在沿叶高方向的叶片表面并从上端壁开槽引出。经过加工的热电偶热响应时间可低于 200 ms,经过试验验证,可满足瞬态试验要求。

参考文献

[1]　《航空发动机设计手册》总编委会. 航空发动机设计手册　第 16 册:空气系统及传热分析[M]. 北京:航空工业出版社,2001.

[2]　王万良. 自动控制原理[M]. 北京:科学出版社,2001.

第 6 章
部件防冰试验

通常情况下,防冰系统的试验由下列方法来完成:① 冰风洞试验;② 干空气飞行试验;③ 模拟自然结冰的飞行试验;④ 自然结冰状态下的飞行试验。其中,结冰机理最有效的研究方法就是自然结冰状态下的飞行试验研究。然而,实际上飞行特定的试验气候条件一般发生频率较低,故若想获得在自然结冰飞行条件下的大量试验数据,需要相当长的时间且费用很高。也有研究人员认为,模拟飞机在人造云层中飞行也是一种很好的方法,但该试验方法有很大的局限性,如温度、压力、湿度等气象参数的控制问题。因此,基于以上两种方法的局限性,陆基试验成为研究发动机在结冰条件下工作性能的主要手段。其中,最普遍应用的陆基试验设备就是地面冰风洞。即将部件放在冰风洞中进行试验[1],可以很快地比较不同的设计方案。可对不同部件在不同的结冰气象参数(水滴尺寸、液态水含量及负温值)及气流速度下收集水滴的特性,即撞击率、撞击区域及分布状况。大多数防冰系统的设计目的是用最小的需用功率(电功率及分布、防冰热气供气量等)达到防/除冰目的,通常用冰风洞试验能较精确地验证热力计算。防冰系统验收时也可在冰风洞中进行地面试验,可初步确定其工作性能。

本章主要讨论航空发动机进气部件在人工结冰条件下的试验方法。

6.1　试 验 设 备

按照用途分类,Olisen 等[2] 将防冰试验设备分为三种,即结冰风洞、发动机试验舱、低速试验台,本章仅关注结冰风洞设备。结冰风洞通常用于试验缩微模型,试验段尺寸较大的风洞也可以试验全尺寸零件或局部尺寸截取的零件。按照洞体流路区分,结冰风洞包括回流式、直排式和自由射流式三类。

回流式结冰风洞的常规布置如图 6.1 所示,其主体在结构上与空气回流风洞具有相同的各类系统,以保证试验段进口具有较高的气流均匀性和较低的气流速度脉动。为了模拟过冷云层结冰条件,在此基础上增加了制冷系统,用于将空气温度降低到水的冰点以下;增加了喷水雾化装置,将小水滴喷射到低温空气中形成模拟云团,模拟云团的温度和参数要求是均匀的,以尽可能精确地模拟自然大气结冰条件。对于有模拟高空试验需求的场合,回流式结冰风洞可以增加抽吸设备,现有设备参数可涵盖的模拟高度从地面直至 15 000 m。

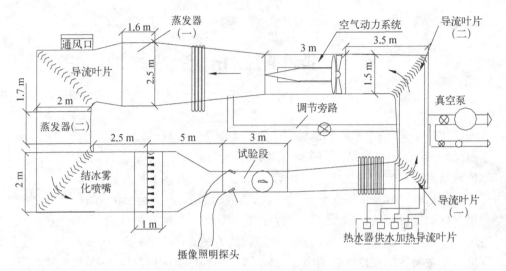

图 6.1　回流式结冰风洞常规布置示意图

在回流冰风洞中,液态水滴微粒会迅速达到周围环境空气温度,并在它们撞击到的任何物体表面结冰,造成风洞性能上的损失。会发生结冰的风洞部件,包括开始于试验段下游第一和第二拐角导流叶片、风扇叶片、第三导流叶片、换热器、观察窗口等。另外,水蒸气造成的结霜会在风洞的任何冷端表面形成。在换热器上的结冰将增加其压力损失,并降低其总换热系数,为补偿这种气动损失和减少的冷却效率,风扇功率必须增加,而制冷温度必须降低。最终结冰会造成速度和温度不能保持导致停车。另外,拐角导流叶片、风扇叶片的结冰会增加总的风洞压力降和部件载荷,这样将使流动品质恶化。

按照风洞拐角导流叶片、风扇进口导流叶片、风扇叶片和换热器结冰研究的结果[3],在回流风洞设计中,换热器必须具有处理 50%～90%的总喷射云团的能力,而不阻塞或显著减小总换热率;第一和第二拐角导流叶片上的防冰仅需要沿叶片压力面和驻点进行,第二拐角叶片至少前缘需要进行防冰,它取决于可接受的总压损失;风扇叶片上的结冰数量相当大,为了确保风洞运行效率和风扇叶片维护,需要进行防冰。国内的结冰风洞建设和使用经验显示了与 NASA 格伦研究中心结冰研究风洞(Icing Research Tunnel, IRT)研究结果的一致性,利用热水加热风扇叶片和拐角导流叶片,同时监测这些部件的表面温度高于冰点并保有一定裕度;试验段观察窗口消除喷射云团结霜或结雾可以采用电防冰或热气防冰。

如图 6.2 所示,在结冰风洞试验段上安装转动设备,可以进行发动机进口整流帽罩等旋转部件的结/防冰效果试验。图中旋转帽罩防冰热空气通过旋转密封装置进入试验件,对转动设备需要采取防冰措施保证润滑和正常运转。

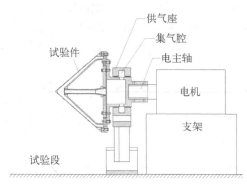

图 6.2　旋转帽罩安装图

结冰风洞需要配置测量过冷云团两相流气动参数的专用测试工具,包括两相流温度、两相流速度、液态水含量(liquid water content, LWC)、平均有效水滴直径(median volume diameter, MVD)和水滴尺寸图谱等,将在 6.3 节中叙述。

冰风洞的建设投资大、技术难度高,特别是大尺寸的冰风洞,要求具有制造与之匹配的热交换系统和喷雾系统的能力,从而保证试验段内所模拟的结冰气象参数(温度、液态水含量以及平均有效直径等)具有良好的一致性。

冰风洞性能参数的选定主要参考本国的气象条件。欧美许多国家对飞行器自然结冰的研究起步早,最终形成用云层温度、液态水含量、水滴直径和云层范围(水平高度和垂直高度)四个气象参数来确定环境结冰条件的统计数据和标准文件。依照标准文件,各个国家制定了自己的民用和军用飞机的防冰系统设计规范。我国在这一领域处于起步阶段,对大气的结冰条件没有进行过系统的研究,也没有自己的数据。但由于所处的地理位置,以及经过初步的调查取证后,可以认为我国的大气结冰条件基本与美国相似,因此参考美国相关的标准文件,可得到我国冰风洞适合选定的结冰参数,具体为:空气温度 $-40 \sim 0℃$;液态水含量 $0 \sim 5~g/m^3$;平均有效水滴直径 $13 \sim 50~\mu m$,此外,有时飞行器在低空时会遇见冻雨等情况,这就要求冰风洞还需要具备模拟水滴直径为 $1~000~\mu m$ 的过冷大液滴的能力。风洞的风速主要参考飞行器的飞行速度,在实际飞行中,能够发生结冰的速度范围很广,甚至在马赫数为 1.4 的飞行过程中,也有过少量结冰的实例。如果要模拟所有可能发生结冰的飞行速度,那么冰风洞的研究和制造就会非常困难,实际效果也不是很明显。纵观世界上比较大型的冰风洞,能够模拟的最大空气速度都在 200 m/s 左右。而且对飞机结冰相似理论的研究表明,当实际冰风洞的空气速度小于所需模拟的空气速度时,适当增加模拟环境的液态水含量,也能够模拟出所需的环境。因此,我国冰风洞的最大空气速度适合选取在 200 m/s 左右[4]。

我国现在已有能力建造适用于一流冰风洞的热交换系统和喷雾系统,借鉴国外的经验,可以建造新的冰风洞,也可在原有的普通低速风洞的基础上进行改造。在此之前,对大气结冰条件进行系统的研究,制定出更适用于我国新的有关结冰条件和试验的标准,不仅能为冰风洞的研制提供更可靠的数据,也能为飞行器安全提供更可靠的保障。

由国外相关结冰试验文献可知,各个国家冰风洞的试验能力见表 6.1,国内主要研究机构结冰风洞设备试验能力见表 6.2,俄罗斯等国结冰风洞设备的介绍可参见文献[1]。

表 6.1　国外冰风洞的试验能力

风洞名称	国家	应用时间	类型	试验段尺寸	温度范围/℃	风速/(m/s)	LWC/(g/m³)	MVD/μm
IRT	美国	1944 年	闭环	2.7 m×1.8 m×6.1 m	−40~4.4	192	0.5~2.5	14~50
AEDC	美国		闭环	$(\pi×0.3^2)/4$ m²	−30	42~216	0.2~2	15~30
Cox	美国	20 世纪90 年代	闭环	0.71 m×1.17 m×1.98 m		98		
				1.22 m×1.22 m×1.52 m	−30	53		
Goodrish	美国	1987 年	闭环	0.56 m×1.12 m×1.52 m	−30	95	0.1~3	10~40
波音	美国		闭环	0.5 m×0.4 m×0.9 m	−30	50~102	0.3~5	10~50
				1.52 m×2.44 m		180	0.5~3	5~40
McKinley	美国	1947 年	开环	76.2 m×21.3 m×79.2 m	−65~165	26.8		
AIWT	加拿大	1960 年	闭环	0.57 m×0.57 m	−30	116	2	12~20
S1MA	法国	20 世纪60 年代	闭环	$(\pi×8^2)/4$ m²	−40~0	100	0.25~3	15~50
PAG	法国		闭环	0.2 m×0.2 m	−26	130	1	20
ACT	英国		闭环	0.178 m×0.356 m×1 m	−30		0.39~1.43	20~270
克莱菲尔德	英国	2003 年	闭环		−30~5			20~300
CIRA	意大利	2002 年	闭环	2.25 m×2.35 m	−32		1.5~3.9	5~300
				1.15 m×2.35 m	−40			
				3.6 m×2.35 m	−32			

表 6.2　国内冰风洞的试验能力

所属机构	年份	类型	试验段尺寸	温度范围/℃	风速/(m/s)	LWC/(g/m³)	MVD/μm
中国航发沈阳发动机研究所	2008	闭环	$(\pi \times 0.6^2)/4 \ m^2$ $(\pi \times 0.38^2)/4 \ m^2$	−35	80～200	0.2～3.9	15～35
中国航空工业武汉航空仪表有限责任公司	—	闭环	0.18 m×0.28 m	−35～0	200	0.2～3.8	15～35
	—	闭环	0.6 m×0.8 m	−30	～160	0.2～3.0	10～50
	—	闭环	2 m×1.5 m 2 m×3 m 4.8 m×3.2 m	−40～常温	7～256	0.2～3.0	10～300
中国空气动力研究与发展中心	2013	闭环	0.6 m×0.6 m	−40～5	0～240	0.1～3	15～50 100～200

6.2　试　验　方　法

6.2.1　全尺寸结/防冰试验方法

结冰环境是复杂的,许多变量需要同时控制以正确模拟。冰可能以两种方式形成,一种是冷液滴瞬间撞击形成霜结晶,另一种是撞击后即刻形成光滑冰。每种情况都导致带不同增长模型的不同结冰构成,并且每种情况都对其形成表面气动性能具有严重的和有害的影响。结冰的增长是许多变量的函数,包括速度、温度、压力、液态水含量、液滴尺寸、部件尺寸、形状及攻角等。另外,正确的结冰试验不仅需要控制较多的试验参数,而且比对气动试验需要更加精确的控制。同时,结冰环境不能像在气动试验中那样简单地进行缩放,结冰积聚显著地随目标尺寸变化。试图进行缩比结冰的研究已经进行了很多年,尽管目前仍在进行,但是从来没有强有力的证据表明缩比试验是有效的。在这些研究中发现,必须调整速度、液态水含量、积聚时间和液滴尺寸,以成功完成需要的结冰程度。结果,很少用尺度模型进行研究,结冰已经被认为属于"全尺度"研究和发展范畴[5]。

试验条件的选取需要参考所模拟的结冰大气环境,主要包括:① 层云,含有中等偏低的液态水含量,具有较长的连续结冰水平范围;② 积云,含有中等偏高的液态水含量和短的间断结冰水平范围;③ 冻雨和其他低海拔结冰。其中前两种大气环境分别对应连续最大结冰条件以及间断最大结冰条件。第三种大气环境所对应的过冷大液滴情况最近几年才开始研究。结冰试验的时间需要参考所模拟环境的云层范围和飞行器的飞行速度来选择。由于层云的范围要远大于积云(层云的水平范围为 32 180～321 800 m,积云的水平范围为 3 218～9 654 m),所以一般模拟层云的结冰试验时间要长于模拟积云的。

　　在国内,航空发动机防冰系统试验一般遵照 GJB 241A—2010[6]《航空涡轮喷气和涡轮风扇发动机通用规范》及相应的型号规范进行,发动机进气部件防冰试验参照 Q/AVIC 20106(航空燃气涡轮发动机进气部件热气式防冰试验方法)进行。本章主要讨论热气式防冰试验方法。部件防冰试验模拟多数情况下都是在结冰风洞里进行的,这些设备中会模拟出图 6.3、图 6.4 和表 6.3 所要求的自然结冰气象条件,如云层中液态水含量、平均有效水滴直径等,与表 6.4 所示的飞机热力防冰系统结冰条件相比[7],发动机进气部件结冰条件更为苛刻。如果没有特殊说明,这些试验都是全尺寸模型试验。

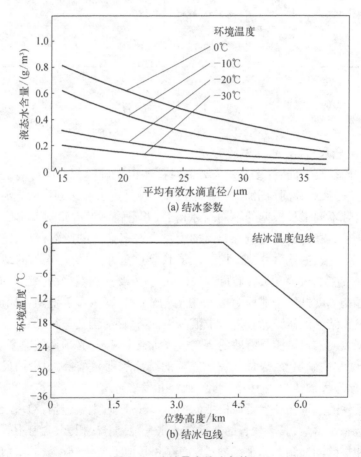

(a) 结冰参数

(b) 结冰包线

图 6.3　连续最大结冰条件

高度从海平面到 7 km;最大垂直范围 2 km;水平范围 30 km

　　部件防冰用热空气试验时的参数应至少包括发动机地面慢车状态、最大连续工作状态、中间推力状态等(定义详见 GJB 2103A—1997《航空燃气涡轮动力装置

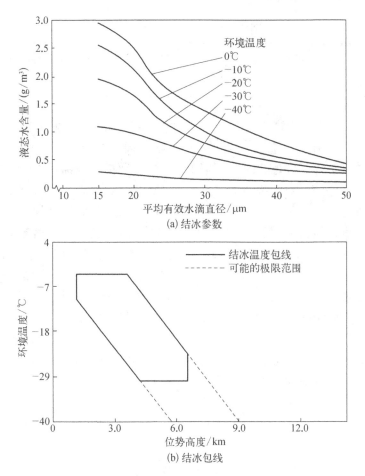

(a) 结冰参数

(b) 结冰包线

图 6.4 间断最大结冰条件

高度 1.2~6.7 km；水平范围 5 km

表 6.3 海平面结冰条件

条 件	第 一 部 分			第二部分
发动机进口总温	−20℃±1℃	−10℃±1℃ [a]	−5℃±1℃	−5℃±1℃
速度	0~110 km/h	0~110 km/h	0~110 km/h	0~110 km/h
高度	0~150 m	0~150 m	0~150 m	0~150 m
平均有效水滴直径	20 μm	20 μm	20 μm	30 μm
空气中液态水含量（持续）	1 g/m³±0.25 g/m³	2 g/m³±0.25 g/m³	2 g/m³±0.25 g/m³	0.4 g/m³±0.1 g/m³

a：非风扇发动机无此条件。

表 6.4 飞机热力防冰系统结冰条件

	环境气温	液态水含量	水滴平均有效直径
结冰条件	≤-9.4℃	0.5 g/m³	20 μm

术语和符号》),同时考虑空气引气装置处于不利于防冰系统工作时的温度状态。在连续最大结冰条件下,各状态(不包括地面慢车)进行 10 min 的试验,在间断最大结冰条件下进行 5 min 的试验。根据发动机进气部件处于结冰状态的可能时间或部件处于被试状态的时间限制,可以相应缩短结冰状态下的试验时间。开始试验时首先将冷空气流速和温度调节到给定值(试验件旋转时将转速调节到给定值),再接通试验件空气加热系统,在系统进入状态后接通喷水雾化系统,在给定状态下,确定试验件表面不结冰所需的热空气量(即确定结冰的临界热气需求量)或表面结冰形态。在试验过程中,除了测量冷气流和热空气参数外,还需要测量试验件外表面温度和试验件内部热空气的温度、压力。通过录像记录试验件结冰情况,拍照间隔时间不大于 15 s,目视检查防冰效果,视冰的增长速度确定持续时间。

图 6.5~图 6.7 分别示出了发动机进口整流帽罩、进气支板和进气机匣防冰试验件示意图,这些试验件均为全尺寸试验件。

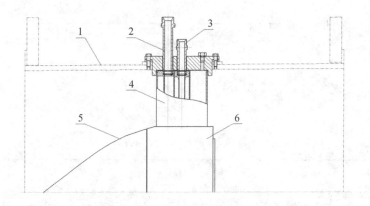

图 6.5　发动机进口整流帽罩防冰试验件示意图

1-试验段筒体;2-中间支板热空气入口;3-试验件热空气入口;
4-中间支板;5-试验件;6-尾段

在热气防冰试验中,也有一些特殊的试验需求。图 6.8 为发动机进气旋转帽罩"结冰-除冰"全过程试验的一个程序,这个程序的特殊之处在于:试验参数中遇到了防冰"热空气"低于冰点的状态(范围-15~0℃),为了实现防冰气 0℃或常温附近温度的稳定和精度控制要求,采用干燥机、小型制冷机加电炉串联共用的方

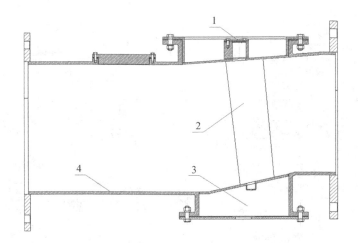

图 6.6　进气支板防冰试验件示意图

1-热空气入口;2-试验件;3-热空气出口;4-试验段

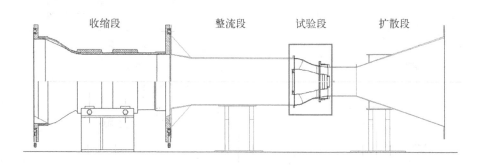

图 6.7　进气机匣防冰试验件示意图

法,利用电炉的加热功率抵消制冷设备功率,实现防冰气 0℃或常温附近温度的稳定和精度控制要求,解决模拟发动机"结冰-除冰"过程中,高、低状态参数快速转换的实现问题。

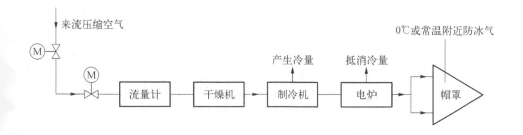

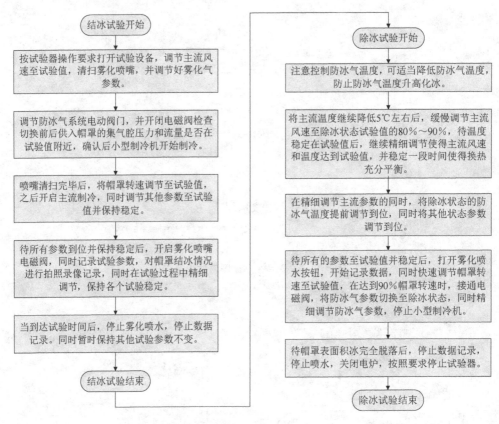

图 6.8   发动机进气旋转帽罩"结冰-除冰"全过程试验程序

6.2.2   试验参数控制方法

上述结冰风洞试验条件的产生包括确定进入试验设备的空气需求量,使空气通过一个换热器获得所需的冷空气温度,随后向冷空气中喷射适当尺寸和分布的水滴以便产生所期望浓度的过冷水滴。因此,正确的结冰条件模拟要求水滴在模型上游具有合适的质量、尺寸和温度。

通常在试验件来流方向的某一距离,通过空气雾化喷嘴往过冷气流中喷入一定尺寸的雾化水,获得试验要求的水滴流量、尺寸和分布。图 6.9 是 NASA 的 IRT 冰风洞中的喷雾系统(喷杆和喷嘴)的剖面图。

图 6.9(b)中的喷嘴主通道提供一定流量的水,并且通过改变供水压力可以调整流量。水的流量进行测量后可用于计算试验空气中的液态水含量值。第二个通道提供控制液滴尺寸的雾化空气。在这里,雾滴尺寸是空气供气压力的一个函数。水和空气通常要加热到 38~95℃以阻止位于冷气流中的喷嘴上或喷嘴内发生结冰现象,加热的雾化空气还起到防止水滴结冰的作用。

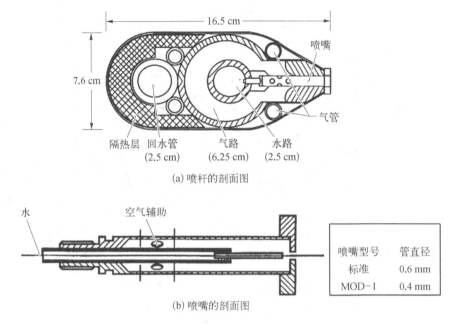

图 6.9 IRT 冰风洞中喷雾系统的剖面图

试验段中试验参数的一致性对试验结果的精度影响很大。只有具有良好一致性的试验条件,才能够得到准确的试验结果。其中,试验段中 LWC 的分布很重要,它通常取决于喷嘴和喷杆的结构。进入试验段的空气,由于之前流经导流板、换热器等试验设备,会有湍流的形成,使得由喷雾系统喷出的水滴也会不稳定,在试验段内形成不均匀的分布。针对这一情况,可以通过试验来比较不同的喷杆和喷嘴的排列对试验段内液滴均匀性的影响,从中选出一组具有最优 LWC 一致性的排列。显然这需要进行大量的试验,以及相当高的费用。有些冰风洞的工作人员通过 CFD 软件来辅助设计喷杆和喷雾的安排。大量试验表明,影响试验段流场湍流的主要因素为热交换器、喷雾系统。可以通过 CFD 模拟得到较好的喷杆和喷嘴的安排,之后通过试验进行验证,这样可以大大降低研究的费用。

然而试验段内试验参数完全一致是很难达到的。通常定义一个均匀区(uniform area),以 LWC 为例,均匀区为 LWC(x, y) 的值为试验段中心处的 LWC 值 80% 的区域,如图 6.10 所示。

图 6.10(a)、(b) 分别是 IRT 冰风洞中的标准喷嘴和 Mod-1 喷嘴的 LWC 均匀区域,国内冰风洞还未见有公开发布的相关数据。

另外,通过控制喷嘴空气供气压力和供水压力及其比值可以初步获得所要求的水滴尺寸,这一数据通常从喷嘴校准数据中提供。水滴尺寸分布的确定,对于一个给定的云层或者喷射样本,传统的做法是通过获取暂时布置于流道中的涂油平

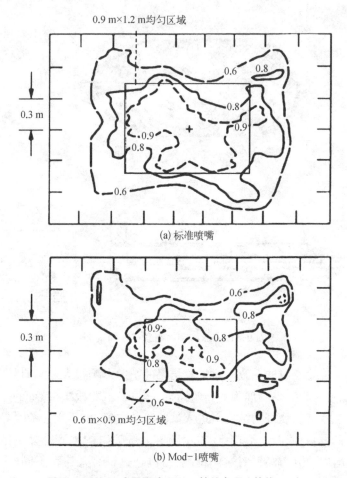

图 6.10　IRT 冰风洞中 LWC 的均匀区(单位: m)

板或载片上的液滴来确定水滴尺寸和分布。对样本液滴迅速拍照,然后在高倍显微镜下研究就可测量出它们的尺寸和分布。由于气流扰动、液滴飞溅或彼此碰撞以及液滴受冲击后变扁,由涂油滑片法得到的水滴尺寸通常要比水滴的真实数据偏高。20 世纪 70 年代,NASA 阿诺德工程开发中心(Arnold Engineering Development Center, AEDC)在 J-1 结冰试验设备上开发出一套全息照相测量系统,用来确定水滴尺寸和分布。现在,水滴尺寸和分布的确定多采用准确方便的热线仪。

　　试验件进口处水滴温度模型是水滴温度模拟需要考虑的另一个因素。从气动角度来讲,飞行中发动机进口空气温度一般不同于环境静温。当发动机进口马赫数大于飞行马赫数时,发动机进口处的空气静温小于环境大气静温,相反,当发动机进口马赫数小于飞行马赫数时,发动机进口处的空气静温就高于大气静温。但是,这些气动模型不能应用于水滴温度。当流道中的一个水滴接近一个固体障碍物时,会经历一个从它周围边缘空气吸热以及蒸发的过程,最后的结果是水滴温度通常比空气温度高。有时,也可认为水滴温度等于空气的温度值,而不管冲压空气温度的变化。

由于所有的试验都要求水滴最初以温暖的温度喷射,所以试验设备的结构应保证从水流喷嘴到试验件进口有一个合适的流动距离。这样,水滴可以得到充分的冷却。通常,最佳冷却距离与水滴尺寸和相对的喷射速度有关。对于一个 20 μm 的小水滴,冷却通道的长度大致小于 0.6 m。较大直径的液滴要求较长的冷却长度,并且初始的相对喷水速度能够显著影响所要求的小水珠的冷却距离。在选择一个合适的冷却通道进行试验时,考虑这些因素,才能使小水滴充分冷却。因为大气云层中过冷水滴的温度等于空气静温,所以结冰试验时试验件测试截面的水滴温度也应该达到这一条件。且要注意,水滴速度要等于空气速度。

6.2.3　相似试验方法

尽管结冰已经被考虑为"全尺度"研究,但是基于研究条件和投资限制,相似试验方法的完善和发展研究一直没有中断。基于结冰相似理论的结冰缩比方法主要包括两种类型[4]: ① 试验参数的缩比,该方法能够通过扩大试验设备的马赫数、温度、LWC 以及 MVD 等的范围,来增加试验设备的结冰模拟能力;② 试验件尺寸的缩比,也是最常用的缩比方法,这种缩比方法能够在较小的试验设施中进行大尺寸试验件的模拟。

结冰试验需要对三个主要现象进行缩比,即空气流场、水滴运动轨迹和水撞击及结冰过程,其中每个都需要进行依次考虑。也就是说,采用缩比模型试验条件时,要保持与全尺寸模型的动态相似性。试验都是在冷气流中进行的,气流中包括过冷水滴或者冰粒所形成的结冰云层,而且要采用相似性准则对尺寸、速度、温度和飞行器的水滴云层进行缩比使之达到理想值。然而动态相似性通常是很难获得的,特别是当试验模型小于全尺寸时。试验设备尺寸的限制则需要缩小尺寸模型试验,特别是对于旋翼飞行器来说。因此通常需要作出折中,在选择最好的折中方法以及为了便于理解其影响,必须要考虑合适的相似性要求。对于相似性要求的讨论需要开展更为细节的结冰过程的关键物理现象讨论。

在试验中必须要保证试验模型和全尺寸模型的流场流线、气动压力、力及力矩的一致,达到这种缩比要求需要相似条件与空气动力学中的条件类似。试验模型和全尺寸模型必须保证几何相似,基于实体尺寸的雷诺数以及自由流速度应该是相等的。此外如果来流的可压缩效应很大,马赫数亦应相等。通常不可能达到雷诺数的相等,但是有一种已建立得很好的技术,可以解决和缓解由此产生的问题。飞行中的结冰情况通常是发生在低马赫数飞行时,而且发动机进口的气流速度一般不会很高,因此在研究发动机结冰问题时空气的可压缩性基本可以忽略不计。

进行缩比的试验参数主要为模型尺寸、LWC、静温、MVD、速度以及静压。

1. "$LWC_S \cdot \tau_S = $常数"方法

最简单的液态水含量缩比方法只要满足水滴捕获相似即可,而缩比试验的模

型尺寸 c、温度 t_{st}、压力 P_{st}、空气速度 V 以及 MVDδ 均与参考条件相等,当然模型的几何外形与攻角也相等,能够表示为

$$c_S = c_R \tag{6.1}$$

$$t_{st, S} = t_{st, R} \tag{6.2}$$

$$P_{st, S} = P_{st, R} \tag{6.3}$$

$$V_S = V_R \tag{6.4}$$

$$\delta_S = \delta_R \tag{6.5}$$

式中,下标"S"代表缩比条件;下标"R"代表参考条件。

这样,当缩比条件和参考条件的收集系数相等时,能够得到如下关系:

$$LWC_S \cdot \tau_S = LWC_R \cdot \tau_R \tag{6.6}$$

因为这种方法中 $LWC_S \cdot \tau_S$ = 常数,所以称这种方法为"$LWC_S \cdot \tau_S$ = 常数"方法(τ 表示时间)。该方法通过假设环境温度相等来代表模型的热平衡相似,忽略了 LWC 对热平衡的影响。

在 IRT 中进行了"$LWC_S \cdot \tau_S$ = 常数"方法的验证试验,如图 6.11 所示。LWC 由 $1.4\ \text{g/m}^3$ 减至 $1.0\ \text{g/m}^3$ 再减至 $0.8\ \text{g/m}^3$,对应的冻结系数 n_0 为 0.40、0.52 和 0.59,通过式(6.6)得到对应的时间 τ,其他试验参数保持一致。从图 6.11 可见,尽管所结冰的总质量近似相等,但冰角角度有所降低。随着 LWC 的降低,前缘的冰厚也有增加的趋势。对于霜冰条件(温度小、LWC 小、MVD 小),该方法的相似效果较好,因为在霜冰条件下,认为液滴在撞击物体的瞬间就立即冻结,不存在蒸发和后流的情况,所以该方法比较适用。而对于明冰条件(温度高、LWC 高、MVD 大),只要聚集参数小,则冰角角度的变化就不是很明显。该方法不能保证缩比条件与参考条件的冻结条件相等。

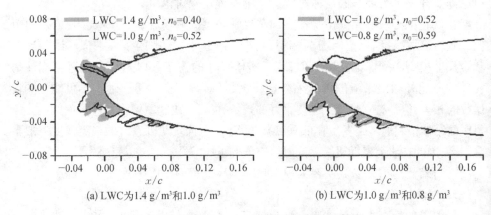

(a) LWC为1.4 g/m³和1.0 g/m³ (b) LWC为1.0 g/m³和0.8 g/m³

图 6.11 "$LWC_S \cdot \tau_S$ = 常数"方法的试验结果

2. Olsen 方法

Olsen 和 Newton 提出了"$LWC_S \cdot \tau_S =$ 常数"方法的改进方法,称为"Olsen 方法"。在 Olsen 方法中,保持模型尺寸、空气速度、MVD 相等,用户选定 LWC。缩比时间 τ 还是由收集系数 $A_{c,S} = A_{c,R}$ 计算得出,但是在 Olsen 方法中,通过冻结系数 n_0 相等来代替静温相等,并计算缩比静温。

$$t_{st,S} = t_{st,R} + \frac{h_c}{V\beta_0 c_{p,w}}\left(\frac{\theta_S}{LWC_S} - \frac{\theta_R}{LWC_R}\right) \tag{6.7}$$

式中,β_0 为水收集系数;θ 为气流能量转换参数。

由于缩比条件和参考条件的模型尺寸、空气速度、MVD 相等,同时可认为 T_S/T_R 约等于 1,则可近似认为惯性参数 $K_{0,S} = K_{0,R}$。

试验表明,Olsen 方法得出了正确的冰形尺寸、布局和冰角角度,具有优于"$LWC_S \cdot \tau_S =$ 常数"方法的相似性。Olsen 方法相比于"$LWC_S \cdot \tau_S =$ 常数"方法的成功之处在于选择了冻结系数 n_0 相等,这也进一步证明了冻结系数 n_0 在结冰相似理论中的重要性。

通过 Olsen 方法来进行空气温度的缩比。具体地,满足缩比条件与参考条件的模型尺寸、空气速度和 MVD 相同,用户选定一个静温,然后通过缩比条件与参考条件的冻结系数 n_0 相等计算得出缩比条件的 LWC。最后通过满足 $A_{c,S} = A_{c,R}$ 计算缩比结冰时间。图 6.12 为温度缩比的试验结果。

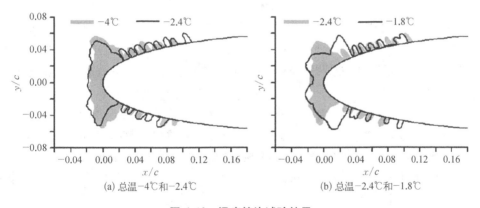

(a) 总温−4℃和−2.4℃　　　　　(b) 总温−2.4℃和−1.8℃

图 6.12　温度缩比试验结果

试验中总温由−4℃到−2.4℃再到−1.8℃。在图 6.12(a)中总温由−4℃至−2.4℃,两组试验冰形吻合得很好。而如图 6.12(b)所示,总温由−2.4℃至−1.8℃,只增加了不到 1℃,两组试验得到的冰形截然不同。因此,在温度缩比方法中,选定缩比静温时,如果初始参考总温低于−2.4℃,那么应该使缩比总温也低于该值。

3. 液滴尺寸缩比

液滴尺寸的缩比主要有两种方法。

（1）维持模型尺寸、空气速度以及静温不变,用户选定缩比 MVD 的值,这样会导致缩比条件的 β_0 与参考条件不同,进而影响冻结系数 n_0,调整缩比 LWC 的值从而满足参考条件和缩比条件的 n_0 相等,最后通过二者的 $\beta_0 A_c$ 相等,计算出缩比结冰时间。

（2）保持模型尺寸和 LWC 不变,用户选定缩比 MVD 的值,满足缩比条件和参考条件的 K_0、A_c 和 n_0 相等,即求解由 $K_{0,\,S} = K_{0,\,R}$,$A_{c,\,S} = A_{c,\,R}$ 和 $n_{0,\,S} = n_{0,\,R}$ 组成的方程组,分别求解出缩比条件的静温、速度及结冰时间。图 6.13 为第一种缩比方法的试验结果。

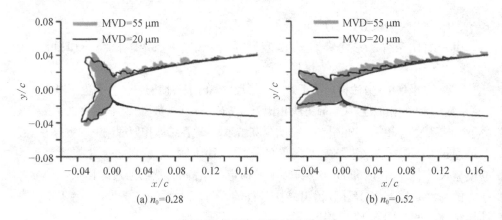

图 6.13　MVD 缩比试验结果

目前,上述两种 MVD 缩比方法尚具有一定的局限性。在所进行的验证试验中,当 MVD 为 15~55 μm 时,两种 MVD 缩比方法具有良好的相似性。而超过该范围的情况还未得到验证。此外,两种 MVD 缩比方法也不适用于过冷大液滴的情况。

4. 空气速度相似

当所需模拟的空气速度超过了冰风洞的能力范围时,用户就需要选定一个合适的速度。通常所期望的速度大于冰风洞的最大风速,所以要选择的缩比速度要低于参考值,缩比模型的尺寸大于参考模型的尺寸。这一点限制了该方法的使用。

在结冰时间很短的情况下,如明冰条件下冰角还没形成时,若模型尺寸相等可以任意选择缩比速度,但是这种方法的具体适用范围还未确定。

5. 压力(海拔)相似

许多冰风洞不具备通过控制试验段压力来模拟海拔的能力。然而,常常要模拟海拔 6 000 m 甚至更高的高度飞行时所遇到的结冰条件,所以需要在位于海平面高度的冰风洞中模拟高海拔的结冰条件。因此,需要对压力缩比进行研究。

在 AEDC、CIRA 以及 AIWT 冰风洞(表 6.1)中进行了多次用于研究压力对冰形影响的试验。试验过程中,保持其他结冰参数不变,改变其静压,观察各组试验的冰形变化。试验表明,压力的变化对冰形的影响很小,通过上述试验可以得出结论,对于海平面高度的冰风洞,选用自身的压力,通过简单地使缩比条件的模型尺寸、温度、速度、MVD、LWC 和 τ 与参考条件相等,就能够模拟出正确的冰形。然而这里也给出压力的缩比方法。在该方法中,用户选定风洞静压,使模型尺寸、空气速度、LWC 和 τ 相等,满足参考条件与缩比条件的 K_0 和 n_0 相等,从而计算出缩比条件的静温和 MVD。此时,由于缩比条件和参考条件的模型尺寸、LWC、V 和 τ 都相等,两个条件下的 A_c 也相等。该缩比方法还未进行过试验,因此需要在压力可控的冰风洞中进行试验验证。

6.3 试 验 测 试

在进行结冰试验时,不但要测量试验件的表面温度,还要测量所模拟结冰条件的特性参数,包括环境温度、LWC 和 MVD。这些参数在结冰条件下测量,为了保证测量精度,都需要测试设备具有防冰措施。随着冰风洞的发展,其测量技术也在不断更新发展。例如,从最初测量液滴粒径的前向散射分光测量仪和光学阵列测量仪到具有更小物理尺寸、更大测量范围的相位多普勒粒子分析仪。在以往的多数结冰试验中,习惯用热电偶测量试验件表面的温度,但最近的有些结冰试验选用红外测温技术测量试验件表面温度,这样不仅能够更好地实时监测表面温度,还避免了破坏试验件的气动外形,消除对风洞中流场的干扰,从而提高了测量精度,降低了对试验件的改造要求。总体而言,选择合适的测量手段,有助于提高试验的精度。

6.3.1 表面温度测量

部件的表面温度可用电阻式温度传感头,也可用热电偶式温度传感头。热电偶的热惯性小,测量比较稳定,其精度也比较高(导线的长度对测量精度无影响),因而目前用得比较多。热电偶的放置不应突出测试表面,以免产生附加扰动产生冰瘤,同时避免热电偶与外界有热量交换而引起较大的误差。

6.3.2 环境静温测量

温度传感头直接暴露于结冰条件中,传感头会收集云中的过冷水滴而发生结冰,这时由于水凝结、冰升华等,传感头温度与大气温度不一样,为了正确测量云层中的温度,必须使传感头避免结冰。如图 6.14 所示的一种温度计,传感头为电阻丝绕成的片,为了防止电阻丝接触过冷水滴,电阻丝外装保护套,保护套做成锥形或椭球形,在保护套上开几个小孔,外界空气(无水滴)通过这些小孔进入,流过电阻丝片,使电阻丝感受外界气温。在保护套后部装有扩压器,利用它吸入空气,并排向主流。温度变化使电阻值发生变化,由电桥测量电阻值,从而得到相应的温度。

这种温度计可以防止水滴进入,但它对气流分离很敏感,把它放在发生气体分

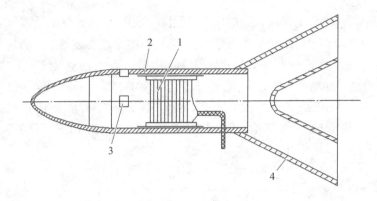

图 6.14 环境温度计

1-温度传感头;2-金属保护套;3-进气孔;4-扩压器

离处,进入温度计内的空气大大减小,会影响测量精度,同时,在保护套前缘会发生结冰,会使保护套外表面接近湿绝热壁温,同时会引起一些测量误差。

6.3.3 液滴直径测量

结冰风洞中,用于测量 MVD 的粒子测量系统(particle measuring system, PMS)包括相位多普勒粒子分析仪(phase Doppler particle analyzer, PDPA)、正向散射光谱探头(forward scattering spectrometer probe, FSSP)、光学阵列探针(optical array probe, OAP)、机载粒子分析仪(airborne droplet analyser, ADA)和光纤光学系统(fiber optic system, FOS)等。其中正向散射光谱探头和光学阵列探针的应用比较早,但由于其测量范围的局限性以及物理尺寸较大,近几年,各个国家纷纷开始研究、使用相位多普勒粒子分析仪来进行 MVD 的测量。本节主要介绍常用的相位多普勒粒子分析仪。

首先介绍相位多普勒技术(简称 PDPA)。相位多普勒技术是利用随流体而运动的粒子同时测量流体速度和粒子粒径的泛称,适用于两相流的情况。在欧洲习惯称 PDA,即相位多普勒风速计的简称,在美国和其他一些国家习惯称 PDPA。

当采用 PDPA 测量流体速度时,利用所测得的信号频率来测量流体速度。其粒径测量原理则是利用测量信号的相位来测量粒径,其基本原理是利用光线通过球形透明粒子所产生的光散射信号。典型的 PDPA 的入射光有一维、二维、三维,接收光路则必须有 2 个以上的光接收器,以便获得相位差信号。

此外,为了保证在结冰条件下的测量精度,PDPA 结冰探针还要考虑防冰问题。对于有液滴撞击的表面,为了防止液滴流至其他表面,需要加热表面从而使所撞击的液滴全部蒸发。这样的表面包括光束发射部和接收部的前端,以及它们的连接部分。

6.3.4　液态水含量测量

液态水含量是结冰风洞试验的另一个重要参数,它影响冰的形成速度、结冰的类型以及在结冰防护区外向后流动的水是否会冻结。测量液态水含量的方法归纳起来有四种类型[8]。

1. 冰生长测量法

冰生长测量法常用的测量设备有冰刀或旋转圆柱装置。冰刀置于风洞中心线上,冰刀前面有一个防护罩。当结冰风洞流场稳定后,冰刀前的防护罩移开,冰刀迎风面被置于来流中一定的时间,这样就有冰生成。根据冰刀上冰厚度可以计算液态水含量。图 6.15 为冰刀在试验段中安装的实物图。

图 6.15　冰刀在试验段中的安装

2. 热线测量法

热线测量法常用的测量设备有:J-W 测量仪、CSIRO-King 测量仪、Nevzorov 测量仪。J-W 测量仪也称云探头。来流中的小水滴碰到热线就会蒸发,热线温度降低并导致其电阻降低,根据桥压的变化计算液态水含量。CSIRO-King 测量仪和 Nevzorov 测量仪都是一种恒温装置,主要是根据传感线圈的热传导率计算出液态水含量;图 6.16 和图 6.17 分别是 King 探针和 Nevzorov 探针的实物图。

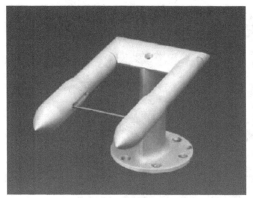

图 6.16　King 探针

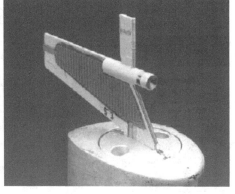

图 6.17　Nevzorov 探针

3. 粒径测量 P 计数测量法

前向散射分光测量仪和光学阵列测量仪是两种常用的光学粒径测量设备,这两种设备都能通过测量一定时间范围内粒子的数量和大小,可以计算出液态水含量。

4. 超声波测量法

近年来,国外开始研究和探索含大水滴结冰云的液态水含量测量技术,即超声波测量技术。当超声波通过含有水滴的气流时,波的强度会因水滴的散射和吸收而减弱,通过分析计算超声波接收感应器接收到的波振幅和频率特性可以获得液态水含量。

6.3.5　其他参数测量

以上介绍的试验件表面温度、环境温度、液滴直径以及液态水含量是绝大多数风洞试验都需要测量的数据。但在有些试验中,根据试验目的,还需要测量其他试验参数,例如,在研究混合相结冰的试验中,需要使用特定的探针来测量冰态水含量,一些试验中还会用到相机等设备来方便采集数据。

6.4　试验结果分析与处理

成熟的冰风洞试验设备都具有自己的数据采集系统,例如,IRT 冰风洞的 ESCORT 数据采集系统,能够记录所有的风洞数据,如模型压力数据、温度数据、液态水含量数据和液滴粒径数据等,不但能够在试验过程中记录数据,还能够处理、显示所记录的数据,为结冰试验结果分析提供了便利。

本节主要介绍一些典型的试验测试结果[9]。

6.4.1　憎水涂层试验结果分析与处理

在部件表面涂覆憎水涂层,可以减小水滴与部件表面的接触面积,进而减小结冰与部件表面的黏附力,从而达到延缓结冰形成时间、抑制结冰增长的目的,其优点是无须消耗附加的能量。如图 6.18 所示,不同涂层材料对水滴与部件表面的接触有着显著的抑制作用。

(a) 光滑铝片　　　　　　　(b) RTV涂覆铝片　　　　　　(c) PTFE涂覆铝片

图 6.18　不同铝片表面的水滴接触状态[10]

在结冰风洞试验中无憎水涂层和有憎水涂层的条件下,图 6.19 和图 6.20 给出了有无憎水涂层时发动机进气支板的表面结冰效果(其中 T 表示温度, V 表示速

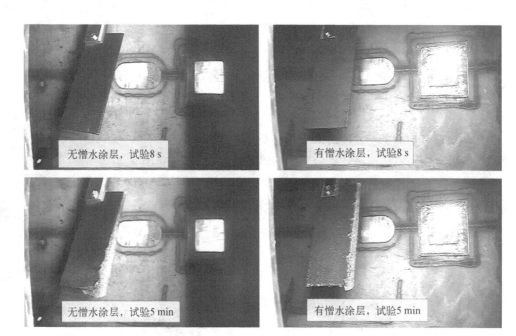

图 6.19　发动机进气支板表面无憎水涂层和有憎水涂层两种条件下试验对比 1

$T = -5\,℃$, $V = 30\,\text{m/s}$, LWC $= 2\,\text{g/m}^3$, MVD $= 20\,\mu\text{m}$, $t = 5\,\text{min}$

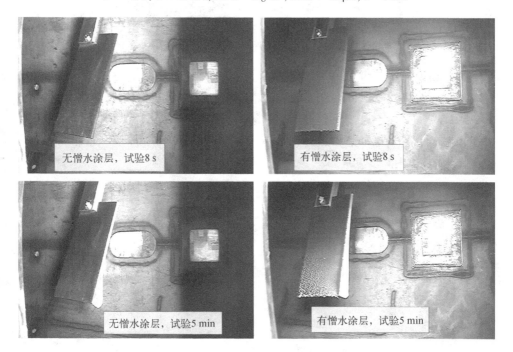

图 6.20　发动机进气支板表面无憎水涂层和有憎水涂层两种条件下试验对比 2

$T = -20\,℃$, $V = 30\,\text{m/s}$, LWC $= 1\,\text{g/m}^3$, MVD $= 20\,\mu\text{m}$, $t = 5\,\text{min}$

度, t 表示时间)。在有憎水涂层条件下,支板试验件侧面和底面结冰量均有一定的减少,表明憎水涂层起到了一定的抑制结冰的效果。但由图可知,打开喷嘴喷水后,由于支板表面立即形成结冰,憎水涂层未见显著的结冰延迟效果,对于涂层防冰效果的研究开发工作还需进一步完善。

6.4.2 电热防冰试验结果分析与处理

利用加热元件把电能转化为热能加热防护部件表面,如图 6.21 所示。电热防冰系统不改变部件表面的气动外形,防冰效果较好,但能耗高,通常用在小面积需要防冰的地方。

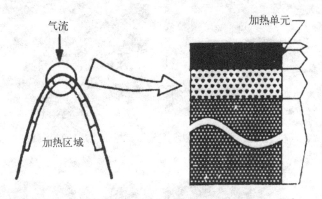

图 6.21 LEWICE/Thermal 电热防冰系统示意图[11]

为了均匀加热,在帽罩电加热器中均匀布置电加热丝,如图 6.22 所示。设计的电加热丝布置的螺距为 4.5 mm,总电阻为 4.4 Ω,在额定工作电流 24 A 时功率为 2 592 W,加热功率密度可达 2.59 W/cm^2。采用热电偶测量帽罩表面温度(图 6.23),在试验件及电加热器上开五个通孔,热电偶从试验件内部穿过通孔到达试验件外表面,采用焊接方式固定。

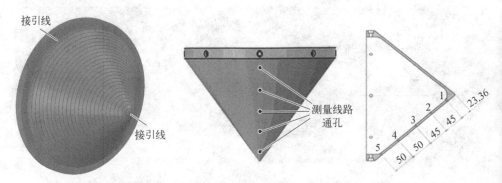

图 6.22 帽罩电加热器
布线方式

图 6.23 帽罩表面热电偶分布(单位: mm)

给定试验工况进行试验：帽罩转速为 1 200 r/min，加热功率为 1 W/cm²（反馈式周期性电加热）。帽罩防冰试验结果和表面温度变化结果如图 6.24 和图 6.25 所示。电加热器工作后，帽罩表面温度呈周期性波动变化，均在 0℃ 以上，防冰效果较好。

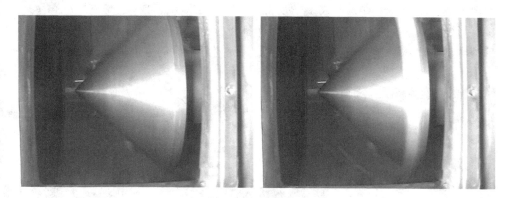

图 6.24　帽罩防冰试验结果

$T = -20℃$，$V = 30 \text{ m/s}$，$LWC = 1 \text{ g/m}^3$，$MVD = 20 \text{ μm}$，$t = 7 \text{ min}$

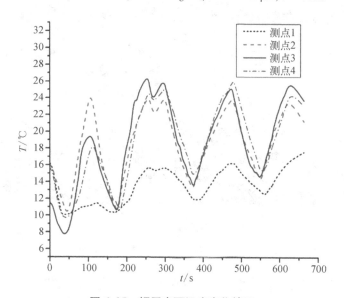

图 6.25　帽罩表面温度变化情况

6.4.3　热气防冰试验结果分析与处理

把热气输送到部件内部，通过热传导使部件外表面温度保持在冰点（0℃）以上。凭借高效可靠、防护面积大的优点，热气防冰系统在航空发动机防冰系统中得到广泛应用。

　　整流帽罩结冰试验结果如图 6.26 所示。过冷水滴撞击整流帽罩后,在表面张力的作用下汇集成一层薄薄的水膜,水膜在气流的驱动下沿帽罩表面溢流、扩展。随后,水膜或被气动力破坏与帽罩分离,或在帽罩表面冻结。在冰最先生成的地方,帽罩表面变得粗糙不平,形成了不大的突起物。突起物的出现提高了帽罩表面对流换热强度和局部收集系数[12],使冰迅速生长,宏观上形成两条"冰脊"、帽罩中下部形成"冰瘤"(重力作用的结果),整个冰形呈现"明冰"(glaze ice)特征。这种冰透明且质地坚硬,破坏了整流帽罩气动外形,对发动机的危害最大。

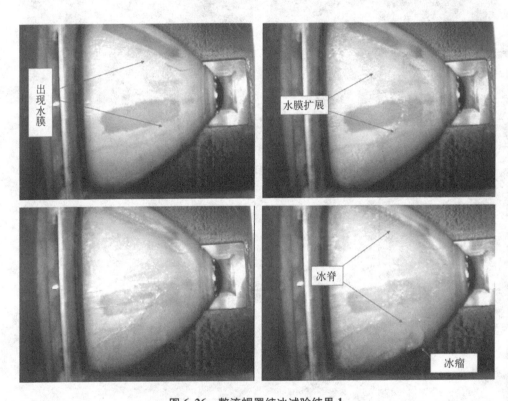

图 6.26　整流帽罩结冰试验结果 1

$T = -10℃$, $V = 43$ m/s, LWC $= 2$ g/m^3, MVD $= 20$ μm, $t = 5$ min

　　从图 6.27 可以看到,结冰最先出现在帽罩后部,沿气流逆向生长,呈条纹状分布。同时,帽罩表面形成了冰突,冰突的出现又提高了帽罩表面对流换热强度和局部收集系数,加速了冰的生长。冰突沿帽罩表面的法向生长,似羽毛状,即"冰羽"[13]。过冷水滴撞击冰羽之间的缝隙后,相邻冰羽合二为一,形成规模更大的冰羽群。与之形成鲜明对比的是,帽罩后部结成的"霜冰"只有薄薄一层。最终冰形呈现"混合冰"(mixed ice)特征,这种冰的表面粗糙不平,较难从帽罩表面脱落,对整流帽罩气动外形的影响也很大,对发动机的危害不亚于"明冰"。

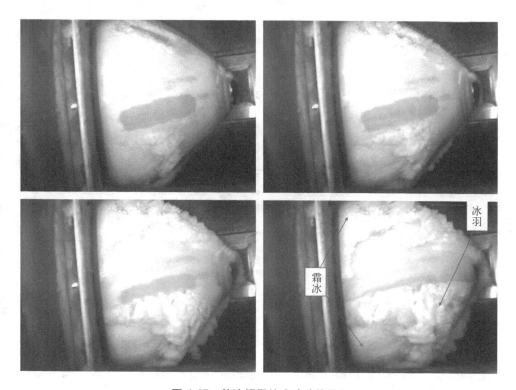

图 6.27　整流帽罩结冰试验结果 2

$T = -10\,℃$，$V = 170\ \mathrm{m/s}$，LWC $= 2\ \mathrm{g/m^3}$，MVD $= 20\ \mathrm{\mu m}$，$t = 4\ \mathrm{min}$

从图 6.28 可以看到，在此状态下，过冷水滴撞击帽罩表面后立即冻结(冻结系数 $n_0 = 1$)，看不到水滴溢流，结冰区域覆盖整个帽罩。由于帽罩表面局部收集系数分布不均，帽罩头部结冰最厚，后部结冰最薄。帽罩表面变得粗糙不平后，冰沿气流逆向生长形成两条"冰脊"，规模不断扩大，一直从帽罩后部延伸到头部，同时"冰羽"在帽罩中部生成并沿表面法向方向缓慢生长。整个冰形呈"霜冰"(rime ice)特征，这种冰不透明，为乳白色，形状比较规则，容易预测，对发动机的危害相对较小。

冻结系数 n_0 对冰型的影响如图 6.29 所示。

(1) 当冻结系数 $n_0 = 1$ 时，过冷水滴在与部件表面撞击的瞬间就在撞击点处全部冻结而不发生溢流，由于冻结迅速，结冰中有来不及排除的气泡而使"霜冰"呈现出不透明的乳白色。整个冰形似"楔形"，具有比较贴合结冰表面规则的流线外形。

(2) 随着冻结系数 n_0 的减小，过冷水滴撞击部件表面后，只有部分冻结在撞击点，其余部分在向撞击点后发生流动并逐渐冻结，而后结冰迅速生长，整个冰形前部形成两个冰角、后部为霜冰，整体上呈现"混合冰"特征。

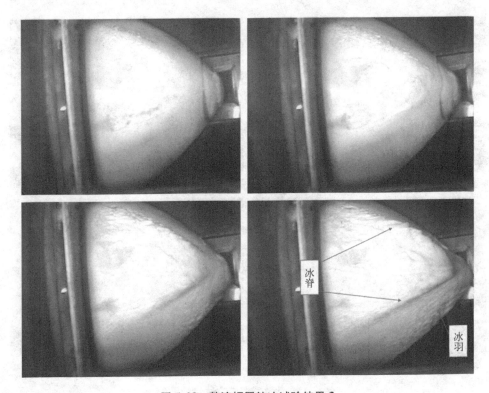

图 6.28　整流帽罩结冰试验结果 3

$T = -20\,^{\circ}\text{C}$，$V = 170\,\text{m/s}$，$\text{LWC} = 1\,\text{g/m}^3$，$\text{MVD} = 20\,\mu\text{m}$，$t = 5\,\text{min}$

(a) 霜冰($n_0 = 1$)　　　(b) 混合冰($n_0 = 0.53$)　　　(c) 明冰($n_0 = 0.15$)

图 6.29　三种典型冰型[12]

（3）随着冻结系数 n_0 进一步减小，沿部件表面溢流的水滴得以流动得更远，因此冰角的位置更加远离驻点。同时，结冰中被困的气泡减少，结冰变得更透明。整个冰形似"虾尾"，呈现"明冰"特征。

如图 6.30 所示（其中 T_c 为防冰热气温度，G_c 为防冰热气流量），开启热气防护后，水滴沿帽罩表面流动而无结冰。如图 6.31 所示，整流帽罩头部无结冰，后部部分区域生成了薄薄的一层"霜冰"，沿气流逆向生长、脱落、再生长，结冰较少。在合理设计的防冰热气参数下，说明热气防护系统起到了较好的防冰效果。图 6.32 为与图 6.31 相对应的帽罩表面温度变化，当表面结冰周期性脱落时，表面温度也随着周期性波动。

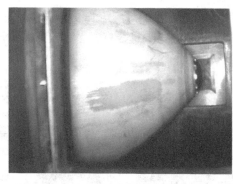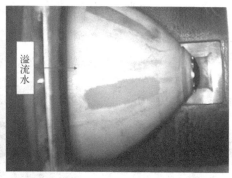

图 6.30　整流帽罩热气防冰试验结果 1

$T = -10℃$，$V = 43\ \text{m/s}$，LWC $= 2\ \text{g/m}^3$，MVD $= 20\ \mu\text{m}$，$t = 3 \sim 5\ \text{min}$，$T_\text{c} = 88℃$，$G_\text{c} = 55.1\ \text{g/s}$

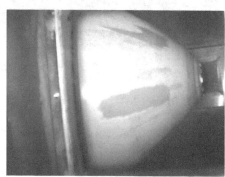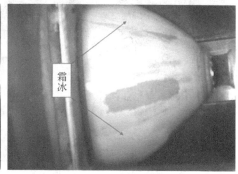

图 6.31　整流帽罩热气防冰试验结果 2

$T = -20℃$，$V = 170\ \text{m/s}$，LWC $= 1\ \text{g/m}^3$，MVD $= 20\ \mu\text{m}$，$t = 3 \sim 5\ \text{min}$，$T_\text{c} = 138℃$，$G_\text{c} = 51\ \text{g/s}$

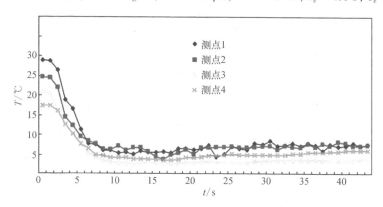

图 6.32　帽罩表面温度变化

测点 1~4 沿气流方向布置

全复合材料帽罩热气防冰效果试验结果如图 6.33 所示,在给定防冰参数下具有
了较好的防冰效果。保持结冰条件不变,改变热气温度和热气流量,如图 6.34 所示,

当热气温度高于对应流量下的临界温度时,可防冰;低于对应流量下的临界温度时,帽罩结冰。全复合材料帽罩热气防冰试验与预测结果符合良好,不过与金属帽罩相比,热气温度显著上升,对用气品质要求较高。

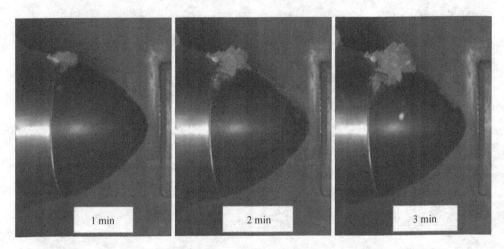

图 6.33   全复合材料帽罩热气防冰效果试验结果 ($T = -10℃$, $V = 80\ \mathrm{m/s}$, $\mathrm{LWC} = 1\ \mathrm{g/m^3}$, $\mathrm{MVD} = 20\ \mu\mathrm{m}$, $t = 2 \sim 3\ \mathrm{min}$)

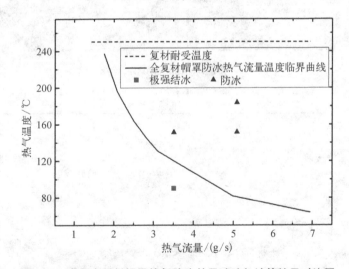

图 6.34   全复合材料帽罩热气防冰效果试验与计算结果对比图

6.4.4   旋转部件防冰试验结果分析与处理

旋转防冰是发动机进口部件的一种典型防冰方式,本节主要介绍旋转帽罩的一些试验结果。

图 6.35 ~ 图 6.38 给出了工况 1 中不同锥角条件下的旋转帽罩防冰试验结

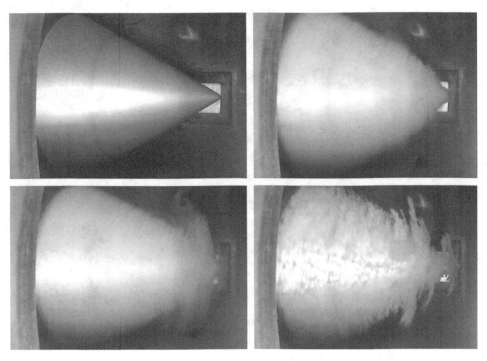

图 6.35　工况 1 中 60°尖锥条件下的旋转帽罩防冰试验结果

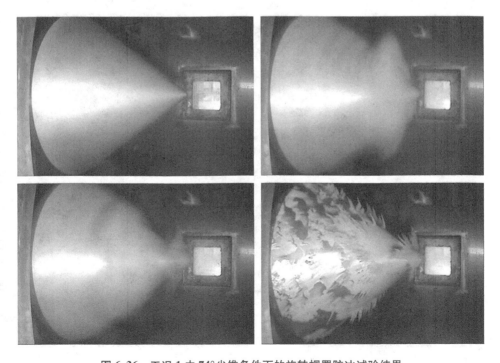

图 6.36　工况 1 中 74°尖锥条件下的旋转帽罩防冰试验结果

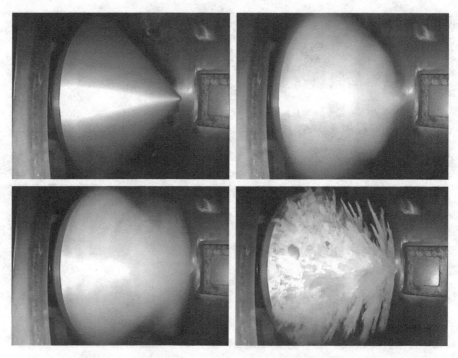

图 6.37　工况 1 中 84°尖锥条件下的旋转帽罩防冰试验结果

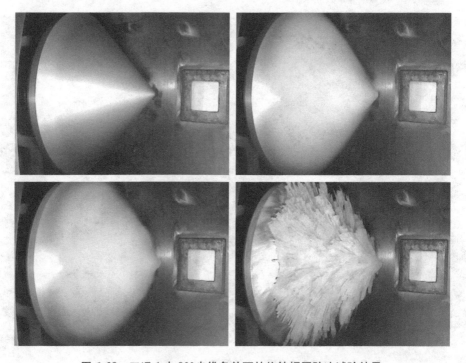

图 6.38　工况 1 中 90°尖锥条件下的旋转帽罩防冰试验结果

果(进口总温为-5℃、MVD 为 20 μm、LWC 为 2 g/m³、帽罩旋转转速为 1 400 r/min、来流速度为 40 m/s)。

由于帽罩前缘局部水收集系数最大,四种不同锥角的旋转帽罩均是前缘结冰最厚,84°锥角旋转帽罩前缘结冰最严重,74°锥角旋转帽罩次之。当帽罩转速 $\omega = 1\ 400$ r/min 时,在帽罩后部旋转半径最大处,局部水收集系数最小,旋转离心力最大,结冰被甩脱出去,结冰最薄。冰羽在帽罩表面生长,旋转帽罩锥角越大,冰羽生长方向越贴向帽罩表面。

图 6.39~图 6.42 给出了工况 2 中不同锥角条件下的旋转帽罩防冰试验结果(进口总温为-5℃、MVD 为 20 μm、LWC 为 2 g/m³、帽罩旋转转速为 5 000 r/min、来流速度为 180 m/s)。

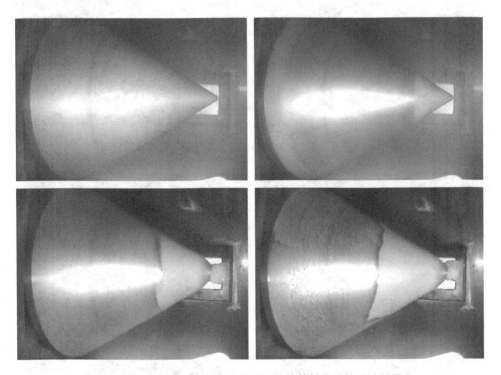

图 6.39　工况 2 中 60°尖锥条件下的旋转帽罩防冰试验结果

从图 6.39~图 6.42 可以看出,四种不同夹角的尖锥旋转帽罩表面帽罩前缘结冰量均较多(此处局部水收集系数最大,旋转离心力最小),84°锥角旋转帽罩前缘结冰量最大,旋转帽罩表面其他部分结冰较少。来流速度(气动力)和帽罩旋转转速增大(旋转离心力)综合作用的结果是,尖锥旋转帽罩均具有比较贴合帽罩表面规则的流线外形,未见粗糙不平的冰羽,可明显减小帽罩表面结冰量,旋转帽罩的气动外形明显改善。

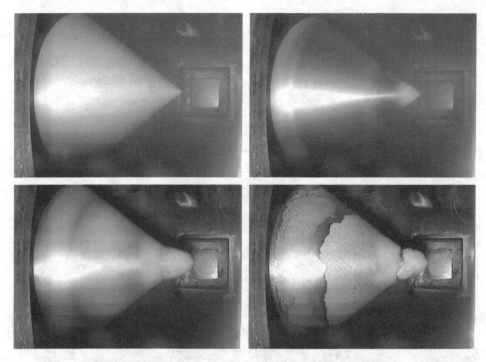

图 6.40　工况 2 中 74°尖锥条件下的旋转帽罩防冰试验结果

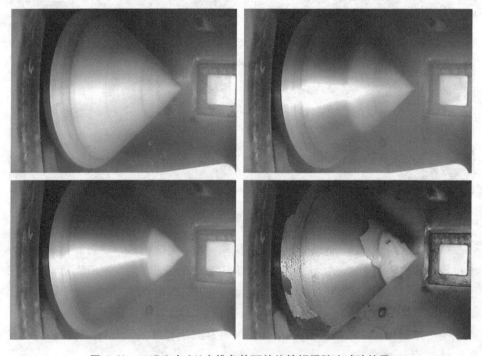

图 6.41　工况 2 中 84°尖锥条件下的旋转帽罩防冰试验结果

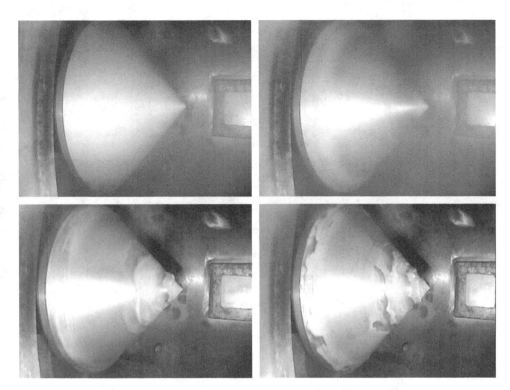

图 6.42　工况 2 中 90°尖锥条件下的旋转帽罩防冰试验结果

6.5　试验流程与控制

部件防冰试验应按图 6.43 所示的流程进行。完整的试验程序如下所示。

首先依据试验目的提出试验任务书,提出试验内容与要求,确定试验方案。对于重要试验,还应组织阶段性评审。经评审后,要组织完成试验文件、试验件、试验设备准备以及试验前准备,必要时还需要对试验设备进行适应性改造和调试以满足试验要求。

在正式试验前应进行调试试验,调试试验主要完成雾化均匀性测试、雾化喷嘴与试验件间距调整、MVD 与 LWC 等结冰参数标定。正式试验时,调节试验结冰条件达到预定值后,按规定持续时间保持状态进行。试验过程中试验部门应及时对试验过程中产生的原始资料(试验设备运行参数、结冰条件参数、重要过程声像资料)录取并对试验结果(是否完成规定试验内容、试验过程、方法以及试验结果有效性)进行评定后方可结束试验。

试验结束后,试验部门应完成试验报告以及试验相关文件归档。

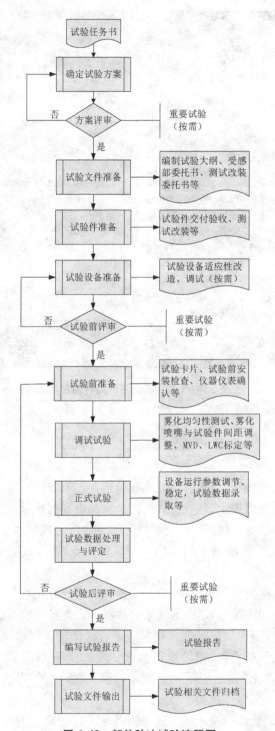

图 6.43　部件防冰试验流程图

6.6 试验常见问题及处理

基于结冰条件模拟和参数测试的复杂性,显而易见,部件防冰试验需要良好的设计和组织过程。不可避免地在试验过程中出现共性和个性的试验问题,本节简述一些实例。

6.6.1 试验件表面不结冰

某支板防冰试验慢车−20℃试验时,按照之前标定好的喷雾参数,支板前缘并没有冰的持续累积,关掉热气后同样没有结冰。该状态试验重复进行了多次,支板前缘均没有明显结冰。进行该状态试验时,喷嘴气压按照 0.3 MPa 给定,水压不大于 150 kPa,压差大于 150 kPa。将喷嘴气压由 0.3 MPa 降低到 0.22 MPa 后,支板前缘结冰明显,且结冰比较符合预期,此时的喷嘴水压为 130~150 kPa,压差为 70~90 kPa。保持喷嘴气压为 0.2~0.21 MPa,支板表面结冰量明显减少,水压为 60~100 kPa,此时的压差为 100~150 kPa,水滴尺寸可能存在问题。几次试验中由于喷嘴水压和气压的压差变化幅度比较大,试验结果差异也较大。

为此复查喷嘴雾化特性,水滴直径保持为 20 μm,对雾化喷水特性进行标定。可以看出,颗粒度与喷嘴气压、水压的压差有关,而且与水压的绝对值也有一定的关系,在喷水压力为 100 kPa 时,该喷嘴产生 20 μm 的水雾,需要的压差约为75 kPa。

冰风洞雾化系统包括给喷嘴供气部分和吹扫部分两部分。空气系统包括电加热器、电动调节阀、过滤减压阀、过滤器、压力表、单向阀、压力传感器、温度传感器、电磁阀、球阀。空气流路比较常规,通过电磁阀控制空气压力。空气压力控制比较稳定。

雾化供水系统通常包括上水泵、电加热水箱、两台计量泵、背压阀、安全阀、蓄能器、水过滤器、电磁阀、球阀、压力表、压力传感器等,主要靠计量泵进行水流量的控制。由于不同试验状态下需要的水量不同,不同试验状态下需要设定不同的计量泵流量,加之喷嘴流量的限制,所需要打开的喷嘴数量也不同。

从雾化供水系统现有的配置以及试验情况来看,喷嘴供水压力是一个不可控且具有一定变化范围的参数。其主要受水箱压力、水流量、打开的喷嘴数目影响,可能也与喷嘴空气压力相关。

对于固定的流动结构和水箱压力:

(1) 在水流量一定的情况下,打开的喷嘴数目越多,喷嘴供水压力越低;

(2) 在喷嘴数目一定的情况下,水流量越大,喷嘴供水压力越高;

(3) 所需水流量与所需液态水含量、试验段风速相关联;

（4）气压也可能对水压有作用。

NASA Lewis 和意大利 CRIA IWT 风洞在标定中也只是针对不同的喷嘴配置和试验段,分别进行不同水压和气压条件下的颗粒度标定工作,最终得出较为复杂的关系曲线。

如果根据标定结果,仅固定供气压力,忽略水压的变化,会导致在某些没有标定到的状况下,水压与标定状态不一致时,水滴颗粒度发生变化。

从相关的资料和试验结果来看,颗粒度大小应该与压差和压力绝对值相关。NASA Lewis 风洞中的标定结果表现为颗粒度与压差的关系,颗粒度与压差、水压或气压绝对值两者相关(图 6.44)。从图 6.44 来看,颗粒度不但与压差相关,同样也与水的绝对压力存在较弱的关联。SAE ARP 5905—2003 中则指出,水滴尺寸是喷嘴空气和水流量的函数(对于气动雾化喷嘴)。应该在 MVD 和对应的水与空气流量之间确定函数关系。设备管理者也可以选择其他与流量相关的参数(如空气和水的压力与 MVD)来确定这种关系。

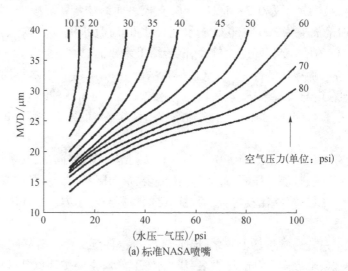

(a) 标准NASA喷嘴

图 6.44　NASA Lewis 风洞颗粒度标定曲线

1 psi = 0.006 89 MPa

针对具体试验状态,确定好喷嘴数量和计量泵水流量之后,校验不同气压下水的压力情况,记录水压与气压之间的关系。正式试验时,以水压为基准,给定气压,保证压差从而控制颗粒度。但是存在另一个问题:保证多大的压差? 从国外的试验结果来看,水压/气压绝对值越小,生成同等颗粒度所需的压差也越小。

LWC 也是非常重要的参数,因此水路的水流量控制也非常重要,在供水流路结构确定的情况下,除非采取可变压稳压水箱,通过调节上游压力来改变喷嘴供水压力;在水箱压力稳定时,不可能同时保证喷嘴的水流量和水压力。因此,后续应该对颗粒度进行完整的标定,即需要确定出不同喷嘴数目、不同水流量条件下水压/气压、压差和颗粒度之间的相互关系。

6.6.2　液态水含量控制

在试验过程中,利用空速管和 LWC 测试仪,发现结冰风洞喷水雾化系统提供的 LWC 在初始时序存在一个明显的阶跃。这种阶跃会显著改变被试件表面温度水平,从而导致错误的结冰强度。针对这个问题的一种解决方案是,改变 LWC 供给规律,在试验喷水的初始阶段通过调节计量泵的流量来降低 LWC 指标,等雾化系统喷水压力稳定后再恢复设定水含量。

参考文献

[1]　安东诺夫,阿克谢诺夫,戈里亚切夫,等.航空燃气涡轮发动机防冰系统设计原理和试验方法[M].贾平芳,王鸣,译.沈阳:中国航发沈阳发动机研究所,2005.

[2]　Olisen W, Walker E. Close up suction pictures of the icing process[R]. NASA Lewis Research Center Film, 1983.

[3]　Newton J E, Olsen W. Sduty of ice acceretion on icing wind tunnel components[C]. 24th Aerospace Sciences Meeting, Reno, 1986.

[4]　何超,盛强,邢玉明.文献综述研究报告[R].北京:北京航空航天大学,2011.

[5]　Blaha B J, Shaw R J. The NASA altitude wind tunnel: Its role in advanced icing research and development[R]. AIAA - 85 - 0090, 1985.

[6]　中国人民解放军总装备部.航空涡轮喷气和涡轮风扇发动机通用规范:GJB 241A—2010 [S].北京:总装备部军标出版发行部,2010.

[7]　中国航空工业总公司.飞机热力防冰系统通用规范:HB 7171—95[S].北京:中国航空综合技术研究所,1995.

[8]　战培国.结冰风洞研究综述[J].试验流体力学,2007,21(3):92 - 97.

[9]　时艳,发动机进口部件防冰/结冰试验研究[R].中国航发沈阳发动机研究所,2015.

[10]　汪佛池,李成榕,吕玉珍.憎水涂层对铝单丝表面覆冰性能的影响[J].中国电机工程学报,2011,31(10):127.

[11]　Miller D, Wright W, Khalil K A, et al. Validation of NASA thermal ice protection computer codes: Part 1 - Program overview[R]. AIAA - 97 - 0049, 1997.

[12]　Ruff G A, Berkowitz B M. Users manual for the NASA Lewis ice accretion prediction code (LEWICE)[R]. NASA Contractor Report 185129, 1990.

[13]　Hansman R J, Breuer K S, Hazan D. Close-up analysis of aircraft ice accretion[R]. AIAA - 93 - 0029, 1993.

第7章
换热器试验

　　高温部件的冷却问题在欧美航空工业强国内颇受重视,但研究成果大都属于保密内容,收集到的材料较少。最为典型的是俄罗斯 AL-31F 发动机上采用的外涵空气-空气换热器,该换热器为布置在外涵通道内的椭圆管管束式换热器,采用外涵空气冷却来自压气机的涡轮冷却气;该换热器结构紧凑,换热效率高,可使冷却气体温度降低 150~170 K[1,2]。该换热器的使用即基于学界提出的适用于先进航空发动机高温部件的冷却冷却空气(cooled cooling air, CCA)技术。随后,工业界及学术界充分挖掘飞行器自带燃油的高热沉冷却能力,使其作为冷源预先将用于冷却涡轮等高温部件的冷却空气进行冷却,从而达到提高冷却空气的冷却品质的目的,该技术使用了燃油-空气换热器,具体原理如图 7.1 所示。

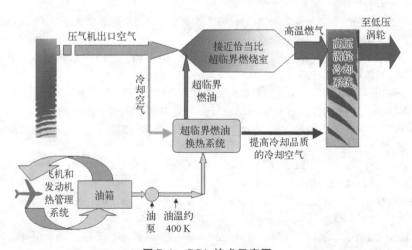

图 7.1　CCA 技术示意图

　　常规换热器的设计及校核过程基本采用对数平均温差(logarithmic mean temperature difference, LMTD)法或者 ξ-NTU 法[3]。一般的传热学教材及换热器设计教材都有所涉及,本书就不再赘述。对于满足航空发动机要求的轻质高效换热器而言,简化的设计校核无法满足航空航天条件下的苛刻要求,大都需要进一步采用热动力性能试验方法评估换热器的可靠性及适用性,包括全新设计及使用过的旧换热器。针对试验结果,可以更好地改善及研究换热器的性能,使设计更合理。因此,了解与掌握航空发动机换热器的试验与设计同样重要。为此,本章将择要阐述应用于航空发动机燃油-空气、空气-空气换热器的流动与换热特性试验方法,结垢与腐蚀以及性能评价等。

7.1 试验系统及设备

7.1.1 燃油-空气换热器试验系统

如图 7.2 所示,常规的燃油-空气换热器试验系统主要由供油系统、燃油预热系统、气路系统、冷却水系统、燃油-空气换热器试验段和数据采集系统等六个部分组成。下面对每个系统分别进行介绍。

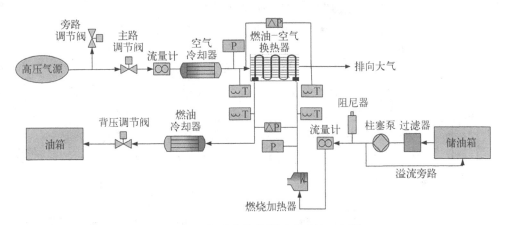

图 7.2 燃油-空气换热器试验系统示意图

1. 供油系统

供油系统的主要组成部件有储油箱、过滤器、柱塞泵、阻尼器、调节阀、流量计、背压阀、预热系统、废油收集箱以及不锈钢连接管道等。储油箱通过进油管与过滤器相连,而后燃油通过柱塞泵将系统压力提高到一定值,在柱塞泵的出口处安装压力脉冲阻尼器以消除柱塞泵的工作波动对于油路系统压力的影响。燃油侧的流量通过柱塞泵上自带的调压装置粗调,并通过安装在柱塞泵出口处的流量调节阀进行微调;目前市面上可提供安装柱塞泵的变频电机实现流量的变频电动调节,燃油流量可采用科式流量计进行测量。燃油管道内的系统压力则通过安装在燃油冷却器出口的背压调节阀来控制,试验中所需测量的系统压力以及压差可通过压力传感器进行测量。

燃油经过燃油预热系统升温后进入试验段进行试验测量,随后进入冷却器中冷却至安全温度再次进入储油箱,储油箱中的燃油根据后续需求可循环使用或者作为废油处理。为了保证燃油路的安全性,在柱塞泵出口处通过三通接头添加一个旁路,当主路的压力超过规定上限值时,燃油将通过旁路的安全阀回流至储油箱,达到泄压保证安全的目的。

2. 燃油预热系统

根据航空发动机换热器的试验需求,进口燃油可接近 200℃,对于一定的燃油流量,所需的加热功率巨大。常规燃油加热器产品基本的原理是采用电加热导热油,然后通过导热油将燃油升温。由于导热油与燃油的温差较小,换热面积需求巨大,设备造价高,不适合试验室级别的试验。在试验室级别的试验范围内可采用成熟并且造价低的燃烧机,配合管式换热器完成燃油的升温功能。燃油预热系统包括燃烧机、预热器、风机和进出油路。燃烧机点火后,喷出高温燃气与风机提供的冷空气进行混合后,通向预热器,加热从柱塞泵输运来的低温燃油至所需温度。燃油流出预热器,输运至试验段换热器。该系统具有造价低、操作简单等特点,可以较好地完成试验室范围内的燃油升温功能。

3. 气路系统

气路系统主要组成部件有气源、气动阀、热式流量计、空气电加热器、水冷器、电磁阀及相关管道。一般高校及研究所等机构均建有压气机站,可以提供一定压力流量范围内的空气,高压空气进入主气路后,经气动截止阀和流量计后由空气电加热器加热升温至相应试验温度。达到试验工况的高温空气经高温过渡段整流后进入换热器,经过与燃油换热降温后通过低温过渡段至空气冷却器中水冷至安全温度后方可排入大气中,气路的系统压力由末端的电磁阀进行调节。

4. 冷却水系统

冷却水系统主要由冷却水管路、空气冷却器、燃油冷却器组成。高温空气经过换热器降温后温度依旧比较高,需要经过空气冷却器使空气温度进一步降低后才能排至大气。试验后的燃油通过燃油冷却器,冷却至室温进入储油箱循环使用或者进一步处理使用。

5. 燃油-空气换热器试验段

燃油-空气换热器试验段由燃油-空气换热器、外壳、连接法兰等组成。为了减少热损失对试验带来的误差,试验段及试验段后的过渡段均需包裹绝热材料。

6. 数据采集系统

试验中对于所需测量的压力、温度、流量等参数,以电信号的形式输出,由数据采集卡(可根据不同采集要求进行适配)采集并与计算机连接用以记录和存储数据。需要注意的是,在每个试验工况点,由于系统是采用电加热器配合控制柜作为加温手段,均需保证系统稳定运行达 2 min 以上,在其中取参数最为稳定的一段作为有效数据,以排除随机误差。

7.1.2　空气-空气换热器试验系统

如图 7.3 所示,常规的空气-空气换热器试验系统,主要由气路系统、冷却水系统、空气-空气换热器试验段和数据采集系统组成。各子系统详细介绍如下。

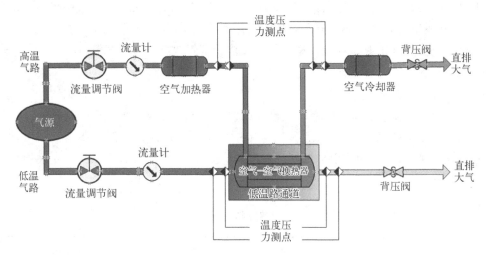

图 7.3　空气-空气换热器试验系统

1. 气路系统

气路系统包括高温气路和低温气路两部分,用于模拟换热器中的高温及低温气流,二者均从气源引气,通过流量调节阀控制两股气的流量大小。

高温气路从气源引气后,通过流量调节阀及流量计后,经过空气加热器加热到相应的温度,达到试验工况要求的温度后,流经高温过渡段进行整流,再进入换热器,换热降温后经低温过渡段至空气冷却器冷却后排入大气中。其系统压力通过末端的电磁阀来进行调节。低温气路相对比较简单,仅由流量调节阀、流量计、低温气路通道以及背压阀组成,由于大部分试验中低温气路气体流量相对较大,经过换热器其升温并不会很高,故可直接排入大气。

气路流量可通过热式流量计、孔板流量计等测量,考虑到流量计的精度问题,试验前需对其进行标定。气路所涉及的绝对压力和压差可由绝压计和压力传感器进行测量。

2. 冷却水系统

高温空气经过换热器降温后温度依旧比较高,需要经过空气冷却器来使空气温度进一步降低后才能排至大气。因此,在整个试验系统中需要设计冷却水系统。冷却水系统主要由冷却水管路、空气冷却器、水泵、冷却塔和水池组成。

3. 空气-空气换热器试验段

空气-空气换热器试验段由试验件、外壳、连接法兰、引气管组成。为了减少热损失给试验带来的误差,试验段及试验段后的过渡段均需包裹绝热材料。

4. 数据采集系统

试验中测量的压力、温度、流量等参数均可以电信号的形式输出,由数据采集卡进行采集并与计算机连接以记录和存储数据。需要注意的是,在每个试验工况点,由于系统是采用电加热器配合控制柜作为加温手段,均需保证系统稳定运行达2 min 以上,在其中取参数最为稳定的一段作为有效数据,以排除随机误差。

7.1.3 测试仪器

以上两种换热器的试验系统所涉及的常用测试仪器及精度如表 7.1 所示。使用热电偶测量空气路进出口温度时,应采用处于不同径向位置的 n 组双支热电偶进行温度测量,这样既可以保证同一热电偶的测量准确性,又有效地反馈了热电偶的使用情况[4]。

表 7.1 试验测试仪器及精度

设备名称	型　号	工作范围	输出形式	测量精度
燃油流量计	科氏	0~500 g/s	4~20 mA 变送输出	±0.2%
空气流量计	热式	0~2 880 kg/h	4~20 mA 变送输出	±0.5%
铠装热电偶	K 型	0~700℃	0~±50 mV 变送输出	±0.6 K
压力传感器	某型-3051T	0~10 MPa	4~20 mA 变送输出	±0.25%
压差传感器	某型-3051C	0~1 MPa	4~20 mA 变送输出	±0.075%
采集卡模块	某型-4018/4520	±2.5 V, 4~20 mA	RS232/485	电压模式: ±0.1% 电流模式: ±0.2%

7.2 试 验 方 法

针对换热器的应用条件,其试验条件既可以在实际应用条件下进行,也可以基于相似理论在较为容易实现的试验工况下进行。如果换热器本身实际应用的条件不是特别苛刻,且试验设备可达到要求的温度和压力,则可进行全温全压试验。全温全压试验更接近换热器承受的实际应用条件,而且克服了相似试验中的很多不足。但同时,该方法加大了试验消耗,高的温度和压力带来了试验装置设计上的难题和测量上相对更大的误差。

然而实际应用于航空发动机的换热器,其工作条件往往比较难以实现,如较大的燃油或空气流量、较低的空气温度及压力,或是较高的燃油温度及压力等。若要满足这些要求,则需要大功率的制冷、加热、调压设备,设备投资巨大,可行性不高。这些都使得换热器难以在与实际应用环境一模一样的试验条件中进行,因此,大部分换热器的试验方法会采用相似试验法。

结合换热器性能试验中基于相似理论推导的结果,试验工况可以不要求完全按设计点的温度、流量和压力进行试验,转而利用相似理论的结果对换热器进行模化试验。换热器的模化分析[5]认为,根据流动和换热控制方程推导的结果,相似的流动过程和传热过程具有相同的准则数。对于强迫对流传热过程而言,这些准则数包括 Nu、Re 和 Pr,其中 Nu 可以表达为 Re 和 Pr 的函数,即 $Nu = f(Re, Pr)$。换言之,只要保证两传热试验中 Re 和 Pr 对应相等,则两传热过程可认为是相似的。

对于 Re,有

$$Re = \frac{\rho V d}{\mu} \tag{7.1}$$

式中,ρ 为密度;V 为速度;d 为定性尺度;μ 为动力黏度。

又有

$$\dot{m} = \rho A V \tag{7.2}$$

式中,$\dot{m}$ 为质量流量;A 为流通面积。

联立二式得

$$Re = \frac{\dot{m} d}{A \mu} \tag{7.3}$$

式中,两侧定性尺度 d 和流通面积 A 是在换热器设计结果给出之后就已经确定的数值。对于空气侧而言,在试验范围内,运动黏度 μ 随温度变化极小,因此,只要保证质量流量 $\dot{m}$ 与设计点相同,就能够保证空气侧 Re 相等。对于燃油侧而言,只要保证燃油侧定性温度相等,则 μ 相等,再保证质量流量与设计点相同,就能够保证燃油侧 Re 相等。

对于 Pr,有

$$Pr = \frac{c_p \mu}{\lambda} \tag{7.4}$$

在换热器试验的温度压力范围内,比定压热容 c_p、动力黏度 μ、导热系数 λ 是只与温度有关的物性参数;对于空气而言,Pr 随温度变化极小,试验各温度下 Pr 基本保持在 0.7 左右;对于燃油而言,只要保证定性温度相等,就能使试验点 Pr 与设计点 Pr 保持相等。

基于试验台试验能力的考虑和以上分析,在试验中可以取换热器实际尺寸的一部分进行试验,在此基础上,控制设计点试验参数中两侧进口 Re、Pr 为设计点

对应的 Re 和 Pr。如表 7.2 所示为实际工况设计点,基于试验台试验能力的考虑,在试验中取换热器实际进口尺寸的 1/2 进行试验,控制设计点试验参数中两侧进口 Re、Pr 为设计点对应的 Re 和 Pr。因此,设计点对应试验工况如表 7.3 所示,为实际设计尺寸 1/2 的试验工况中给出的换算实例。

表 7.2　实际工况设计点

试 验 参 数	数　　值	试 验 参 数	数　　值
燃油流量	0.4 kg/s	空气流量	0.7 kg/s
燃油进口温度	150℃	空气进口温度	−28℃
燃油进口 Re	16 000	空气进口 Re	5 000
燃油进口 Pr	7.5	空气进口 Pr	0.7
燃油进口压力	8 MPa	空气进口压力	34.5 kPa
燃油进口面积	A_1	空气进口流通面积	A_2

表 7.3　设计点对应试验工况

试 验 参 数	数　　值	试 验 参 数	数　　值
燃油进口面积	$A_1/2$	空气进口流通面积	$A_2/2$
燃油进口 Re	16 000	空气进口 Re	5 000
燃油进口 Pr	7.5	空气进口 Pr	0.7
燃油进口温度	150℃	空气进口温度	室温
燃油进口压力	8 MPa	空气进口压力	常压
燃油流量	0.2 kg/s	空气流量	0.35 kg/s

可以看出,在保证试验可靠性的前提下,两侧流体的流量可以大幅度减小,同时空气侧的低温低压也可变为易调节的常温常压,相似试验法可以大大减小由试验条件苛刻造成的难度。

7.3　试验流程与控制

7.3.1　换热器检测试验

为了保证试验安全可靠,在正式进行换热器试验前,应对换热器试验件进行检测试验。下面以某管束型燃油-空气换热器为例,给出其三步的检测规程如下。

1. 单管泄漏检测

考虑到重量及安装空间限制,应用于航空发动机的换热器通常十分紧凑,换热器的结构多为管束式换热器,并且管程存在很多弯头,弯曲半径较小;因此,在单个换热管弯曲完成后须对其进行打压试验,验证其强度合格。预定每根换热管均打压至设计点压力的 1.5 倍并保持 10 min,若无异常,则认为换热管合格,可以用作换热器的加工。另外,在换热器加工完成后换热器整体须经历同样时间和同样压力的检测,确保加工质量。

单管泄漏耐压检测具体步骤如下所示。

(1)取待测管,在管道一端装上专用试压堵头,并打开堵头上排气孔。

(2)在管道另一端连接上打压设备,在无压力状态下缓慢向管道内注入水;为提高检测效率,打压设备连接多个转接头,一次检测多根换热管。

(3)在管道内充满水后,关闭堵头上排气孔,逐步增加管道压力至设定压力并稳压 10 min;持续进行外观检查,若仍无渗漏,则耐压检测合格。

(4)检查所有管道接口、管壁等处有无渗漏现象,若有渗漏,则废弃此管。

(5)关闭打压机,打开排气孔,放出管内水,并将管内水用高压气吹干,完成耐压检测。

2. 换热器泄漏检测

燃油-空气换热器的燃油侧压力通常较高,为了保证试验过程安全顺利进行,需对换热器进行泄漏检测。换热器泄漏检测具体步骤如下所示。

(1)在换热器油侧出口连接上背压阀,进口连接输液泵。

(2)打开输液泵,调节输液泵到一定流量,流量根据不同换热器进行确定。

(3)在背压阀出口流出水后,逐步增加背压至高于试验所需压力某一固定值并稳压 10 min。

(4)检查换热器管壁、焊接点和集管等处有无渗漏现象,若无渗漏,则试压合格。

(5)慢慢卸去背压,关闭输液泵,取下背压阀和输液泵,放出换热器内水,并将剩余水用高压气吹干,将换热器进出口用工艺堵头堵好,完成换热器泄漏检测。

3. 换热器堵塞检测试验

由于换热器在加工过程中通常需要焊接完成,在焊接时,真空炉中钎料处于液态,具有一定的流动性,为了防止钎料堵塞换热管造成流量分配不均匀和局部受热过强导致换热器破坏,需利用红外摄像仪拍摄加热水(近 100℃)过程中换热器内流体的流动情况,以此判断换热器是否存在堵塞情况。图 7.4 为两种管束式换热器检测中存在堵塞与无堵塞的示意图。

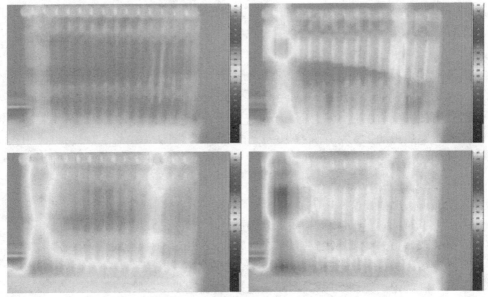

(a) 存在堵塞

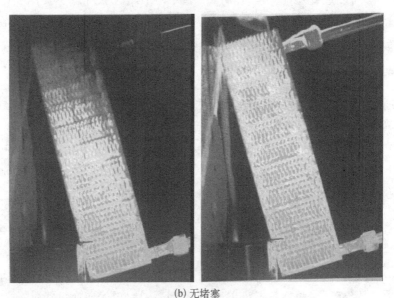

(b) 无堵塞

图 7.4　换热器红外图像

　　从图 7.4(a)可以看出,换热器两侧换热管热水通过较为迅速且温度较高,而中间部分换热管热水通过缓慢且温度较低,判断换热器存在堵塞。而从图 7.4(b)可以看出,换热器各换热管中热水通过均比较迅速且温度分布很均匀,判断该换热器不存在堵塞,加工质量良好。

堵塞检测具体步骤如下所示。

（1）在换热器管内侧进口，即换热器竖直放置时最底端连接软管，软管进口水平高度高于换热器顶端，架好并打开红外热像仪，完成对焦。

（2）采用小漏斗将保温瓶内的水匀速导入进口软管中，过程中保证流量均匀缓慢。

（3）观察红外热像仪，记录换热器表面温度的变化情况。

（4）判断换热器是否每根换热管颜色均匀，若均匀则说明无堵塞，合格。

（5）关闭红外热像仪，取下进口软管，放出换热器内水，并将剩余水用高压气吹干，将换热器进出口用工艺堵头堵好，完成换热器堵塞检测。

7.3.2　试验前排查

为了安全操作，对于燃油-空气，空气-空气两种换热器试验系统，试验前主要进行油泵排查、燃油预热段排查、空气路排查和测试系统排查。

1. 油泵排查

序号	操　作	参　　数
1	检查油路密封性	（1）关闭所有相关电源开关； （2）检查燃油出油路、回油路和高温出口路所有接头的密封性； （3）检查换热器出口高温燃油的热隔离； （4）检查油路冷却水接口的密封性
2	检查油泵的控制阀门	（1）油泵出油阀打开至零负载； （2）油路回路背压阀打开至零负载； （3）油路背压阀完全打开； （4）完全打开流量调节阀和截止阀； （5）检查油箱液位计，添加燃油； （6）打开油箱供油阀门、连通阀门

2. 燃油预热段排查

序号	操　作	参　　数
1	环境排查	（1）保证燃油预热段周围无易燃、易爆、不耐高温物品； （2）划定警戒区域并设立"高温危险"警戒标志； （3）准备好消防灭火用品； （4）燃烧机操作人员穿戴好高温作业服装
2	检查燃烧机	（1）检查燃烧机电路，电源接通指示灯显示，说明电路连接完好； （2）燃烧机油桶加满燃油； （3）燃烧机与预热筒壁接口连接紧密

续　表

序号	操　作	参　　数
3	检查风机	(1) 确保风机周围无遮挡物; (2) 开启风机,确保风机与预热器筒壁连接处无漏气现象,然后关闭风机
4	检查燃油预热段油路	(1) 燃油预热换热器与油路连接处连接紧密; (2) 燃油预热换热器与外壳铁筒固定良好,无自由晃动

3. 空气路排查

序号	操　作	参　　数
1	检查空气路密封性	(1) 关闭所有空气路相关电源开关; (2) 检查空气路所有连接法兰的密封性; (3) 检查换热器出口高温空气的热隔离; (4) 检查空气路冷却水接口的密封性
2	检查空气路的控制阀门	(1) 关闭空气路进口手阀; (2) 关闭空气路进口电动调节阀; (3) 完全打开空气路废气出口电动调节阀; (4) 打开空气路进口手阀; (5) 打开空气路防爆段出口盲板,检查防爆阀完整性

4. 测试系统排查

序号	操　作	参　　数
1	检查油路监测设备	(1) 接通燃油流量计电源,并检查示数是否为零; (2) 制作测温热电偶参考端; (3) 检查所有油温热电偶的示数是否正常,标明出现异常的热电偶号; (4) 检查油侧压力传感器示数是否正常
2	检查空气路监测设备	(1) 接通空气流量计电源,并检查示数是否为零; (2) 检查所有空气侧热电偶的示数是否正常,标明出现异常的热电偶号; (3) 检查空气侧压力传感器示数是否正常
3	初始化数据采集程序	(1) 接通数据采集系统电源; (2) 修正流量计零点; (3) 检查所有数据的采集是否正常

7.3.3　换热器流动传热试验

对换热器检测试验结束后,则可以开始正式进行换热器的流动传热试验。具体试验方案如下所示。

（1）由于试验件结构、参数测定精确度的限制，在进行换热器的验证试验之前，应首先对两侧流体流量以及试验系统稳定性和准确性进行标定，保证试验数据的准确度。

（2）低温试验系统试运行。为了验证试验系统的密封性、数据采集系统的稳定性，应将换热器两侧进口温度提至某一合适温度，检验试验系统的工作状态。在确认整个试验系统工作正常后，开始正式试验。

（3）针对工况点的验证试验和性能试验。将试验系统各项参数分别先后调节至设计点对应的参数，验证换热器在设计点的热力性能，评价换热器的设计点性能。性能试验时具体工况点根据设计及校核工况点进行适当扩充，拟定不同的热侧入口条件，在固定热侧条件下，调节冷侧气体流量，从而获得换热器平均传热系数与换热量随冷侧流量及热侧流量的变化情况，得到传热系数与流体流速之间的关系，对换热器流动与换热特性进行整体评估。

进行换热器试验时，要实时监控试验系统节点处的温度，以及电加热器和高温路的温度，若有明显超温情况出现应立即停止试验；每个试验工况点至少维持稳定时间 2 min，以保证热平衡及流动稳定。

针对燃油-空气换热器的具体试验步骤如下所示。

（1）了解试验系统、操作方法及测量仪表使用方法。

（2）缓慢开启空气路进口电动阀开度至所需空气流量，缓慢关闭空气路尾气出口电动阀至试验段所需压力，根据需要开启空气加热器电源，并设置加热器出口温度。

（3）开启供油泵电源，调节燃油流量至预定值，调节供油旁路安全阀，使得供油压力稍大于系统要求压力。

（4）待供油系统流量稳定后，开启空气水冷、油路水冷换热器进口阀，以及水泵电源。

（5）接通燃烧机电源，燃烧机点火启动，根据预热燃油温度需要调节油门开度。

（6）燃烧机点火启动后，开启风机，根据预热燃油温度需要，调节风机流量。

（7）当所有监测参数满足试验要求时分别记录空气侧和燃油侧的流量、进出口温度、压力以及压差。

（8）如需要可调节油气流量、温度、压力，即改变运行工况，再进行步骤（7）。

（9）试验完毕依次关闭燃烧机、电加热器、燃油泵、冷却水泵、调节阀等。

针对空气-空气换热器的具体试验步骤如下所示。

（1）了解试验系统、操作方法及测量仪表使用方法。

（2）缓慢开启两路空气路进口气动阀开度至所需空气流量，缓慢关闭两路空气路出口电动阀使两侧压力均达到试验要求。

（3）开启冷却水路的水泵电源开关。

（4）根据需要开启空气加热器电源，调节调压器使加热器出口温度达到预定值。

（5）当所有监测参数满足试验要求时记录两路空气流量、进口温度和压力、出口温度和压力以及进出口压差。

（6）如需要，可调节两路气动阀以及调压器改变空气流量和温度，即改变运行工况，再进行步骤（5）。

（7）试验完毕依次关闭冷气路气动阀、空气加热器、水泵、空气电动阀等。

7.4　试验结果分析与处理

7.4.1　误差分析

在所有的测量中，无论是直接测量还是间接测量，其都是为了得到某一测量量的真实值。但是，任何测量量的真实值都是无法得到的，而只能得到真实值的近似值。不论采用多么精密的仪器，多么完善的测量方法，也不论操作者多么细心，每次测量得到的结果都不能完全一致，总有一定的误差和偏差。为了进一步减小误差，使得测量结果更加接近真实值，误差分析也是很重要的环节，从而确保测定结果的可靠性。

1. 直接测量量的误差

两种换热器流动换热试验系统中所涉及的直接测量量有空气和煤油的质量流量，气路和油路压力及压差，换热器进出口温度。根据表 7.1 中所给出测量仪器的精度，各测量量的实际误差分析如下。

1）质量流量

试验中空气质量流量采用某品牌空气热式流量计，精度为±0.5%，假设最大量程为 0.8 kg/s，则其测量误差为±4 g/s；燃油流量采用某品牌科氏力质量流量计，精度为±0.5%，假设最大量程为 0.14 kg/s，其测量误差为±0.7 g/s。

2）压力及压差

绝对压力采用某品牌 3051T 型压力传感器，其测量精度为±0.075%，量程为 10 MPa，测量误差为 $\Delta P = \pm 0.0075$ MPa；压差使用某品牌 3051C 型压力传感器测量，测量精度为±0.075%，其量程为 1 MPa，测量误差为 $\Delta(\Delta P) = \pm 0.00075$ MPa。

3）温度测量

换热器空气的进出口温度均采用 K 型热电偶测量，采集到的热电势信号通过数据采集卡采集后送至计算机进行处理。试验前所有热电偶均需进行过标定，确定温度的测量误差。

2. 间接测量量的误差

设间接测量量 $N = f(x_1, x_2, x_3)$，式中 x_1、x_2、x_3 均为彼此相互独立的直接测量量，每一直接测量量为等精度多次测量，且只含随机误差，那么间接测量量 N 的

最可信赖值(用平均值 $\bar{N}$ 表示)为[6]

$$\bar{N} = f(\overline{x_1}, \ \overline{x_2}, \ \overline{x_3}) \tag{7.5}$$

可用算术合成法求误差传递公式。绝对误差传递公式为

$$\Delta N = \left| \frac{\partial f}{\partial x_1} \right| \Delta x_1 + \left| \frac{\partial f}{\partial x_2} \right| \Delta x_2 + \left| \frac{\partial f}{\partial x_3} \right| \Delta x_3 \tag{7.6}$$

相对误差传递公式为

$$\frac{\Delta N}{N} = \left| \frac{\partial \ln f}{\partial x_1} \right| \Delta x_1 + \left| \frac{\partial \ln f}{\partial x_2} \right| \Delta x_2 + \left| \frac{\partial \ln f}{\partial x_3} \right| \Delta x_3 \tag{7.7}$$

对于换热器的流动传热试验,间接测量量有换热器传热量、对数平均温差及传热系数。

1)换热器传热量

试验中换热器两侧的传热量 Q 是根据测量进出口温差、质量流量,并结合各侧空气物性参数计算得到,表达式为

$$Q = \dot{m}_a c_p (T_{a1} - T_{a2}) \tag{7.8}$$

式中,$\dot{m}_a$ 为空气质量流量; T_{a1} 为进口温度; T_{a2} 为出口温度。

传热量的最大相对误差为

$$\frac{\Delta Q}{Q} = \left| \frac{\Delta T_{a1}}{T_{a1}} \right| + \left| \frac{\Delta T_{a2}}{T_{a2}} \right| + \left| \frac{\Delta \dot{m}_a}{\dot{m}_a} \right| \tag{7.9}$$

2)对数平均温差

对数平均温差 ΔT_m 的表达式为

$$\Delta T_m = \frac{(T_{a1} - T_{f2}) - (T_{a2} - T_{f1})}{\ln \dfrac{(T_{a1} - T_{f2})}{(T_{a2} - T_{f1})}} \tag{7.10}$$

式中,T_{f1} 为冷却介质入口温度; T_{f2} 为冷却介质出口温度。

由式(7.10)可得对数平均温差的最大相对误差 $\dfrac{\Delta(\Delta T_m)}{\Delta T_m}$。

3)传热系数

传热系数 K 的表达式为

$$K = \frac{Q}{A \Delta T_m} = \frac{\dot{m}_a c_p (T_{a1} - T_{a2})}{A \Delta T_m} \tag{7.11}$$

进一步可得

$$\ln K = \ln Q - \ln A - \ln(\Delta T_{\mathrm{m}}) \tag{7.12}$$

则传热系数的最大相对误差:

$$\frac{\Delta K}{K} = \left| \frac{\Delta(\Delta T_{\mathrm{m}})}{\Delta T_{\mathrm{m}}} \right| + \left| \frac{\Delta T_{\mathrm{a1}}}{T_{\mathrm{a1}}} \right| + \left| \frac{\Delta T_{\mathrm{a2}}}{T_{\mathrm{a2}}} \right| + \left| \frac{\Delta \dot{m}_{\mathrm{a}}}{\dot{m}_{\mathrm{a}}} \right| \tag{7.13}$$

7.4.2 传热系数的测定

根据传热计算的基本方程式,可以得出传热系数 K 为

$$K = \frac{Q}{A \Delta T_{\mathrm{m}}} \tag{7.14}$$

对于一台已有的换热器,传热面积 A 是已知值。传热量 Q 在不计热损失的条件下可以通过热平衡方程式来计算。在非顺流或逆流的情况下,ΔT_{m} 可以按逆流时对数平均温差 $\Delta T_{\mathrm{lm},c}$,再乘以修正系数 φ 来求得。因而,只要在试验中测得冷热流体流量和进出口温度,并利用流体的热物性数据表查得它们的比热数值,即可求得在相应运行条件下的传热系数 K 值。

对于试验数据的整理,应注意以下几点。

1. 传热量 Q

由于散热等,通过测试求得的冷流体吸热量不完全等于热流体的放热量,应以其算术平均值即 $Q = (Q_1 + Q_2)/2$ 作为实际的传热量。在某些情况下,如果确认其中某一侧的热量计算可靠,而另一侧的热量难以准确计算时,则也可以计算可靠一侧的热量为依据。

2. 气路测温

由于使用热电偶测量空气路进出口温度时,采用处于不同径向位置的 n 组双支热电偶进行温度测量,进行数据处理时,热电偶所测的数据应按面积加权平均得到准确的换热器气路出口温度。

3. 数据点的选取

试验过程中,误差总是难以避免的。为了保证结果的正确性,在数据整理时应舍去一些不合理的点。通常,工程上以热平衡的相对误差

$$\delta = \frac{|Q_1 - Q_2|}{(Q_1 - Q_2)/2} \leqslant 5\% \tag{7.15}$$

为标准。凡 $\delta > 5\%$ 的点,应予以舍去。在试验中进行的测定属于非工程性试验,此相对误差还可以取得稍微小一些。

4. 传热面积

对于大多数换热器,计算传热系数时,应确定以内侧还是外侧的换热面积为基准,在整理试验数据时同样应注意这一问题。

5. 传热性能图示

为了较直观地表现换热器的传热性能,通常要用曲线或图表示传热系数与流体流速的关系。并且,通常选取流速为 1 m/s 时的传热系数作为比较不同型式换热器的传热性能与阻力降的标准。

6. 数据整理

为了使试验结果清晰明了和便于分析,最后可将测得的数据和整理结果列成表格。可从试验结果中所有试验工况下两侧的换热量偏差判断试验中温度测点布置是否合理,能否满足换热器性能试验的精度要求;每个工况点试验换热量与校核值之间的偏差可以说明换热器的设计是否合理,预测是否稳定可靠。此外,可通过压差试验值与设计值比对判断设计过程中使用的流阻经验公式是否适合于此种类型换热器结构。通过试验中扩展某一侧的流体流量范围,可以进行换热器的热动力性能试验,得到不同雷诺数下的结果。

7.4.3　对流换热系数的测定

传热系数的测定并不难,但不能直接从传热系数的大小直接分析出影响传热的原因。因此,我们需要分别确定两侧的对流换热系数及污垢热阻,进一步找出问题所在,提出改进的措施。

关于对流换热系数的确定,对于一些常规定型结构的换热器,可以通过现有的准则关系式来计算。如管壳式换热器,对于在光滑管内湍流流动而且是受热的流体,存在下列关系式: $Nu_f = 0.023 Re_f^{0.8} Pr^{0.4}$。

可见只要测得管内流体温度、流速以及查得有关热物性参数,即可求得管内流体的对流换热系数 h_i。但是,对于某些新型结构的换热器,暂无现成的计算公式可用,且某些工质的热物性数据还无处可查,想要测得正确的壁温也并非易事。至于污垢热阻问题,虽然已有一些垢阻的数据可查,但真正的垢阻值往往与流体种类、流道结构、流体流速等紧密相关,所以需要实际测定。

基于上述原因,应当寻求其他较为简单可靠的方法来确定对流换热系数以及污垢热阻。航空发动机换热器中,威尔逊图解法[7](拟合曲线分离法)为常用的不需要测量壁温、可间接确定对流换热系数的方法。

以管式换热器为例,冷流体在管外冷却,热流体流过管内。在工况范围内,关于换热器单管单元结构的许多试验已经证明,当管内流体处于该雷诺数范围内的设计时,对流换热系数 h_i 与管内流速 u_i 的 0.744 次方成正比,即

$$h_i = c_i u_i^{0.744} \tag{7.16}$$

式中, c_i 为待定系数。

将式(7.16)代入下列传热系数的公式:

$$\frac{1}{K} = \frac{1}{h_o} + \frac{\delta}{\lambda} + r_s + \frac{1}{h_i}\frac{A_o}{A_i} \tag{7.17}$$

得

$$\frac{1}{K} = \frac{1}{h_o} + \frac{\delta}{\lambda} + r_s + \frac{1}{c_i u_i^{0.744}}\frac{A_o}{A_i} \tag{7.18}$$

式中, h_o 为管外换热系数; r_s 为壁面污垢热阻; A_o 为外侧换热面积; A_i 为内侧换热面积; λ 为管壁导热系数; δ 为壁厚。

若在试验中保持式(7.18)右边前三项不变,而在不同管内流速下 u_i 分别测出相应的 K ,则式(7.18)成为

$$\frac{1}{K} = 定数 + \frac{1}{c_i u_i^{0.744}}\frac{A_o}{A_i} \tag{7.19}$$

式(7.19)就相当于一个直线方程:

$$y = bx + a \tag{7.20}$$

表示在 y - x 的直角坐标中,一条截距为 a 斜率为 b 的直线,又可以表示为

$$b = \frac{1}{c_i}\frac{A_o}{A_i} = \frac{y_2 - y_1}{x_2 - x_1} \tag{7.21}$$

截距 a 即代表了定数 $\frac{1}{h_o} + \frac{\delta}{\lambda} + r_s$。因而,得系数 c_i 为

$$c_i = \frac{1}{b}\frac{A_o}{A_i} \tag{7.22}$$

如果壁面热阻 r_w 及垢阻 r_s 均已知,同时可求得管外的换热系数为

$$h_o = \frac{1}{a - r_w - r_s} \tag{7.23}$$

从数学上来说,这是通过曲线对一系列试验点的拟合,求得 $\frac{1}{K}$ 的函数式,从中分离出换热系数,所以是一种曲线拟合分离法。试验中,扩展两侧流体的流量,改

变两侧雷诺数 Re，可以获得对应的对流换热经验关系式，即努塞特数 Nu 随雷诺数变化的关系式。应用威尔逊图解法，在一定条件下还可以求取壁面污垢热阻 r_s。如果在传热面清洁状态时（刚投试的新换热器或刚清洗过的换热器）进行试验，此时污垢热阻为零，则可由威尔逊图解法得直线1（图 7.5）。经一段时间运行后，在管外侧空气平均温度与前次基本相同的条件下，即使两次试验中同样流速下的管外换热系数 h_o 基本不变，再由威尔逊图解法得到直线 2，则两条直线的截距之差 $a_2 - a_1$ 即为所求壁面两侧污垢热阻 r_s。

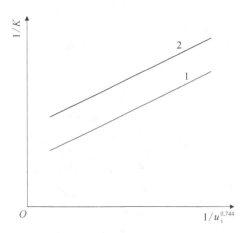

图 7.5　威尔逊图解法求垢阻

应用威尔逊图解法应具备以下条件：① 必须已知所需要的测定一侧的对流换热系数与试验变量的方次关系；② 在同一组试验中，必须保持另一侧流体的换热情况基本不变；③ 在同一组试验中应使污垢热阻基本不变。

7.4.4　阻力特性的测定

一台换热器的性能好坏，不仅表现在传热性能上，而且表现在它的阻力性能上。对一台换热器的阻力特性进行试验，一方面可以测定流体流经换热器的压降，以比较不同换热器的阻力特性，寻求减小压降的改进措施；另一方面可以根据换热器在航空发动机上的实际安装位置进行流阻匹配。

流体在流动中所遇到的阻力通常为摩擦阻力 ΔP_i 和局部阻力 ΔP_1。在气体非定温流动时，由于气体的密度和速度都将随之改变，因而还有因其消耗与气体加速度上的附加阻力 ΔP_a，即

$$\Delta P_a = 0.5(\rho_2 u_2^2 - \rho_1 u_1^2) \tag{7.24}$$

式中，ρ_1、ρ_2 分别为进、出口截面上的气体密度，kg/m^3；u_1、u_2 分别为进、出口截面上的气体流速，m/s。

在非定温流动的情况下，还应考虑受热流体的受迫运动在流道下沉的一段地区内受到向上浮升力的反抗而引起的内阻力。在数值上它等于浮升力，可由式（7.25）计算：

$$\Delta P_s = \pm g(\rho_o - \rho)H \tag{7.25}$$

式中，ρ、ρ_o 分别微流体的平均密度和周围空气的密度，kg/m^3；H 为流体流动的进

出口间垂直距离,m。

在流体下沉流动时,压力降 ΔP_s 为正;上升流动时,压力降 ΔP_s 为负。若换热器连接在一个闭式系统中,即流体不排向周围空气,则 ΔP_s 为零。因而上述情况下总的流动阻力为

$$\Delta P = \Delta P_f + \Delta P_l + \Delta P_a + \Delta P_s \qquad (7.26)$$

应该注意到,在设计计算中,可以认为串联各段的总流动阻力等于各段流动阻力之和,但实际情况并非如此。每段的流动阻力要取决于该段的上游地区流体流动的性质。如弯头后面一段直流道的阻力就远超弯头同样前面一段直流道的阻力。所以,较为合适的方法应该通过试验去确定阻力的大小。

测定阻力时,应先估计一下阻力的大小,再选用 U 形压差计或精度较高的压力表。根据试验测得的总阻降 ΔP,整理成压降 ΔP 和流速 u 的关系 $\Delta P = f(u)$,或 $Eu = f(Re)$ 的关系,并绘制成图 7.6 和图 7.7 所示曲线,通过两图可评估换热器两侧的流动阻力特性[8]。

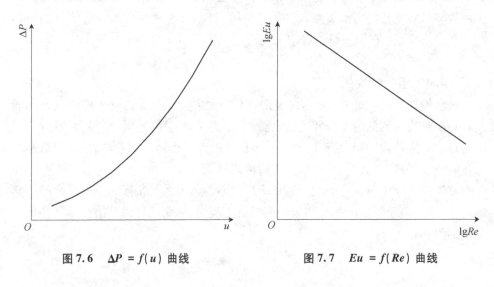

图 7.6 $\Delta P = f(u)$ 曲线   图 7.7 $Eu = f(Re)$ 曲线

7.5   换热器性能评价方法

一台符合实际应用需求又较为完善的换热器应满足几项基本要求:① 保证满足生产过程中所要求的热负荷;② 强度足够及结构合理;③ 便于制造、安装和检修;④ 经济上合理。在符合这些要求的前提下,尚需衡量换热器技术上的先进性和经济上的合理性问题,即换热器的性能评价问题,以便确定和比较换热器的完善程度。本节对现在已在使用和正在探索中的一些性能评价方法及其所适用的性能

评价指标进行概括,旨在给予读者较广泛的了解,后续可根据航空发动机换热器实际使用情况选取或探讨新的方法。

7.5.1 换热器的单一性能评价法

长期以来,对于换热器的热性能,采用了一些单一性能的热性能指标[9,10],如下所示。

(1) 冷、热流体各自的温度效率:

$$E_c = \frac{冷流体温升}{两流体进口温度差}, \ E_h = \frac{热流体温降}{两流体进口温度差} \tag{7.27}$$

(2) 换热器效率(即有效度): $\varepsilon = \dfrac{Q}{Q_{max}}$。

(3) 传热系数 K 和压降 ΔP。 由于这些指标直观地从能量的利用或消耗角度来描述换热器的传热和阻力性能,所以给实用带来方便,易为用户所接受。但是,这些指标只是从能量利用数量上,并且常常是从能量利用的某一个方面来衡量其热性能,因此应用上有其局限性;此外,对于航空发动机的换热器性能评价,由于其安装位置及结构强度考核等的特殊性,对于其换热器的评价更加严格。例如,换热器效率 ε 高,只有从热力学第一定律说明它所能传递热量的相对能力大,不能同时反映出其他方面的性能。例如,通过增加传热面积或提高流速的方法可以提高 ε 值,但如果不同时考虑它的传热系数或流动阻力的变化,就很难说明它的性能改善状况。因此,在实际应用中,对于这种单一性能指标的适用已有改进,即同时应用几个单一性能指标,以达到较为全面地反映换热器热性能的目的。以下将列出三种比较常见的换热器评价方法,以供参考及讨论。

7.5.2 熵分析法

在换热器中,热交换与传递的过程是有温差的,这是一个典型的不可逆过程。根据热力学第二定律,这个过程中熵是增加的。国外学者对热交换过程进行了分析,提出了一个对换热器性能进行评价的指标,即熵产单元数 N_s[11],并定义 N_s 为热交换系统由于过程不可逆而产生的熵增 ΔS 与两种传热流体中热容量较大的流体的热容量 C_{max} 之比,即

$$N_s = \Delta S / C_{max} \tag{7.28}$$

熵产单元数的出现使人们对换热器的研究从单一的性能参数、能量的多寡提升到了能量品质上,是一次质的飞跃。但是由于熵产单元数还不完善,在使用过程中的操作比较难以把握。

7.5.3　烟分析法

基于能源利用的合理性对换热器的热性能进行评价的方法就是烟分析法。在这种方法中,提出了烟效率的概念[9],定义为

$$\eta_e = \frac{E_{2,o} - E_{2,i}}{E_{1,i} - E_{1,o}} \tag{7.29}$$

式中,$E_{1,i}$、$E_{1,o}$分别为热流体流入和流出的总烟;$E_{2,i}$、$E_{2,o}$分别为冷流体流入和流出的总烟。

烟效率类似于熵产单元数,从能量的质量上综合考虑传热和流动的影响,而且也能用于优化设计。不同的是,熵分析法是从能量的损耗角度来分析,希望N_s越小越好,而烟分析法是从可用能被利用的角度来分析,希望η_e越大越好。但是,N_s并未表示出由于摩阻与温差而产生的不可逆损失与获得的可用能之间的正面关系,实用上不够方便。

7.5.4　换热器紧凑性评价法

常规换热器的紧凑程度一般按照每立方米体积的传热面积,即传热面积密度β来衡量。相同传热表面条件下,体积越小越好。因此,传热面积密度$\beta = \dfrac{A}{V}$(m²/m³)通常作为评价换热器紧凑性的指标。应用于航空发动机中的换热器通常由于发动机本身的体积限制而要求更加高效紧凑,常规的紧凑度评价标准对于航空发动机换热器适应性不高,目前行业比较认同的评价标准为功重比(kW/kg),即单位质量换热器所能交换的热量,其中交换热量一般为发动机飞行包线中的典型设计点所对应的换热量。

7.6　换热器的传热强化

强化换热器的传热过程,主要目的就是能够在单位时间与单位传热面积中尽量传递更多的热量。主要的意义就是在特定设备投资与输送功耗的情况下,取得一定的传热量,进而使得设备容量不断增加,劳动生产率不断增强。同时,在设备容量不变的情况下,使得结构紧凑且降低空间占用率,有效地节约材料并降低成本。这样一来,就能够在特定技术下实现特殊工艺要求的实施。

7.6.1　强化传热的基本途径

传热强化技术就是当高温流体和低温流体在某一传热面两侧流动时,使单位时间内两流体间交换的热量Q增大。从传热基本方程式$Q = KA\Delta T$可知,扩大传热

面积 A,增大传热温差 ΔT 和总传热系数 K 均可提高传热效率[12]。

1. 扩大传热面积 A

扩大传热面积不应单纯靠加大设备的尺寸来实现,而应从设备的结构来考虑,提高换热器的紧凑性,用最少的材料取得最大的传热量。一般通过下列途径来增加单位体积的有效传热面积:采用合适的内外导流结构,最大限度地消除管壳式换热器挡板处的传热不活跃区;热传递面采用扩展表面,如在对流换热系数较小一侧的热传递面附加翅片、筋片、销钉等[13,14];提高原有热传递表面,如将表面处理成憎水性覆盖层、多孔性覆盖层、双波纹状管等。

2. 增大传热温差 ΔT

增大传热温差也是强化传热的一种有效方法,主要通过两种途径。一是改变热流体或冷流体的温度。例如,提高辐射采暖板管内蒸汽的压力;提高热水采暖的热水温度;冷凝器冷却水用温度较低的深井水代替自来水;用空气冷却器降低冷却水的温度等,都可以直接增加传热温差;二是可以通过对传热面的合理布置,尽量使冷热流体之间的流动方式接近逆流,也可以提高传热温差。

增加传热温差应考虑到实际工艺或设备条件是否允许。传热温差的增大将使得整个热力系统的不可逆性增加,降低了热力系统的可用能。所以,不能一味追求传热温差的增加,而应兼顾整个热力系统能量的合理应用。

3. 提高传热系数 K

提高传热系数 K 是当今传热强化研究的重点,从计算公式

$$K = \cfrac{1}{\dfrac{1}{h_o} + r_1 + \dfrac{\delta}{\lambda} + r_2 + \dfrac{1}{h_i}} \tag{7.30}$$

可知,要提高传热系数 K,就必须减小各项热阻,δ/λ 由工艺使用条件等确定,且应用于航空发动机的换热器通常都是金属薄壁,故大多针对 $\dfrac{1}{h_o}$、$\dfrac{1}{h_i}$、r_1(管内壁面污垢热阻)、r_2(管外壁面污垢热阻)采取有效措施,以达到减小热阻、提高传热效率的目的。

对于污垢热阻,传热设备在运行过程中,热传递表面常有污垢积存,对传热产生附加热阻,导致传热速率降低,使其总传热系数有所下降。由于过去对污垢形成的机理研究甚少,很难准确估计垢层厚度及其导热系数,设计人员通常采用垢层热阻的经验值作为估算 K 值的依据,有时为使换热器胜任工艺条件,往往还加上一个安全系数,因而在设计计算后选用的传热面积中有较大部分用来应付污垢。为了便于分析,暂不考虑污垢热阻,则有

$$K = \left(\frac{1}{h_o} + \frac{1}{h_i} \right)^{-1} = \frac{h_o}{h_o + h_i} h_i = \frac{h_i}{h_o + h_i} h_o \tag{7.31}$$

由式(7.31)可见,K 值比 h_o 和 h_i 都要小,那么就需要考虑在加大传热系数时,加大哪一侧的换热系数更加有效。将 K 对 h_o 和 h_i 分别求偏导得

$$K_1' = \left(\frac{\partial K}{\partial h_o}\right) h_i = \frac{h_i^2}{(h_o + h_i)^2} \tag{7.32}$$

$$K_2' = \left(\frac{\partial K}{\partial h_i}\right) h_o = \frac{h_o^2}{(h_o + h_i)^2} \tag{7.33}$$

所得两个偏导数 K_1' 及 K_2' 分别表示了传热系数 K 随 h_o 及 h_i 的增长率。若设 $h_o > h_i$,则可写为 $h_o = nh_i$(其中 $n > 1$),得

$$K_2' = n^2 K_1' \tag{7.34}$$

这表明当 $h_o = nh_i$ 时,K 值随 h_i 的增长率要比随 h_o 增长率大 n^2 倍。可见,提高 h_i 对增强传热更为有效。即,应该使对流换热系数小的一项增大,才能更有效地增加传热系数。翅片管能加强传热的原因就在于在对流换热系数小的一侧增加了翅片,通过以薄翅片的方式来增加传热面,也就相当于使这一侧的对流换热系数增加,从而提高以光管表面积为基准的传热系数。

7.6.2   增强传热的方法

围绕上述三条增强传热的基本途径而采取的一系列技术措施即形成增强传热的方法。对于航空发动机换热器而言,受限于安装空间及质量要求扩展传热面积潜力有限,此外换热器入口流体温度参数基本确定;基于以上两点受限制的条件,本节只讨论如何提高换热器传热系数的问题。

由 7.6.1 节分析可知,换热系数中的较小者对传热系数的大小起着控制作用。在对流换热情况下,影响对流换热强弱的主要因素是流体的流动状态、物性和换热面的形状及尺寸等。这些因素的综合效果反映在对流换热系数的大小上。因此,强化传热就应针对这些影响因素采取相应的措施,如加强扰动以改变流态;加入添加剂以改变流体的热物性等。如果换热器的工况中同时存在辐射换热,在传热系数的计算式中把辐射换热的影响考虑在对流换热系数中,所以强化传热时还应同时针对影响辐射换热的因素采取相应措施。

1. 改变流体的流动情况

1)增加流速

增加流速可以改变流动状态,并提高湍流脉动程度。管壳式换热器中管程、壳程的分程就是加大流速、增加流程长度和扰动的措施之一。管内湍流时增加流体流速对增加传热能起到显著效果,但是要注意,增加流速也受到各种因素的限制。

因此,在设计和实际使用中应权衡各种因素,选择最佳流速。

2)加插入物[15,16]

在换热管内安放或管外套装金属丝(俄罗斯 AL-31F 外涵空气-空气换热器改型)、金属螺旋圈环、盘状构件、麻花铁、翼型物等多种形式的插入物,可增强扰动破坏流动边界层,流动还可以产生旋流和二次流而使传热增加。若插入物与管壁接触良好,还可以增大有效传热面积。例如,用薄金属条片扭转而成的麻花铁扰流子插入管内后,使流体形成一股强烈的旋转流而增强换热。插入时,若薄金属条片能紧密接触管壁,则能起到翅片的作用,扩展传热面。大量的试验研究表明,加插入物对受迫对流换热等有显著增强作用,但也会产生流动阻力的增加、通道易阻塞与结垢等运行上的问题。在使用插入物时应沿管道的全段流程,以保持全流程上的强化传热,且应注意阻力问题,尽量在小阻力下增强传热。

3)加旋转流动装置

旋转流动的离心力作用将使流体产生二次环流,因而会强化传热。上述提及的某些插入物,除本身特点以外,也能产生旋转流动。在此要提及的是一些专门产生旋转流动的元件或装置。例如,涡流发生器能使流体在一定压力下以切线方向进入管内做剧烈的旋转运动。研究表明,涡流强化传热的程度与雷诺数有关。在一定的热源温度下,对流换热系数随着雷诺数 Re 的增大而增大,且在达到某一最大值后下降。在应用上,应控制实际的雷诺数 Re 接近使对流换热系数最大的临界雷诺数 Re,以充分利用旋转流动的效果。除了流体转动外,也有传热面转动的情况,当管道绕不同轴线旋转时利用其离心力、切应力、重力和浮力等所产生的二次环流可促使传热强化[17]。相关研究表明,管道旋转对层流放热的强化效果显著,而湍流时效果不明显。

2. 改变流体的物性

流体的物性对对流换热系数有较大的影响,一般导热系数与容积比热较大的流体,其换热系数也比较大。对于航空发动机空气-空气换热器、燃油-空气换热器而言,受限于发动机实际工作中的空气热物性参数范围及可靠性等因素,对于空气侧热物性的改变幅度受限。对于燃油侧而言,充分发挥其压力较高的参数范围,使其工作在超临界压力范围内,形成超临界压力流体。近年来,超临界流体成为各国学者的研究重点,就是因为流体在超临界点特殊的物性变化。在航空发动机中通常使用的航空煤油,当其超过临界压力(国产航空煤油 RP-3 临界压力为 2.34 MPa)时进入超临界态,航空煤油的比热会突然增大,密度却急剧减小,流体的热容量大大增加。大量研究表明,当流体进入超临界后换热效果会有显著提升。

3. 改变换热表面情况

换热表面的性质、形状、大小都对对流换热系数有很大影响,通常可通过以下方法增强传热。

1) 增加壁面粗糙度

增加壁面粗糙度有利于管内受迫流动换热,同样的粗糙度在不同流动及换热条件下,对传热效果的影响是不同的。但是,增加粗糙度同时也会带来流动阻力的增加,在应用时需加以考虑。

2) 扩展表面

扩展表面是紧凑式换热器最常用的强化措施,无论是液体换热方式还是气体换热方式均是如此。在换热器两侧分别为气体和液体的强制对流过程中,气体侧的换热系数一般是液体侧的 $1/50 \sim 1/10$。根据 7.6.1 节的分析,气液换热主要需要减少气体侧的热阻,因此通常会进行气体侧表面扩展,但是一般气体侧的最终热阻还是会比液体侧高。

总体来说,结合常规换热器应用中的传热强化措施,在一定程度上可充分考虑航空发动机换热器的使用环境选择适当的强化传热方法,避免顾此失彼,对航空发动机换热器的结构可靠性产生影响。

7.7   换热器的结垢

污垢就是在传热表面上形成不洁净的沉淀物,该沉淀物阻碍传热并提高流体流动阻力,导致较高的压降。应用于航空发动机的换热器常常由于高温高压的工作环境而更加容易形成污垢。沉淀物的积聚会逐渐降低换热器的热动力性能,污垢影响能量消耗,并且由于需要补偿污垢影响通常要增大额外的换热面积,有时还会形成局部热点最终导致传热面的机械失效[18]。

7.7.1   管内污垢

原则上,为了便于清洗,易结垢流体通常走管内,且管内很少出现低速流动区或滞留区。污垢的种类因流体的特性、流体中夹带物及传热面材料的不同而有很多类型。对于常规换热器而言,常见的污垢形式为如下三种:结晶型污垢、沉积型污垢及生物型污垢。结晶型污垢,如钙镁类盐,在水中的溶解度随温度升高而降低,在壁面上形成结晶型污垢。对水质进行预处理或加入化学物质以提高结晶盐类在水中的溶解度,可消除或减轻此类污垢。生物型污垢,如藻类、菌类本身或其剥落物附着在传热面上形成污垢,不但阻碍流动和影响传热,而且腐蚀传热面。在水中加入氯或杀藻剂等可防止此类污垢形成。沉积型污垢,即壁面上的锈、杂物、悬浮在燃烧产物中的灰和未燃尽的颗粒等,一旦进入换热器就会因流速下降而沉积下来;另一类带负电荷的胶体颗粒常与传热面上一层溶于水中的带正电的铁离子互相作用而沉积成垢。一般可通过机械过滤、沉淀或化学凝聚等方法除去这类污垢。

对于航空发动机用燃油-空气换热器,由于换热器一侧的流体介质为碳氢燃料,温度高于 163℃就会产生结焦,本节重点考虑管内燃料结焦产生的沉积污垢的问题。根据反应机理可分为热氧化结焦(thermal autoxidation deposition)和热裂解结焦(thermal pyrolytic deposition)两类。其中热氧化结焦是由于燃料中碳氢分子与溶解氧发生一系列自由基链式反应,在该过程中生成结焦,通常发生在 163~450℃。热裂解是燃料中碳氢大分子受热断裂生成小分子并发生聚合、缩合反应并伴随结焦生成,通常发生在 450℃以上。

总体来看,结焦生成是一系列复杂的物理和化学过程,影响其生成规律的因素众多,包括温度、压力、流速、重力、管子形状等物理因素,以及金属材料、溶解氧浓度等化学因素。国外早在 20 世纪六七十年代即开始针对这一方面展开研究,经过几十年的积累在氧化机理和结焦反应模型等方面取得了丰硕研究成果;国内从 20世纪 90 年代开始重视航空煤油的热氧化及热裂解结焦问题,获取了大量数据,形成了一定的结焦特性机理及抑制方案。

根据结焦反应机理,可通过以下几种途径对碳氢燃料的结焦进行抑制:① 削弱或消除壁面金属对燃料氧化结焦反应的催化作用;② 除去燃料中溶解的游离氧,减少结焦反应物;③ 提高分子抗氧能力,降低其与氧分子结合反应的能力;④ 阻止结焦微团的集聚过程,降低大颗粒结焦生成以及结焦在壁面上黏附的概率。

这四类结焦抑制途径,具体通过两种措施实施。首先是在燃料中加入微量的多种添加剂组合包,改变金属催化、氧化反应及结焦微团的集聚等环节的具体进程,进而实现有效抑制结焦的目的。其次是对不锈钢材料表面改性,采用物理或者化学处理方法,阻止金属离子参与结焦反应。添加剂是目前国内外抑制碳氢燃料结焦的措施,主要是在燃料中加入添加剂,对氧化反应及结焦形成过程进行影响,提前中断结焦生成的链式反应或者阻止结焦微团积聚最终形成。工程上通常采用多种添加剂混合使用对结焦进行抑制。另外,金属对结焦的催化作用主要体现在金属离子作为中间媒介,能够加速氢过氧化物(结焦前体)的分解,加快自由基链式反应链初始化的进程。对航空常用不锈钢(304 和 321)表面进行改性,通常被认为是一种有效的结焦抑制途径。以上两种对于航空换热器燃油侧污垢热阻的抑制策略,可根据换热器在实际应用环境进行选择施加。

7.7.2 管外污垢

一般来说,管外的流动速度比管内低,管束流动均匀性差,并且受到流体流动诱发振动的影响,管外低流速区是污垢积累的常见区域。换热器工作时通常由于其他系统的运作,在管外壁也会形成灰尘、油渍等其他不洁积聚物,若壳程结垢,可以注意选择折流板的设计。若间距或折流板开口率不相称,弓形折流板有流动分布差的趋势,开口率太大或太小都会出现易结垢的流动区域。

7.7.3　污垢对换热器热动力性能的影响

（1）内外污垢层随着换热器的运行时间逐步增厚[19]，当管内外壁均有污垢时，两流体间的总热阻 R 一般可表示为

$$R = \frac{1}{h_i A_i} + \frac{r_i}{A_i} + \frac{\Delta t_w}{\lambda A_m} + \frac{r_o}{A_o} + \frac{1}{h_o A_o} \tag{7.35}$$

式中，r_i 为管内半径；r_o 为管外半径；A_m 为平均换热面积；Δt_w 为管内外壁温差。

基于无污垢情况下的总传热系数 K_{clean}，得到有污垢情况下的总传热系数 $K_{fouling}$：

$$\frac{1}{K_{fouling}} = \left(\frac{1}{h_i} \frac{A_o}{A_i} + \frac{\Delta t_w}{\lambda} \frac{A_o}{A_m} + \frac{1}{h_o} \right) \left(r_i \frac{A_o}{A_i} + r_o \right) = \frac{1}{K_{clean}} + r_F \tag{7.36}$$

所以正常情况下，由于污垢层的导热系数比流体或壁面的导热系数低，总热阻会越来越大，导致总传热系数降低。

（2）污垢层的存在增加了壁面粗糙度，提高了流动摩擦阻力以及由污垢导致的流道阻塞，从而增大换热器的压降。

（3）降低了换热器的热效率，影响工作系统中的后续流程，增加整体的热负荷。

（4）设计换热器尺寸时，考虑到污垢影响需要加大传热面积，因此会导致额外的成本输出，以及清洗处理的费用也会相应增加。

7.7.4　换热器的清洗

地面不同类型换热器的常规清洗方法主要为以下几种[20]。

（1）手工清洗。对于管外污垢或可抽管束等易清洗的换热器，若污垢质地较为柔软，可直接使用手工清洗。

（2）喷射清洗。对于管内污垢或者管束较为密集的不方便清洗区域，可使用高压水流进行喷射清洗。例如，0.2～0.4 MPa 压力下的空气灰尘污染物；4～12 MPa 压力下的软性沉淀物，如泥土、松散铁锈及生成物成长物等；30～40 MPa 压力下大量有机物、聚合物、焦油的清洗；30～70 MPa 压力下一些凝聚得较难清洗的水垢。通过特殊水枪或喷管将高压水流直接喷射到污垢表面，利用不同的接管，使压力得到最有效的利用。这种清洗程序的有效性取决于与污垢面的接触程度，而且应用过程中必须小心进行，以防管子损坏及伤害人员。另外，除使用高压水流进行喷射除垢，还有喷气除垢法也属于喷射清洗的一种。

（3）钻头及杆棒清洗。轻微堵塞的管束可以使用杆棒进行清洗，严重堵塞的管束则可以使用钻头进行清洗。在除垢时需要很好地接触污垢表面，同时，为了防止损坏换热器，要十分小心。

（4）热清洗。热清洗包括有机物和无机物的蒸汽清洗。该技术也被称为高压蒸汽清洗技术，可以去除一些石蜡和油脂。

（5）化学清洗。通常在其他清洗方式无效时选择化学清洗，即使用化学物质溶解或松化污垢。在开始清洗操作前，首先要了解沉积物的信息。对于燃油-空气换热器，主要考虑燃油侧的使用温度及产生的结焦类型。由于化学清洗存在设备腐蚀损坏的可能性，所使用的清洗液必须通过腐蚀试验，并且清洗过程中要控制腐蚀速率在可接受的范围内，在线腐蚀检测也很重要，清洗之后进行损坏程度的检测和清洗效果的测量也很重要。常用的化学清洗剂包括无机酸、有机酸、碱类、合成剂、氧化剂、还原剂、有机液等[21,22]。

未来应用于航空发动机的换热器，考虑其可靠性等因素，一定工作时间后大概率会直接替换，以旧换新。但是从远期来看，综合考虑商用发动机成本等因素，以上几种地面换热器的常规清洗方法依然可适用。

参考文献

[1] 文科,李旭昌,马岑睿,等. 国外高超声速组合推进技术概述[J]. 航天制造技术,2011(1): 4-7.

[2] Miyagi H, Monji T, Kishi K, et al. Combined cycle engine research in Japanese HYPR Project[R]. AIAA 95-2751,1995.

[3] 杨世铭,陶文铨. 传热学[M]. 4版. 北京: 高等教育出版社,2006.

[4] 戴昌晖. 流体流动测量[M]. 北京: 航空工业出版社,1992.

[5] 刘宇生,许超,谭思超. 整体试验台架非能动换热器的比例模化及设计[J]. 哈尔滨工程大学学报,2019,40(3): 449-455.

[6] 沙定国. 误差分析与测量不确定度评定[M]. 北京: 中国计量出版社,2003.

[7] 王秋香,戴传山,刘学章. 微管换热器流动与传热的实验研究[J]. 工程热物理学报,2012, 33(2): 315-318.

[8] 汤旖. 焊接板式换热器流动和传热性能研究[D]. 广州: 华南理工大学,2019.

[9] 史美中,王中铮. 热交换器原理与设计[M]. 6版. 南京: 东南大学出版社,2018.

[10] 倪振伟,焦芝林,罗棣菴,等. 评价换热器热性能的三项指标[J]. 工程热物理学报,1984, 5(4): 387-389.

[11] 林红良,李志,祝广场,等. 换热器熵产分析[J]. 船电技术,2012,32(s1): 35-37.

[12] Webb R L. Performance evaluation criteria for use of enhanced heat transfer surfaces in heat exchanger design[J]. International Journal of Heat & Mass Transfer, 1981, 24(4): 715-726.

[13] Niezgoda-Żelasko B, Żelasko J. Free and forced convection on the outer surface of vertical longitudinally finned tubes[J]. Experimental Thermal and Fluid Science, 2014, 57: 145-156.

[14] Sadeghianjahromi A, Wang C C. Heat transfer enhancement in fin-and-tube heat exchangers—A review on different mechanisms[J]. Renewable and Sustainable Energy Reviews, 2021, 137: 110470.

[15] 刘思宇. 换热器强化传热技术[J]. 煤炭与化工, 2019, 42(3): 144-146.

[16] 张靖周, 王奉明, 王锁芳. 扰流柱形状对流动和换热特性影响的研究[C]. 2004 年中国航空学会青年科技论坛, 银川, 2004.

[17] Khanafer K, Vafai K, Lightstone M. Buoyancy-driven heat transfer enhancement in a two-dimensional enclosure utilizing nanofluids [J]. International Journal of Heat and Mass Transfer, 2003, 46(19): 3639-3653.

[18] Kollbach J, Dahm W, Rautenbach R. Continuous cleaning of heat exchanger with recirculating fluidized bed[J]. Heat Transfer Engineering, 1987, 8(4): 26-32.

[19] 高明, 孙奉仲, 黄新元, 等. 换热器结垢工况下换热系数变化的分析研究[J]. 能源工程, 2003(4): 9-13.

[20] 李洁, 侯来灵, 李多民. 换热器结垢与清洗[J]. 广东化工, 2009, 36(1): 57-58.

[21] 聂明成. 换热器腐蚀与防护的现状与展望分析[J]. 化工管理, 2018(31): 138.

[22] Dillon B P. Corrosion Control in the Chemical Process Industries[M]. New York: McGraw-Hill, 1986.

第8章
旋转盘腔试验

在航空发动机所有盘类零件中,压气机盘与涡轮盘是受力最大且最为复杂的零件,在工作中主要承受轮盘本身产生的离心负荷、轮盘外载荷和热负荷等,其中离心应力对转盘强度影响最大,热应力次之。随着压气机增压比和涡轮进口温度的不断提高,盘类零件的冷却越来越受到人们的重视:研究人员想要尽可能地降低转盘的总体温度,以获得较高的许用应力;尽可能减小盘内的径向温差,以减小盘内的热应力。在这个过程中,航空发动机的二次空气系统对航空发动机的旋转盘部件的冷却起到了至关重要的作用。

航空发动机的旋转盘腔试验主要目的是获得转盘表面的对流换热系数,从而为冷气流量的分配提供依据。而冷气流量的合理分配对航空发动机极其重要。有研究表明,只要主流入侵燃气在盘腔内有 1% 的增加,就足以降低转盘 50% 的寿命;另一方面,减少 50% 的封严冷气量,燃气涡轮的整体效率将提高 0.5%,燃油消耗率将减小 0.5%。因此,准确地获取转盘表面换热信息,得到转盘表面换热分布情况对于改善涡轮性能、提升发动机设计水平意义重大。

8.1 试验系统及设备

本节主要介绍进行旋转盘腔换热试验所需的一些试验台通用设备。该试验台在尺寸和工况上能够满足大多数转静盘腔类换热试验的通用需求,而对于一些特殊的试验要求,则需要读者在此基础上自行增加试验模块。

整个试验台的构成如图 8.1 所示,整体来看,主要包括试验件主体部分、动力系统、气路系统、加热器部分、测量系统和数据采集系统。其中试验件主体部分可以根据每个项目内容的不同更换试验件,测量部分根据待测物理量需要用到的不同仪器也可以进行更换。图 8.2 是试验台的实物图。

8.1.1 试验件
将实际发动机中带盖盘高压涡轮盘腔结构简化,从而得到了本节的试验件。

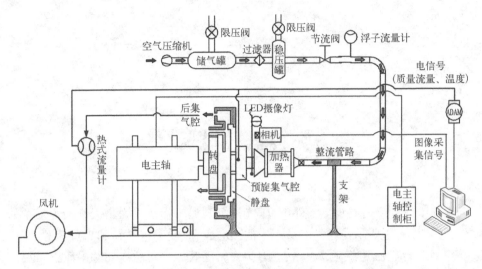

图 8.1　试验台示意图

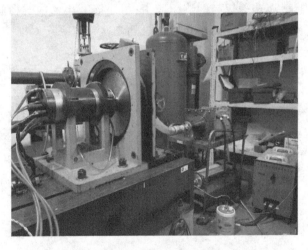

图 8.2　试验台实物图

各组件的相对位置关系及基本尺寸见图 8.3。如图所示,试验件主要包括静盘、盖盘和转盘组件三部分,考虑到试验方法的限制,静盘和盖盘材料均采用透光性良好的有机玻璃,转盘材料则采用导热系数较低的聚碳酸酯(高温下仍能保证较高强度),转盘辅盘材料为 45 号钢。之所以选择这种转盘加辅盘的组合模式,是因为当转盘处于较高转速时,对于转盘的动平衡和强度要求都是比较高的,一般只有金属材料才能满足要求;但同时由于瞬态法自身的要求,需要采用低导热率材料作为待测表面材料,而这又需要非金属材料。因此,一种材料是不可能同时满足这些要求的,需要将旋转部件的结构进行拆分组合。

　　说明:盖盘定位环将盖盘与转盘固定在转盘辅助盘上,通过斜面配合来保证

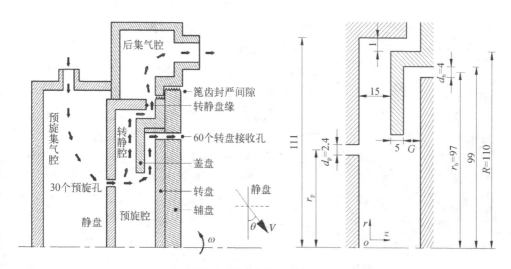

图 8.3　试验件系统(右图中数字单位: mm)

定位环与盖盘连接的可靠性和安全性;转盘、辅盘和电主轴采用锥度配合连接,该结构具有旋转自锁功能,能保证试验安全性和转速的精准性。

8.1.2　动力系统

盘腔试验动盘最高转速可达 10 000 r/min,并且转动件的转动惯量也比较大,因此需要采用一台定制大功率电主轴作为动力源。试验选用了额定功率为 23 kW、空载最高转速为 30 000 r/min 的电主轴,如图 8.4 所示。电主轴转速通过三相异步电机控制器来调节。该电主轴体积小,功率大,转速高,完全能够提供试验所要求的各项动力参数。

图 8.4　驱动电主轴及三相异步电机调速器

高速旋转设备的润滑和冷却也是整个动力系统需要考虑的重要部分,因为润滑系统和冷却系统是整个动力系统安全运行的前提保障。润滑系统和冷却系统均

图 8.5　油气混合润滑装置

采用外部循环设计。润滑系统采用油气混合润滑方式,冷却系统采用水冷循环方式。其中,油气混合润滑装置如图 8.5 所示,该系统可以手动调节润滑油的喷射频率以及每次润滑油喷射量,附有相应的计时器单元用于控制各类功能。额定工作压力需要至少 4 个大气压差才能保证系统正常运转。整个润滑系统在各气路通道中布置有数个压力测点,其中对于管道喷口位置的压力要求必须保持在 2~2.2 个大气压。该系统采用 42 号汽轮机油作为润滑用油,每次喷润滑油间隔时间为 20 s,每次喷油量为 0.025 mL。

电主轴的冷却系统采用外置循环水冷方式,冷却水由外置水箱中的水泵提供循环动力,水泵将冷却水从水箱中抽出,泵入电主轴的冷却水管道,流经电主轴中的高温部件附近进行水冷冷却,最终流回冷却水箱中完成冷却水循环。冷却水还需要完成防锈处理,因为冷却水流经的管路时间久之后会产生金属锈,因此需要将防锈剂添加入冷却水箱,并定期对冷却水进行更换,其中防锈剂的溶质质量配比为: $97\%H_2O$、2% 无水 Na_2CO_3 和 $1\%NaNO_2$。

8.1.3　气路系统

试验采用压气站提供的高压气源供气方式,高压气源是由两台 55 kW 的大功率离心压缩机将室外空气进行压缩得到的。高压空气最先储存在压气站的高压气罐中,经由输气管道输送至压缩空气精密过滤器,在过滤器中分离出空气中的水蒸气以及其他杂质后,流入稳压罐使得流动尽可能稳定以降低扰动波动对流场的干扰,稳压罐的压力区间在 5~8 个大气压,试验要求的最高流量大致在 400 kg/h,经测试发现当稳压罐压力最低时,仍完全满足试验对于流量的最大要求。试验要从稳压罐中引出两路气流:一路用于试验主流的气路,要求大流量以满足试验对于流量的额定要求;另一路用于油气混合润滑系统的动力气流,需要保证入口端的压力以满足油气混合润滑系统对于压力范围的要求。

整个试验气路由两级阀门调节,在阀门后有稳流段和质量流量计,流量计上可以直接显示当前流量。高压气罐中的空气经由流量计进入加热器,经过加热器加热后流入试验段入口端,从进气间隙进入试验件腔体内部进行换热,最后从出气间隙流出排入大气。

8.1.4　网状加热器

换热试验采用瞬态法测量转盘表面的换热系数,因此需要测量转盘表面的温度分布和主流的温度变化。瞬态法要求主流温度有明显的变化,因此试验可采用加热主流空气来实现温差,对于加热过程,理论上需要加热效率尽可能大,但是由于实际加热功率有限,并且采集系统频率有限,加热效率必须要处于一个合理的范围。试验选用网状加热器对空气进行加热。

网状加热器的结构如图 8.6 所示,主要包括加热器外壳、进口段、出口段、加热核心段,每段之间利用螺栓连接,并用硅酮密封胶进行密封。为了提高加热效率,除了进行必要的密封外,还需要在外壳的内侧、进口段、出口段、分流板外侧放置隔热板,并且在隔热板和加热核心通道内侧涂上隔热材料涂层。加热核心是由加热网、两根纯铜电极以及两块绝缘支架组成的。加热核心选用了能够耐受 1 200℃高温的铁铬铝材料加热网作为加热元件,每根加热丝的直径约为 120 μm,每个网格的尺寸约为 200 μm×200 μm,整张加热网的尺寸约为 168 mm×168 mm。纯铜电极根据连接的位置不同具有不同的结构形状,U 形电极是用于连接相邻的加热元件,条状电极用于连接加热元件和电源输入端。每三个加热元件组成一个加热单元,各加热单元采用独立供电线路,而每个加热核心拥有两个独立的加热单元。

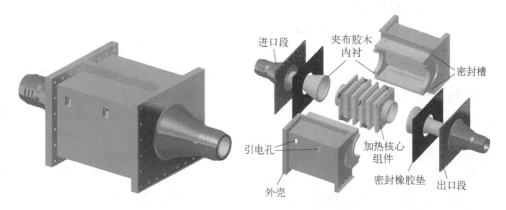

图 8.6　网状加热器结构示意图

试验采用某型供电交流弧焊机作为网状加热器的供电电源,如图 8.7 所示。输入电压为 380 V 交流电,其输出额定电压为 32 V,可以根据不同需求调节多挡挡位,试验采用中间挡挡位可以满足加热功率的要求。

8.1.5　测量系统

试验对于主流流量的测量可用热式质量流量计,如图 8.8 所示,测量质量流量的量程为 3~3 000 kg/h,测量精度为±1%。该流量计的工作原理是通过将两

图 8.7　供电交流弧焊机

图 8.8 热式质量流量计

根探头式传感器伸入气路管路中间,用于感应待测流体,其中探头式传感器上有两个温度传感器:一个传感器用于测量流体温度 T_1,另一个传感器通过加热使得感受到的温度大于流体温度,其温度为 T_2,内部控制器可以调节传感器的加热功率 P,流动稳定后会逐渐接近热平衡,使得 $\Delta T = T_2 - T_1$ 温差恒定。当待测流量变化之后,内置控制程序会改变加热功率 P,而质量流速 ρV 与加热功率 P 呈线性关系,可以根据线性关系通过加热功率 P 得到质量流速 ρV,而选用标准管道可以获得流通面积,进而可以得到质量流量,质量流量可以直接显示在该流量计的显示屏上。

试验需要测量两个部位的温度:一个是试验段入口处气体主流温度,另一个是转盘表面的温度分布。前者采用 K 型热电偶测温,线外壳材质是铁氟龙,-200~260℃为满足试验的温度区间,线芯材质是镍铬合金/镍硅合金,由于瞬态法需要测量温度-时间曲线,对时间精度要求比较高,需要焊点及热电偶整体的热容越小越好,该种热电偶在采用无杂质焊点加工后完全能够满足试验要求。温度通过热电偶反馈为电压信号,电压信号通过 ADAM – 4018 模块转化为数字信号,经过数字处理汇总后,通过 ADAM – 4520 模块传输至计算机,并通过编写的程序实现实时监控以及存储功能。试验将标准冰水混合物密闭容器作为热电偶参考温度的补偿端,等待冰水混合物混合充分且热电偶补偿端热平衡后即可读数。

对于转盘表面温度的测量,试验采用热色液晶测量,液晶的种类为 30℃ 宽幅,带宽为 20℃。将液晶调配均匀之后喷涂在转盘试件表面,用阶跃温升的气流吹过待测表面,在这个过程中用摄像机拍摄下液晶的显色图像,经过后处理即可得到转盘表面的温度和对流换热系数。详细的操作方法将在测试部分进行说明。

8.1.6 数据采集系统

试验数据采集系统主要对热电偶的温度数据进行采集和存储,主要负责采集试验段入口端主流在不同时刻的温度。先由热电偶将温度信号转换为电压信号,再通过 ADAM – 4017、ADAM – 4018 模块将电压信号转换为数字信号,并最终汇总到 ADAM – 4520 模块再读入计算机中进行后处理。

计算机中的数据采集存储程序采用 Visual Basic 进行编写,该程序主要用于实现对接数据采集模块接口进行串口通信、数据读写、图形用户界面(graphical user interface，GUI)显示、数据库存储等功能。所采集的原始数据经过编写的后处理计算程序可以得到想要的物理参数,之后存储在 Access 数据库中,方便后续调用或进一步处理。该程序也可以在试验过程中实时显示测量参数,以方便试验过程中进行调节。

8.2　试验方法

目前,关于转盘表面换热的测量方法主要分为稳态和瞬态两种。大部分学者采用直接换热测量法。为确定转盘表面的局部换热或半径 r_1 和 r_2 间转盘表面的平均换热情况,定义如下:

$$h = \frac{q}{T_w - T_{ad}} \tag{8.1}$$

$$h_{av} = \frac{2\int_{r_1}^{r_2} qr\mathrm{d}r}{(r_2^2 - r_1^2)\overline{(T_w - T_{ad})}} \tag{8.2}$$

式中,

$$\overline{(T_w - T_{ad})} = \frac{2\int_{r_1}^{r_2}(T_w - T_{ad})\mathrm{d}r}{(r_2^2 - r_1^2)} \tag{8.3}$$

q 为热流密度;T_w 为壁温;h 为换热系数;T_{ad} 为空气温度;r_1 为内半径;r_2 为外半径;r 为半径;h_{av} 为平均换热系数。

可通过多种方式来获得参与局部对流换热的壁面热流密度 q,其中部分学者采用稳态法测量,该方法将薄导热金属膜片覆盖到冷却表面,试验过程中该膜片能够传递确定且稳定的焦耳热流量。然而该技术忽略了转盘内部的横向导热,假设沿转盘法线方向的一维导热方程解已经满足要求。但也有学者在采用该技术时进行了多维处理。靠近转盘的金属薄膜的背面通常是绝热的,主要目的是减少热量损失,若未进行绝热处理,需要估计热量损失和进行误差分析。此外,还需要考虑冷却面的辐射损失。Owen 等采用厚层技术,以红外设备或电阻装置在背面加热转盘,而在转盘正面进行强制对流冷却并测量。转盘正面覆盖一层绝热材料,局部对流换热差异导致被冷却表面径向温度的变化,幅度值取决于流动特性、材料的导热性以及绝热材料厚度。利用有限差分法求解导热公式,从而得到了热通量(以稳态下所测温度作为边界条件),但 Owen 等在试验中未考虑过程损失的辐射热量。

另外一种获得转盘表面换热信息的方法便是瞬态法,即在已知初始条件和边界条件的情况下,通过求解一维导热方程获得包含转盘表面对流换热系数的解析解。该方法的实施,必须基于在短时间内(通常不超过 1 min)记录下的壁面瞬态温度场。而壁面温度的获得通常有三种方法,即热色液晶瞬态法、热电偶测温法,以及红外测温法。

稳态法测量对流换热系数中热流密度 q 的步骤比较烦琐,难以获得准确的试验数据,且对测试仪器的要求相对较高,试验时间长,资源投入大。瞬态法求解要求满足一维半无限大平板的无穿透时间假设,即通常要求测量转盘在几十秒内表面温度场的瞬态变化过程。两种方法各有优劣。考虑到测试技术的不断进步,国内对更高水平发动机的设计需求反过来对测试技术提出了更高的要求,因此国内主流的研究机构都逐步采用瞬态法进行旋转盘腔换热系数的测量。所以本章后面所选取的试验和分析也都以瞬态法为基础。

8.3 试 验 测 试

8.3.1 试验准备和注意事项

在第 1 章试验原理和方法中,关于瞬态换热试验的介绍中就有说明,液晶的瞬态传热测量理论是基于第三类边界条件下的一维半无限大物体的导热理论建立的。理想的测量过程需要温度的瞬间提升,但是在实际试验中,加热主流很难实现瞬间提升,主流温度稳定用时较长,又由于试验空气流量较小,温升迅速,主流温度达到稳定前,转盘液晶已完全变色。此时需要近似将主流温度 $T_{aw}(\tau)$ 处理为阶跃级数形式(图 8.9),即

$$\begin{cases} T_{aw}(\tau) = T_0, \quad \tau \leq 0 \\ T_{aw}(\tau) = T_0 + \sum_{i=1}^{n} (T_{aw}(\tau_i) - T_{aw}(\tau_{i-1})), \quad \tau > 0 \end{cases} \tag{8.4}$$

式中, T_0 为初始壁温; n 为阶跃级数的项数,且 $\tau_0 = 0$, $\tau_n = \tau$。当 $n \to \infty$ 时, $T_{aw}(\tau)$ 趋于实际主流温升曲线。对此,求解一维半无限大物体的非稳态导热方程组,得 $T_{aw}(\tau)$ 的解析式为

$$\theta_w = \sum_{i=1}^{n} (T_{aw,i} - T_{aw,i-1})(1 - e^{\beta^2 - \beta_i^2} \mathrm{erfc}(\sqrt{\beta^2 - \beta_i^2})) \tag{8.5}$$

式中, $\theta_w = T_w(\tau) - T_0$;无量纲变量 $\beta = h\sqrt{a\tau}/\lambda$; $\beta_i = h\sqrt{a\tau_i}/\lambda$ (其中 h 为换热系数, a 为热扩散率; λ 为导热系数); $\mathrm{erfc}(\beta)$ 为误差余函数:

$$\mathrm{erfc}(\beta) = 1 - \frac{2}{\sqrt{\pi}} \int_0^{\beta} e^{-u^2} \mathrm{d}u \tag{8.6}$$

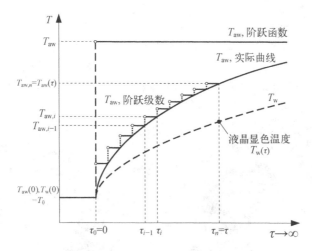

图 8.9　主流和壁面温度的时间曲线

　　需要注意的是,基于一维半无限大物体非稳态导热理论导出的转盘表面瞬态换热解析式应用于试验时,试验时间 τ 须满足半无限大物体的无穿透时间假设:

$$\tau \leqslant \frac{L^2}{16a} \tag{8.7}$$

式中,L 为物体在 x 方向上的厚度。

　　以转盘材料为聚碳酸酯,最小厚度为 $L = 0.0135\,\mathrm{m}$、导热系数 $\lambda = 0.2\,\mathrm{W/(m \cdot K)}$,密度 $\rho = 1\,200\,\mathrm{kg/m^3}$,比热容 $c = 1\,465.38\,\mathrm{J/(kg \cdot K)}$ 为例,计算得 $\tau \approx 100\,\mathrm{s}$,并且试验中仅少量工况的液晶变色时间接近该时间界限,基本满足特定要求。

　　其次,试验应满足理论模型的初始条件和常物性条件。所以试验前系统必须达到热平衡,且转盘在试验过程中温升不能过高。

　　最后,为保证测量准确性,试验过程中需保证换热系数稳定,而影响换热规律的因素主要为流动边界条件和热边界条件。固定试验工况下流动边界条件不变,而对于热边界条件,已知瞬态温度过程对换热系数测量结果的影响不大,所以能够保证测量精确度。

8.3.2　试验前的热色液晶标定

　　热色液晶用于转盘表面温度场测量前,应先进行温度-色调值标定,即记录温度与液晶图像色调的对应关系。这样在正式测量获得液晶关于温度的显色图像后,才能将图像还原成对应转盘表面位置的温度数据。需要注意的是,液晶的标定过程需要和真实试验的环境和操作保持完全一致,这样才能最大限度地消除误差。

1. 热色液晶颜色模型

一般情况下,颜色处理使用的是 RGB 模型,即红、绿、蓝三原色的混色模型(图 8.10)。然而,该模型并不能很好地适应人类的视觉特点,并且对于某一特定颜色,需要三个量去决定,在盘腔试验中使用起来极为不方便。

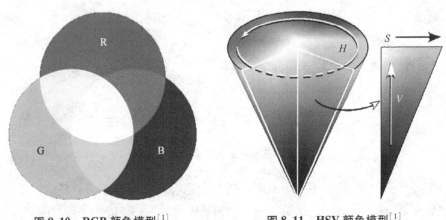

图 8.10　RGB 颜色模型[1]　　　　图 8.11　HSV 颜色模型[1]

随着颜色科学的不断发展,色彩理论也进一步完善,本节中采用 HSV 颜色模型[1],如图 8.11 所示。其中 H、S、V 分别是颜色的色调、饱和度和亮度。该模型的三个要素中,根据色调 H 信息即可准确区分颜色,因此本试验仅需标定热色液晶的显色色调值,得到 T–H 的函数对应关系即可。本试验使用 VB 程序处理液晶图片的 H 值,在处理过程中采用的 HSV 颜色模型和 RGB 模型的转化关系,如式(8.8)所示:

$$V = \max(R,\ G,\ B)$$

$$S = \begin{cases} (V - \min(R,\ G,\ B))/V, & V > 0 \\ 0, & V = 0 \end{cases}$$

$$H = \begin{cases} 60(G-B)/(SV), & V = R \\ 60[2 + (B-R)/(SV)], & V = G \\ 60[4 + (B-R)/(SV)], & V = B \\ 0, & V = 0 \\ H + 360, & H = 0 \end{cases} \tag{8.8}$$

2. 液晶标定试验

盘腔试验中使用的是 30℃宽幅热色液晶,带宽为 20℃。

图 8.12 为液晶标定设备示意图,标定设备主要由标定件、照明光源、炭浆加热膜、相机、测温传感器以及数据采集系统构成。标定件为导热性良好的铜块。标定前使用彩绘喷笔(图 8.13)在铜块表面先后喷涂黑漆和液晶(黑漆用来增加与液晶

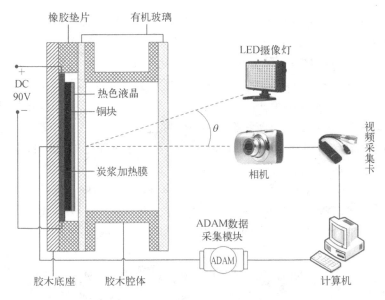

图 8.12　液晶标定设备示意图

图 8.13　喷涂液晶和黑漆的压力泵和喷笔

显色对比度)。铜块背面加工有两个圆槽,用于固定热电偶,圆槽使用绝缘导热的卡夫特硅脂进行密封。

　　注意,为保证铜块各位置的温度一致,用于加热铜块的炭浆加热膜必须与铜块紧密贴合,试验前需对铜块的多个位置进行温度校准。为提高标定结果的精度,需保证铜块温度上升速度尽可能低,本试验利用直流稳压电源供电,加热膜输入电压为 90 V,可以实现以不超过 0.2℃/s 的速度上升。模拟试验环境标定件中的三层有机材料分别为预旋集气腔透视窗、静盘和盖盘,其中各结构的材料厚度和间距尺寸均与试验结构一致,这就保证了标定环境与试验环境相同。

图像采集系统主要包括光源、相机和计算机。试验中光源由品色(PIXEL) DL-912型LED摄像灯提供(图8.12),其色温约为5 500 K。试验时,摄像灯亮度调节为中挡。所用CCD相机型号为佳能(Canon)IXUS 110 IS,分辨率调节为1 280×720像素,录制频率为30帧/s。需要注意的是,录像前必须校正相机的白平衡,否则录制的影像色调值与实际不符。相机可通过EasyCAP视频采集卡连接到计算机进行实时监测并录制。为提升液晶变色效果,标定过程需在暗室环境下进行。

3. 标定结果

图8.14给出了30℃宽幅(带宽20℃)热色液晶在上述标定环境下得到的特征显色序列,温度从高到低排列,分别为红色、黄绿色、浅绿色、绿色、深绿色和蓝色。获得变色图像后,按照8.3.4节所给步骤对其进行后处理,得到图8.15所示的 T-

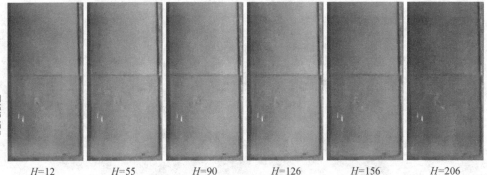

图 8.14　铜块上热色液晶特征显色序列

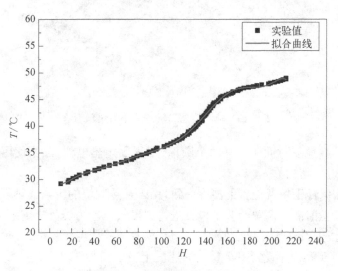

图 8.15　液晶标定曲线

H 关系。拟合关联式： $T = 31.42212 - 0.61012H + 0.05623H^2 - 0.00221H^3 + 4.82854E^{-5}H^4 - 6.24794E^{-7}H^5 + 4.88443E^{-9}H^6 - 2.2542E^{-11}H^7 + 5.63604E^{-14}H^8 - 5.8752E^{-17}H^9$，相关系数为 0.99847。

由标定曲线可知，H 值在 70~120 所对应的温度区间较小，能够保证液晶对应温度值的精准，经过多次试验数据处理验证，最终确定试验处理选定液晶标定的 $H \approx 85 \sim 100$ 作为 30℃ 宽幅液晶的代表色（绿色），由标定拟合关系式知对应的变色温度（壁面温度）为 $T = (35.385 \pm 0.615)℃$。

8.3.3　试验中的无量纲参数

旋转盘腔试验中需要调节的工况参数主要有转盘转速 ω、通过盘腔气体的流量 m、预旋孔的角度 θ，这些物理量对应的无量纲参数介绍如下。

旋转雷诺数：$Re_{\omega} = \dfrac{\rho \omega r^2}{\mu}$（$r$ 为盘腔最大半径，d 为特征尺寸）。

对主流雷诺数进行转化：$Re = \dfrac{\rho V d}{\mu} = \dfrac{\rho V A d}{\mu A} = \dfrac{\dot{m} d}{\mu A} = \dfrac{\dot{m} d^2}{\mu A d} = \dfrac{d^2}{A} \dfrac{\dot{m}}{\mu d}$，令 $C_w = \dfrac{\dot{m}}{\mu d}$（$\dot{m}$ 为质量流量，A 为进气流通面积，μ 为动力黏度），则流量系数 $C_w = \dfrac{A}{d^2} Re$，本试验采用流量系数 C_w 代表主流的无量纲流量。

由于旋转数 $Ro = \dfrac{Re_{\omega}}{Re} = \dfrac{A}{d^2} \dfrac{Re_{\omega}}{C_w}$ 反映了转盘的最大旋转速度和进气平均速度之比；而本试验所研究的转盘表面换热中采用湍流参数 $\lambda_T = C_w \cdot Re_{\omega}^{-0.8}$ 来分析换热规律。

进气预旋比：$\beta_p = V_{\phi, p} / \omega r_p$

径向局部努塞特数 Nu_r 定义为

$$Nu_r = \frac{hd}{\lambda} \tag{8.9}$$

式中，h 为转盘表面上径向位置各点的局部对流换热系数；λ 为与转盘表面换热来流气体的导热系数。

转盘表面平均努塞特数 Nu_{av} 是对转盘表面局部努塞特数进行的面积平均，表达式为

$$Nu_{av} = \frac{\sum\limits_{r = r_1}^{R} Nu_i \cdot 2r\mathrm{d}r}{R^2 - r_1^2} \tag{8.10}$$

8.3.4   试验后的图像处理

旋转盘腔试验中一般都会采用摄像模式来记录热色液晶生成的温度数据,而在后处理过程中需要将温度的处理时刻和摄像的帧数——对应来获取试验所需要的信息,具体的操作过程主要有以下几个步骤。

(1) 利用 WinMPG Video Convert 视频转换软件将视频按帧数(本试验采用 10 帧/s)转换成 jpg 格式图片。

(2) 利用 IrfanView 软件中的 Batch conversion 功能对所转换图片按顺序进行编号。

(3) 利用 Photoshop 软件对标定图片进行批处理裁剪,仅处理图片中放置两个热电偶位置处。原因:铜块变色均匀,处理布置热电偶的显色区域能够反映整个铜块的变色情况;节省计算资源。

(4) 利用 Photoshop 软件对试验图片进行批处理裁剪,裁剪区域为 18° 的扇形区域,由于试验转盘表面为中心对称圆盘,取整个转盘表面的 1/20 能够反映出转盘表面的换热特点。

(5) 利用汇编 VB 程序对步骤(3)得到的图片进行处理,得到各图片处理区域各像素点的色调值 H,最后输出平均色调。最终,通过将紧贴铜块的热电偶所记录的温度值与所得色调值结果进行——对应,得到 $T-H$ 变化曲线。

(6) 利用汇编 VB 程序对步骤(4)得到的图片进行处理,计算记录扇形区域各个像素点处达到液晶标定得出的 $H \approx 85 \sim 100$ 内的图片编号,由此可知各像素点的变色时间。根据变色时间即可对应满足该像素点变色需求的主流加热温度曲线范围,对主流温度曲线进行阶跃处理,利用割线法计算得到转盘表面的局部对流换热系数 h。

8.4   试验结果分析与处理

利用 8.1 节和 8.3 节介绍的试验设备和试验测试方法,本节以该试验台获得的一组预旋孔进气位置对转盘表面换热影响的试验数据为例,来简要说明试验结果的分析和处理过程。在分析过程中,分别对不同结构在各工况下转盘表面的换热情况进行分析说明,得到相应的径向局部对流换热系数分布云图、周向平均努塞特数分布曲线,以及整个转盘表面的平均努塞特数分布;最后简单讨论预旋进气位置 r_p 对转盘表面换热的影响规律。

8.4.1   局部对流换热系数

本节给出了预旋进气位置 $r_p = 30$ mm、预旋孔角度 $\theta = 30°$、间距 $G = 3$ mm 和预旋进气位置 $r_p = 56$ mm、预旋孔角度 $\theta = 45°$、间距 $G = 3$ mm 的局部对流换热系数 h 随预旋进气流量 m 和转速 ω 的变化分布。各云图区域的无量纲半径范围为 $r/R = 0 \sim 1.0$,周向为 18° 的扇形区域,占整个中心对称圆周的 1/20。此外,鉴于试验件几何结构和试验条件的限制,静盘表面预旋孔及其在转盘上的阴影会影响试验过程中的拍摄效果,不能完整地捕获该区域清晰的有效图像,故未获得相应的较为准确的换热系数,预旋孔位置包含 $r_p/R = 0.303(r_p = 30$ mm) 和 $r_p/R = 0.566(r_p = 56$ mm) 两种,R 为转盘半径。由于部分学者已经对转盘接收孔周围的换热特性开展了丰富的研究,并取得了一定的科研成果,加之本试验侧重整个转盘表面的换热特性,为简化试验操作等因素,照明设备采用的是常亮灯,所以并未获得转盘接收孔 $r_p/R = 0.99$ 处的局部换热特征。此外,由于试验过程中相机拍摄像素等因素的影响,试验所得转盘表面的换热云图在色彩效果上存在一定的缺陷。

1. 结构 $r_p = 30$ mm 的 h 云图分布

图 8.16 给出了结构 $r_p = 30$ mm、$\theta = 30°$、$G = 3$ mm 的转盘表面局部对流换热系数 h 随进气流量 m 和转速 ω 的变化关系。

如图 8.16 所示,当 ω 一定时,随 m 的增加,转盘表面换热强度整体增强。h 在预旋孔和接收孔处出现换热极大值,且在盖盘内边缘半径 $r/R = 0.586$ 处存在换热极小值。预旋进气的冲击作用造成了预旋孔半径处转盘表面的 h 出现峰值,换热强度随进气量 m 加大,局部换热增强。转盘接收孔处的换热峰值是孔周围的三维流动结构强化了换热作用,使得其换热强于附近转盘表面。盖盘内边缘半径处转盘表面的换热减弱可能是由于气流从预旋转静腔进入到旋转腔时,在转盘表面发生了分离。

预旋孔下方半径处转盘表面换热强度随半径的减小而降低,主要原因也是转盘的泵效应使得仅有少量换热气体进入到该区域进行换热。

纵向观察图 8.16(i)、(ii)、(iii)、(iv),为进气流量 m 一定时局部对流换热系数 h 随转速 ω 的变化规律。如图所示,当 m 一定时,h 随 ω 的增加而整体变大。随着 ω 的不断增加,转盘泵效应增强,转盘高半径处的换热强度快速增强,预旋孔以下半径处转盘表面的换热强度显著降低。当 m 较低时(如 $m = 20$ kg/h),转速 ω 对转盘表面的换热规律影响显著,此时黏性作用凸显,高半径处换热明显增强。

2. 结构 $r_p = 56$ mm 的 h 云图分布

图 8.17 给出了结构 $r_p = 56$ mm、$\theta = 45°$、$G = 3$ mm 的转盘表面局部对流换热系数 h 随进气流量 m 和转速 ω 时的变化分布。

如图 8.17 所示,当 ω 一定时,转盘表面换热强度随进气流量 m 的增加而有所加大,预旋孔半径处转盘表面周围冲击作用明显,接收孔处受三维流动强化换热影响强烈。换热强度虽整体有所增加,但较结构 $r_p = 30$ mm、$\theta = 30°$、$G = 3$ mm 的增幅明显减小,主要原因可能是进气位置不同,盘腔内流场结构不一致导致换热强度和规律存在差异;此外,预旋进气位置($r_p = 56$ mm)与盖盘内边缘($r = 58$ mm)过于接近,气流轴向冲击有可能直接冲击到盖盘内边缘,进入到旋转腔阻力较大,换热强度整体偏低。

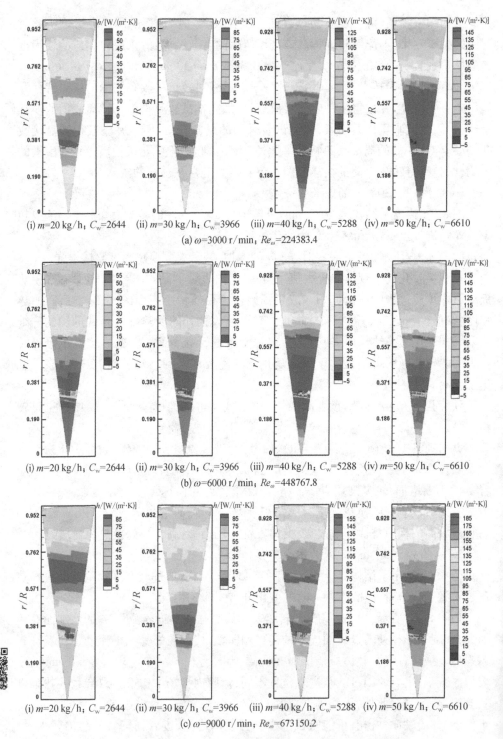

(i) m=20 kg/h；C_w=2644　(ii) m=30 kg/h；C_w=3966　(iii) m=40 kg/h；C_w=5288　(iv) m=50 kg/h；C_w=6610

(a) ω=3000 r/min；Re_ω=224383.4

(i) m=20 kg/h；C_w=2644　(ii) m=30 kg/h；C_w=3966　(iii) m=40 kg/h；C_w=5288　(iv) m=50 kg/h；C_w=6610

(b) ω=6000 r/min；Re_ω=448767.8

(i) m=20 kg/h；C_w=2644　(ii) m=30 kg/h；C_w=3966　(iii) m=40 kg/h；C_w=5288　(iv) m=50 kg/h；C_w=6610

(c) ω=9000 r/min；Re_ω=673150.2

图 8.16　结构 r_p = 30 mm、θ = 30°、G = 3 mm 的转盘表面局部对流换热系数 h 分布

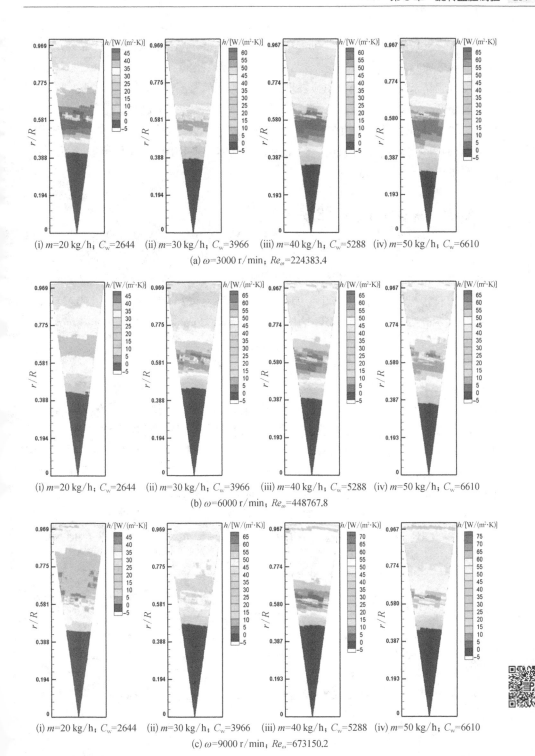

(i) m=20 kg/h；C_w=2644　(ii) m=30 kg/h；C_w=3966　(iii) m=40 kg/h；C_w=5288　(iv) m=50 kg/h；C_w=6610

(a) ω=3000 r/min；Re_ω=224383.4

(i) m=20 kg/h；C_w=2644　(ii) m=30 kg/h；C_w=3966　(iii) m=40 kg/h；C_w=5288　(iv) m=50 kg/h；C_w=6610

(b) ω=6000 r/min；Re_ω=448767.8

(i) m=20 kg/h；C_w=2644　(ii) m=30 kg/h；C_w=3966　(iii) m=40 kg/h；C_w=5288　(iv) m=50 kg/h；C_w=6610

(c) ω=9000 r/min；Re_ω=673150.2

图 8.17　结构 r_p = 56 mm、θ = 45°、G = 3 mm 的转盘表面局部对流换热系数 h 分布

由于进气位置较高($r_p = $ 56 mm），转盘泵效应对预旋进口半径以下转盘表面的换热影响更加明显。试验过程中进入该区域参与换热的气体流量急剧减少，试验记录时间内液晶未变色，如图可明显发现此区域显示 h 为零（云图中显示为蓝色）。

上述两个结构中转盘表面对流换热系数 h 云图随预旋进气流量 m 和转速 ω 的变化规律，能够说明预旋进气流量 m 和转盘转速 ω 均对转盘表面的换热规律有所影响，换言之，转盘表面的换热规律主要受流体惯性作用（对应预旋进气流量 m ）和黏性作用（对应转速 ω ）的影响。

8.4.2　转盘表面周向平均努塞特数

为量化转盘表面换热，将局部对流换热系数 h 在周向上进行面积加权平均后得到平均值，再利用公式 $Nu_r = hd/\lambda$ 可得到周向平均努塞特数 Nu_r。图 8.18 和图 8.19 给出了两种试验件结构在预旋进气流量 $m = 20 \sim 50 \text{ kg/h}$（ $C_w = 2\,644.2 \sim 6\,610.6$ ）和转盘转速 $\omega = 3\,000 \sim 9\,000 \text{ r/min}$（ $Re_\omega = 224\,383.4 \sim 673\,150.2$ ）范围内 Nu_r 的分布情况。两种试验件结构分别为 $r_p = 30 \text{ mm}$、$\theta = 30°$、$G = 3 \text{ mm}$ 以及 $r_p = 56 \text{ mm}$、$\theta = 30°$、$G = 3 \text{ mm}$。下面分别对各结构加以分析说明。

1. 结构 $r_p = 30 \text{ mm}$ 周向平均努塞特数

图 8.18 中当旋转雷诺数 Re_ω 一定时，周向平均努塞特数 Nu_r 随流量系数 C_w 的变化规律。随 C_w 的增加，转盘表面 Nu_r 整体增强，但不包括 $C_w = 2\,644.2$、$Re_\omega = 673\,150.2$ 的工况，其转盘表面换热规律受转速 ω 的影响强烈（黏性作用）。转盘表面 Nu_r 在预旋进气孔半径处转盘表面、转盘接收孔处以及盖盘内边缘半径处 Nu_r 均存在换热极值，具体原因已在 8.4.1 节说明。此外，从（a）、（b）、（c）三图的对比中还可发现，随转速 ω 的增加，转盘高半径处换热强度整体增强。

图 8.19 为流量系数 C_w 一定时，周向平均努塞特数 Nu_r 随旋转雷诺数 Re_ω 的变化规律。如图所示，在高于盖盘内边缘（$r/R > 0.56 \text{ mm}$）半径处，转盘表面 Nu_r 随

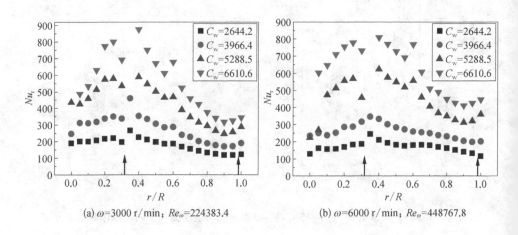

(a) $\omega = 3000 \text{ r/min}$；$Re_\omega = 224383.4$　　　　(b) $\omega = 6000 \text{ r/min}$；$Re_\omega = 448767.8$

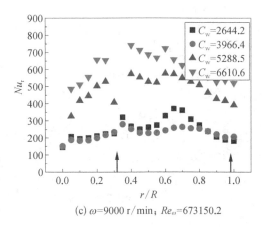

(c) ω=9000 r/min；Re_ω=673150.2

图 8.18　当 Re_ω 一定时，Nu_r 随 C_w 的变化规律

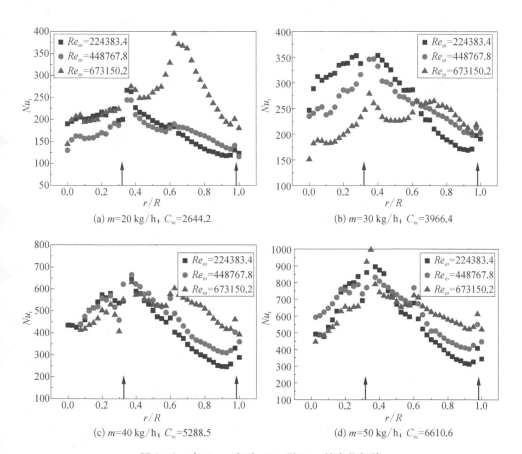

图 8.19　当 C_w 一定时，Nu_r 随 Re_ω 的变化规律

着 Re_ω 的增加而上升；但在小于盖盘内边缘半径时（$r/R<0.56$ mm），随着 Re_ω 的增加反而有所降低。在 $r/R=0.586$ mm（盖盘内边缘）处 Nu_r 发生转折，主要原因是转盘泵效应增强的结果，C_w 越小该现象越显著。

通过上述分析可知，转盘表面的换热规律确实主要受流体惯性作用（进气流量 m）和黏性作用（转速 ω）的影响。

2. 结构 $r_p = 56$ mm 周向平均努塞特数

图 8.20 为各旋转雷诺数 Re_ω 一定时，周向平均努塞特数 Nu_r 随流量系数 C_w 的变化规律。随 C_w 的增加，转盘表面 Nu_r 整体增强，但增幅偏小。工况在 $C_w = 2\,644.2$、$Re_\omega = 224\,383.4$ 时的转盘表面 Nu_r 可能因液晶的老化等问题出现偏差。从(a)、(b)、(c)对比中亦可发现，随 Re_ω 的增加转盘高半径处换热强度增强明显。

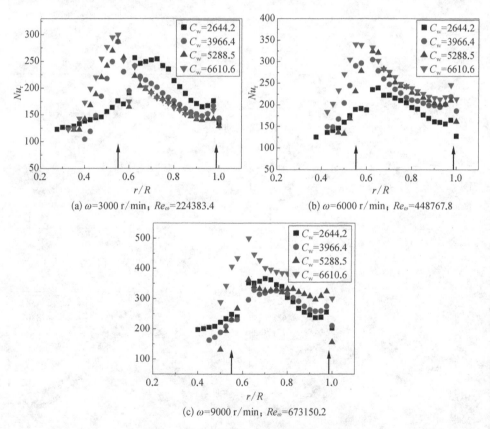

(a) $\omega=3000$ r/min；$Re_\omega=224383.4$　　(b) $\omega=6000$ r/min；$Re_\omega=448767.8$

(c) $\omega=9000$ r/min；$Re_\omega=673150.2$

图 8.20　当 Re_ω 一定时，Nu_r 随 C_w 的变化规律

图 8.21 给出了各流量系数 C_w 一定时，周向平均努塞特数 Nu_r 随旋转雷诺数 Re_ω 的变化规律。如图所示，随着 Re_ω 的增加，转盘表面 Nu_r 呈现整体增强趋势，在预旋孔半径处转盘表面和接收孔处存在换热极值。

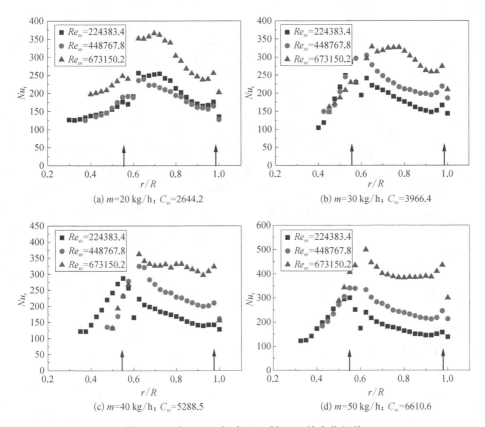

图 8.21 当 C_w 一定时，Nu_r 随 Re_ω 的变化规律

从以上两个试验件的分析中，不难发现预旋进气位置主要影响转盘表面的换热规律特点，即转盘表面换热强度随着进气流量的增大和转盘转速的增加而整体上升。

8.4.3 转盘表面平均努塞特数

图 8.22~图 8.29 给出了两种旋转盘腔试验结构（$r_p = 30$ mm、$\theta = 30°$、$G = 3$ mm，$r_p = 56$ mm、$\theta = 30°$、$G = 3$ mm）的转盘表面平均努塞特数 Nu_{av} 的变化规律。需要说明的是，预旋孔及其在转盘表面形成的阴影会影响该区域转盘表面换热系数的准确求解；此外，在试验工况范围内，进气位置 $r_p = 56$ mm 的转盘表面低半径处的换热系数极低（绝大部分换热系数为零），本节计算所得该结构的平均努塞特数 Nu_{av} 未将该区域考虑在内，这意味着参与平均努塞特数计算的面积仅为获得换热系数的部分。所以，本节计算所得的平均努塞特数 Nu_{av} 及其随各参数的变化规律仅能从定性方面反映出转盘表面的换热情况。

1. 结构 $r_p = 30$ mm 时转盘表面平均努塞特数

图 8.22 和图 8.23 给出了不同旋转雷诺数 Re_ω 及流量系数 C_w 下转盘表面平均

努塞特数 Nu_{av} 随 Re_{ω} 及 C_w 的变化情况。如图可见,当 C_w(Re_{ω})一定时,Nu_{av} 随 Re_{ω}(C_w)均呈现单调上升趋势,且从两图中能够观察到在试验参数范围内,进气流量 m 和转盘转速 ω 均对 Nu_{av} 有一定的影响。

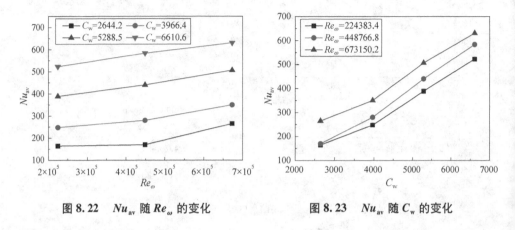

图 8.22　Nu_{av} 随 Re_{ω} 的变化　　　　图 8.23　Nu_{av} 随 C_w 的变化

图 8.24 和图 8.25 进一步将转盘表面平均努塞特数 Nu_{av} 按湍流参数 λ_T 作图,给出了平均努塞特数 Nu_{av} 随旋转雷诺数 Re_{ω} 及流量系数 C_w 的变化关系。

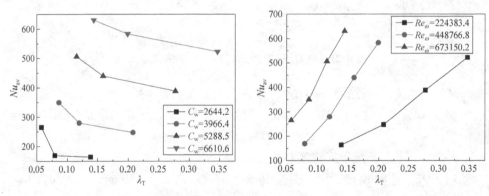

图 8.24　C_w 对 $Nu_{av} \sim \lambda_T$ 关系的影响　　　图 8.25　Re_{ω} 对 $Nu_{av} \sim \lambda_T$ 关系的影响

在 $0.05 < \lambda_T < 0.35$ 范围内,当 C_w 一定时,Nu_{av} 随 λ_T 的增大单调减小,下降斜率在低流量系数时更为明显,此时黏性作用更为凸显(图 8.24);当 Re_{ω} 一定时,随着 λ_T 的增大 Nu_{av} 随之增加。

当 λ_T 一定时,Nu_{av} 随着 C_w 的增大单调增加,增长速度随 λ_T 的提高而下降,Nu_{av} 随着 Re_{ω} 的增加而增加,增长速度随 λ_T 的提高而上升。可见,采用湍流参数 λ_T 对试验结果进行整理后,旋转雷诺数 Re_{ω}(或流量系数 C_w)对换热的影响规律均呈单调特性。

2. 结构 $r_p = 56$ mm 时转盘表面平均努塞特数

图 8.26 和图 8.27 给出了不同流量系数 C_w（或旋转雷诺数 Re_ω）下转盘表面平均努塞特数 Nu_{av} 随 Re_ω（或 C_w）的变化情况。图 8.26 中，当 C_w 一定时，Nu_{av} 随 Re_ω 呈现上升趋势；图 8.27 中，当 Re_ω 一定时，在旋转雷诺数较低的情况下（如 $Re_\omega = 224383.4$），随 C_w 的增加，Nu_{av} 上升趋势不是特别明显，甚至存在随 C_w 增加 Nu_{av} 减小的情况，而当 $Re_\omega = 673150.2$ 时，Nu_{av} 也并不随着 C_w 单调上升，可能是由液晶老化造成的试验结果存在偏差。

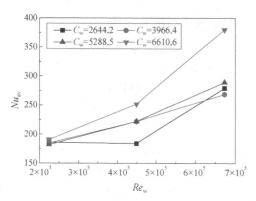

图 8.26　Nu_{av} 随 Re_ω 的变化　　　图 8.27　Nu_{av} 随 C_w 的变化

图 8.28 和图 8.29 进一步将转盘表面平均努塞特数 Nu_{av} 按湍流参数 λ_T 作图，给出了平均努塞特数 Nu_{av} 随旋转雷诺数 Re_ω、流量系数 C_w 的变化关系。如图所示，在 $0.05 < \lambda_T < 0.35$ 范围内，当 C_w 一定时，Nu_{av} 随 λ_T 的增大单调减小，下降斜率同样在低流量系数时较为明显（图 8.28）；当 Re_ω 一定时，随着 λ_T 的增大 Nu_{av} 整体呈现上升趋势（图 8.29）。当 λ_T 一定时，Nu_{av} 随着 C_w 的增大单调增加，增长速度随 λ_T 的提高而下降，Nu_{av} 随着 Re_ω 的增加而增加，增长速度随 λ_T 的提高而上升。

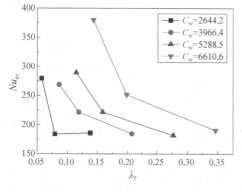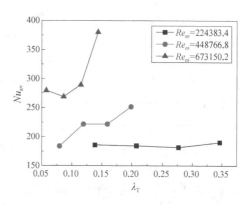

图 8.28　C_w 对 $Nu_{av} \sim \lambda_T$ 关系的影响　　　图 8.29　Re_ω 对 $Nu_{av} \sim \lambda_T$ 关系的影响

8.4.4　进气位置对转盘表面换热规律的影响

本节在具有相同旋转腔间距($G = 3\ \text{mm}$)和预旋孔角度($\theta = 30°$)的基础上,对因不同预旋进气位置r_p所形成的转盘表面换热规律的对比关系加以分析讨论,试验件如下:$r_\text{p} = 30\ \text{mm}$、$\theta = 30°$、$G = 3\ \text{mm}$,$r_\text{p} = 56\ \text{mm}$、$\theta = 30°$、$G = 3\ \text{mm}$。

图 8.30 为进气位置r_p对转盘表面换热规律影响的对比关系图,图中各行代表同一流量系数C_w时,周向平均努塞特数Nu_r随旋转雷诺数Re_ω的变化关系;同理,图中各列代表同一旋转雷诺数Re_ω时,周向平均努塞特数Nu_r随流量系数C_w的变化关系。

受试验条件所限,进气位置$r_\text{p} = 56\ \text{mm}$时未能获得整个转盘表面的周向平均努塞特数$Nu_\text{r}$。由于进气位置不同,腔内的流场结构也不尽相同,尤其是在$r <$56 mm 的盘腔内,所以为分析说明进气位置影响转盘表面换热的规律,应将关注点放在转盘表面高半径处,即应更多关注$r > 56\ \text{mm}$转盘表面的换热情况。

如图 8.30 所示,在 $2\ 644.2 < C_\text{w} < 6\ 610.6$, $224\ 383.4 < Re_\omega < 673\ 150.2$ 试验参数范围内,当进气流量较小时,进气位置$r_\text{p} = 56\ \text{mm}$的试验件在高半径处换热强度较高,而随着进气流量的增加,进气位置$r_\text{p} = 30\ \text{mm}$的试验件换热强度逐渐增强,并整体占优;此外,进气流量值较小时换热强度差异随着转速增加变化明显,但当进气流量较大时,惯性作用增强,此时换热强度差异值并不十分明显。

产生该现象的原因可能是,气流在旋转腔入口处的流场和速度分布不一致。当流量较小、进气位置较低时,因转盘表面的泵效应加速气体进入旋转腔内的幅度较进气位置高时大,较转盘转速更为接近,即$V_\varphi / \omega_\text{r}$更接近 1,边界层内的速度梯度较小,这就意味着在黏性作用主导下的换热强度会有所减弱;另外,因参与了预旋孔到旋转腔入口间转盘表面的换热,所以进入到旋转腔内气体温度较高,进气位置偏低。相反,当进气位置高时,即$V_\varphi / \omega_\text{r}$远小于 1,黏性作用主导下的换热强度会较高。随着进气流量增加,流体惯性作用增强,在和黏性作用共同主导转盘表面换热过程中,低进气位置时转盘表面高半径处换热更为强烈。此外,当进气位置$r_\text{p} = 56\ \text{mm}$时,盖盘内边缘产生的流动损失也会对转盘表面换热强度有所影响,进气流量越大该损失越大,这更加剧了高进气位置的换热值偏低。

本节在分析过程中以预旋孔位置的影响为例简要讨论分析了盘腔换热试验所得的结果。首先,给出了三种预旋结构的局部对流换热系数h云图,从宏观上研究了转盘表面的换热特点以及进气流量和转速对换热的影响规律;接下来,详细分析了两种预旋结构的转盘表面周向平均努塞特数Nu_r沿径向的分布情况,更直观地揭示出转盘表面在预旋孔半径处和接收孔处存在换热极大值,而在盖盘内边缘存在换热极小值的换热规律。其次,为了解各特征参数对转盘表面整体换热的影响,本节还给出了转盘表面平均努塞特数Nu_av的分布,Nu_av随流量系数和旋转雷诺数的增加而增大,采用湍流参数对试验结果进行整理后,旋转雷诺数(或流量系数)

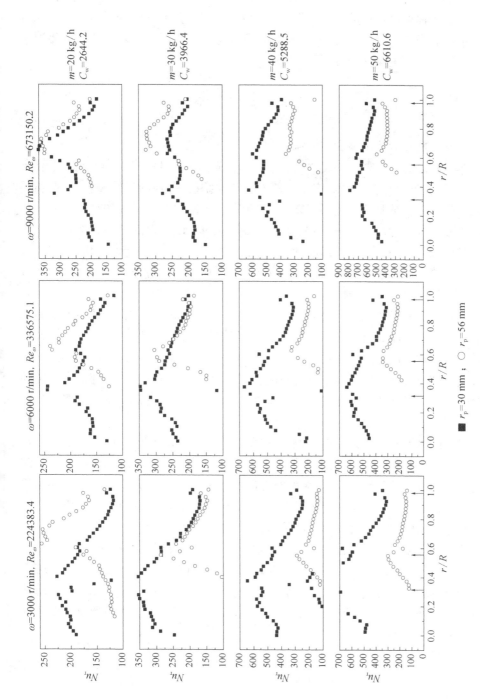

图 8.30　当 $\theta = 30°$、$G = 3\,\text{mm}$ 时，r_p 对 Nu_r 影响的对比关系

对换热的影响规律均呈单调特性。最后,针对几何结构的不同,讨论了预旋进气位置对转盘表面换热规律的影响,并得出了相应的结论。上述的分析过程和方法即是转静盘腔类换热试验的常用步骤,读者在自行试验的时候虽然试验件和工况会有改变,但大体分析思路基本是一致的。

8.5　试验流程与控制

发动机旋转盘腔试验的主要流程有以下五个阶段。

第一阶段的任务主要是确立试验方案。首先由试验的需求部门确定试验任务书,初步提出整个盘腔试验对应真实部件的几何结构,部件的运行参数范围,需要获取的物理量。试验的实施部门在收到任务书后,根据自身具备的试验条件对相应的真实结构进行简化,相似计算以满足试验要求,确定运行条件并选好测试方案,最终形成一个初步的旋转盘腔试验方案。之后试验方案将交给需求部门评审,确定是否符合试验任务书的要求。如果存在问题则继续完善相关内容;如果双方的意见保持一致,则正式确定试验方案。

第二阶段的任务主要是试验筹备。在确定盘腔试验方案之后,试验的实施部门要根据方案绘制试验件图纸,确定试验件使用材料,进行试验件强度校核,校核通过后交由加工厂方进行零件加工工作。零件加工完成后还需要进行尺寸校对,以及重点针对旋转部件进行动平衡测试。如果盘腔旋转试验台的转速过高可能还需要额外进行振动测试。在此期间还需要对试验需要的一些测试部件和标准件进行采购。

第三阶段即是正式试验前的调试阶段。在筹备工作结束后,试验的实施方首先需要安装旋转盘腔试验件的主体,安装完成后进行转动部件的测试以及转静间隙的测试,以确认试验件主体的装配符合设计要求。主体部分调试结束后,还要进行测试部件的调试。测试过程中要选取一些典型的试验工况进行试验,将获取的试验数据对比已有的公开文献中的数据,以验证试验数据的可靠性。

第四阶段为开展正式试验。在旋转盘腔试验台完成调试确认无误后,试验实施者就可以根据试验方案中确立的工况表一一进行试验工作,并记录好试验数据。

第五阶段是总结报告阶段。试验者将获取的盘腔试验数据进行综合整理,并分析总结,形成试验结果报告,提交给试验需求部门进行评审。评审通过后整个试验流程结束。

8.6　试验常见问题及处理

(1) 液晶的使用不当导致显色图像不佳。初学者在液晶瞬态法测量盘腔对流换热系数时容易在液晶调配和喷涂中操作不当,从而导致显色图像不佳。对此应当注意,对于新鲜的液晶,一般会将其与无水乙醇按 1∶1 的比例调配来喷涂使用。如果液晶的存放时间过长,则可以适当增加无水乙醇的配比,使得喷涂更加顺利。喷涂液晶时不宜过薄,要让整个转盘表面测试区的液晶颗粒分布均匀。因为液晶在几次使用后,显色效果就会下降,所以在工况较多的情况下,需要对同一试验件反复喷涂多次。但在整个试验过程中要保持相同的调配比例,喷涂的顺序、方法以及角度也要尽量保持一致,这样才能最大限度地保证多次试验的准确性。

(2) 试验图像的拍摄不当影响试验数据。试验过程中,每一个工况都需要对应的显色图像,要让试验获得的数据前后对比更加可靠,必须消除拍摄环境变化带来的随机影响。所以在拍摄过程中,要在非自然光环境下采用固定光源拍摄;同时要调整好光源的角度,避免在显色图像区域出现较大面积的反光现象;拍摄支架和试验件主体之间的相对位置在全部试验过程中都不要改变。

(3) 数据处理初始时刻 T_0 的选取不当导致数据失真。瞬态法测量盘腔对流换热系数的关键是获得在某一时刻 T_0 系统产生阶跃温升后对应的试验件表面的温度随时间的变化情况。在实际的试验过程中, T_0 的温度变化是用 K 型热电偶在盘腔的入口测得的,而升温后的气流从盘腔入口流动到转盘表面待测区域仍然存在一个很小的时间差。在这个时间差范围内一般会拍摄到数帧画面, T_0 时刻的选取一般是选定其中某一帧画面作为初始时刻。初始时刻的画面选取靠前或者靠后,都会导致最后计算得到的对流换热系数产生偏差,读者在操作过程中一定要注意保持选择标准的前后一致性。

(4) 关于热气吹冷盘的问题。在旋转盘腔换热试验中,由于气流比试验件更容易实现加热,常规的操作都是将阶跃温升后的高温气体吹向低温的盘腔试验件,但这一过程和真实的发动机涡轮盘腔内的物理过程正好相反。真实发动机涡轮盘腔中,都是温度较低的二次流空气系统中的冷气吹向被主流高温燃气加热后的涡轮转盘。对于这样获得的对流换热系数是否可靠的问题,一般认为,对流换热系数作为和导热系数一样的物性参数,在保证了几何尺寸、试验件材料和腔内的流场相似后,试验获得的对流换热系数不受温度的影响。也有学者曾经研究过转盘表面温度曲线对对流换热系数测量的影响,但这部分内容已经超出了本书的范围,感兴趣的读者可以自行阅读参考文献[2]的内容了解相关信息。

(5) 关于对流换热系数 h 的误差问题。对流换热系数 h 的误差应由式(8.5)分析,但因该式是基于阶跃级数温升而得,故可仅对单步阶跃温升的解(式(8.11))进行讨论。本节参考 Yan 等[3]的研究成果,进行以下分析:

$$\Theta = \frac{\theta_w}{\theta_{aw}} = f(\beta) = 1 - e^{\beta^2} \text{erfc}(\beta) \tag{8.11}$$

式中，Θ 为无量纲过余温度，$\theta_w = T_w - T_0$、$\theta_{aw} = T_{aw} - T_0$（本试验中 $T_{aw} = T_f$）、$\beta = h\sqrt{a\tau}/\lambda$，$\mathrm{erfc}(\beta)$ 为误差余函数，且有

$$\mathrm{erfc}(\beta) = 1 - \frac{2}{\sqrt{\pi}} \int_0^\beta \mathrm{e}^{-u^2} \mathrm{d}u \tag{8.12}$$

由间接测量的相对误差关系和式(8.11)可知：

$$(\Delta\beta)^2 = \left(\frac{\mathrm{d}\beta}{\mathrm{d}\Theta}\right)^2 (\Delta\Theta)^2 \tag{8.13}$$

由于 $\Theta = \theta_w / \theta_{aw} = (T_w - T_0)/(T_{aw} - T_0)$，所以有

$$(\Delta\Theta)^2 = \left(\frac{\partial\Theta}{\partial T_w}\Delta T_w\right)^2 + \left(\frac{\partial\Theta}{\partial T_0}\Delta T_0\right)^2 + \left(\frac{\partial\Theta}{\partial T_{aw}}\Delta T_{aw}\right)^2 \tag{8.14}$$

将式(8.14)代入式(8.13)，取相对误差后得到

$$\left(\frac{\Delta\beta}{\beta}\right)^2 = \left[\frac{1}{\beta f'(\beta)}\right]^2 \left[\left(\frac{\Delta T_w}{\theta_{aw}}\right)^2 + (1 - f(\beta))^2 \left(\frac{\Delta T_0}{\theta_{aw}}\right)^2 + f^2(\beta)\left(\frac{\Delta T_{aw}}{\theta_{aw}}\right)^2\right] \tag{8.15}$$

式中，

$$f'(\beta) = \frac{\mathrm{d}\Theta}{\mathrm{d}\beta} = 2\{\beta[f(\beta) - 1] + \pi^{-0.5}\} \tag{8.16}$$

根据 $\beta = h\sqrt{a\tau}/\lambda$，忽略时间 τ 和物性参数 a、λ 的误差，可知：

$$\left(\frac{\Delta h}{h}\right)^2 = \left(\frac{\Delta\beta}{\beta}\right)^2 \tag{8.17}$$

结合式(8.14)并考虑到试验中 $\Delta T_w = \Delta T_0 = \Delta T_{aw} = \Delta T = \pm0.25\,\text{℃}$，可得 h 的相对误差为

$$\left(\frac{\Delta h}{h}\right) = \Phi_h\left(\frac{\Delta T}{\theta_{aw}}\right) \tag{8.18}$$

$$\Phi_h = \frac{(2[1 - f(\beta) + f^2(\beta)])^{0.5}}{\beta f'(\beta)} \tag{8.19}$$

根据式(8.11)、式(8.16)以及式(8.19)可以得到 Φ_h 和 Θ 的关系，图 8.31 为 Yan 等给出的结果。在换热试验中 $\Delta T = \pm0.25\,\text{℃}$，$\theta_{aw}$ 为 $39\sim52\,\text{℃}$，Θ 为 $0.4\sim0.66$，从图 8.31 中可以看出，Θ 对应的 Φ_h 值小于 5，满足精度要求。由式(8.17)可确定换热系数的误差范围为 $\pm2.4\%\sim\pm3.2\%$。

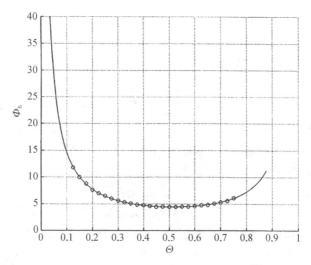

图 8.31　Yan 等给出的 Φ_h 和 Θ 的关系[3]

8.7　国内外典型试验设备介绍

在旋转盘腔换热试验方面,国外同样有很多大学的典型试验台值得我们学习借鉴,因此,本节将分别以亚琛工业大学和萨塞克斯大学的试验台为例为读者进行简单介绍。

图 8.32 为 Bohn 等使用的亚琛工业大学的旋转腔换热试验台。该试验台的旋

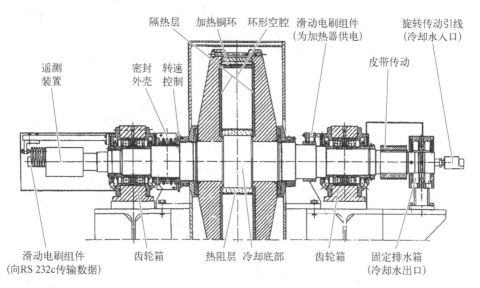

图 8.32　亚琛工业大学旋转腔换热试验台[4]

转腔内外径分别为 0.125 m 和 0.240 m,转盘之间的间距为 0.120 m,在旋转腔中共进行了 194 个单独试验。腔内使用了 8 个 10 mm 厚的径向叶片将空腔内形成 45°的分段。圆盘外侧采用了隔热处理,外圆柱表面是电加热的。通过中心轴上孔的冷水流使腔体降温,并通过内圆柱表面上环氧树脂层上的温度下降来测量热流。外表面的最高温度为 100℃,水温在 8~15℃变化。最高转速为 3 500 r/min,腔体可加压至 4 个大气压的绝对压力。

　　图 8.33 为 Long 等使用的萨塞克斯大学的多级旋转腔试验台。该试验台的内外径分别为 0.071 m 和 0.22 m,转盘间距为 0.0429 m,最大空气流量为 0.75 kg/s,可以承受最高为 3.7 个大气压的压力,并最高加热到 339℃。试验可以进行的旋转雷诺数范围为 $4.0×10^5 ~ 5.0×10^6$,轴向进气雷诺数范围为 $4.34×10^4 ~ 2.0×10^5$。这个试验件是一个高压压气机转子缩放比例为 70%的复制品,每个腔的 $a/b = 0.318$ 和 $s/b = 0.195$。试验中,盘罩由外部热空气流加热,在轴颈和中心(旋转或静止)轴之间的径向间隙中有冷空气的轴向穿透流;径向间隙可以通过使用不同直径的轴来改变。试验使用激光多普勒测速仪(laser Doppler anemometry, LDA)系统测量了 3 号腔和 4 号腔中的速度,并用嵌入式热电偶测量了 2 号腔和 3 号腔中固体表面的温度。

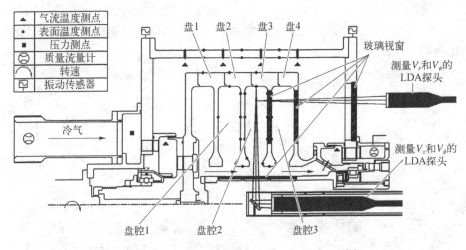

图 8.33　萨塞克斯大学多级旋转腔换热试验台[5]

8.8　技 术 展 望

　　关于发动机涡轮旋转盘腔试验,目前主流的测试方法是瞬态法,具体的技术手段主要有热色液晶和红外两种。前者由于本身的物理特性无法在高温下进行试验,后者则在高半径试验件的情况下误差较大。针对这两种方法在旋转盘腔试验上存在的缺陷,不同的研究学者在试验方法和测试手段上提出了新的解决思路,主要有以下两种。

一种方法是换热反问题研究,这种方法是基于一种新的试验思路来解决旋转盘腔换热问题。关于换热反问题的研究由来已久,早期的换热反问题研究通过将测得的温度数据进行多项式拟合,得到测量面的温度分布曲线,以此为依据获得对应的对流换热系数。但是常见的有共轭梯度法、正则化方法等反演时间较长,结果波动较大,尤其受不适定性的影响较大,当原始条件出现细微波动或误差,都可能造成反演结果的剧烈振荡或完全失真。这是反问题研究以及实际应用中的最大难题之一,在这种情况下,许多学者不断探索新的反演方法和优化思想以克服不适定性带来的影响。近些年,巴斯大学的 Owen 教授带领的研究小组通过结合贝叶斯统计法和换热反问题,获得了比较稳定的一维和二维的旋转盘腔换热反问题解决方案,感兴趣的读者可以自行阅读参考文献[6]来了解这部分研究内容的最新进展。

另一种方法是采用更先进的薄膜热流计来直接测量对流换热系数。薄膜热流计是一种基于线性原理的非量热型热流测量仪器。近些年来随着薄膜工艺的发展,可以利用真空沉积技术、微电子系统平版印刷、湿法刻蚀和等离子体增强化学气相沉积技术在微米级别厚的热阻基板上进行热电堆的加工来制作薄膜热电堆型热流计。薄膜基体通常采用热导率低、电绝缘、化学性能稳定且具有一定机械强度的材料。所镀的热电堆金属材料根据薄膜热流计的使用要求不同变化很大,通常来说在满足使用要求时尽量选用电阻值较低且塞贝克系数较高的金属作为热电堆材料。薄膜热流计相对于传统热电堆热流计有一些特定的优势,由于其热阻层非常薄,在接触到外界热流时,热阻层内部的温度场可迅速地到达稳定状态。同时热电堆的输出电压也能迅速稳定,即使是用稳态方法计算热流,它的响应时间也可以达到毫秒等级。此外,即使不用考虑响应时间上的差异,在一些特定原位热流测量中薄膜热流计也要优于常规非薄膜热流计。由于原位热流测量对于准确认识热系统很重要,常规的表面安装型热流计在测量时由于自身热容的存在会扰动温度场,影响原位热流的测量准确性,从而干扰系统热性能的评估。然而特征尺度可达微米级别的薄膜热流计由于自身热容较小,它的介入基本上不会影响原有的热流场以及安装表面的温度场,因而在常规的表面原位热流测量应用中就有较大的优势。尽管薄膜热流计优势明显,但是其加工制作的技术难度较大,对加工工艺要求较高。期待薄膜热流计的工艺和成本能够持续优化,以满足在试验中的大规模应用。

参考文献

[1] 赵熙,徐国强,罗翔,等.热色液晶标定和使用的影响因素[J].航空动力学报,2013, 28(6):1409-1414.

［2］ 罗翔,赵熙,徐国强. 转盘表面温度水平对自由盘湍流换热的影响［J］. 中国科技论文在线. http：//www.paper.edu.cn/releasepaper/content/201102－478.［2022－03－01］.

［3］ Yan Y, Owen J M. Uncertainties in transient heat transfer measurements with liquid crystal［J］. International Journal of Heat & Fluid Flow, 2002, 23(1)：29－35.

［4］ Tang H, Owen J M. Theoretical model of buoyancy-induced heat transfer in closed compressor rotors［C］. ASME Turbo Expo 2017：Turbomachinery Technical Conference and Exposition, 2017.

［5］ Owen J M, Long C A. Review of buoyancy-induced flow in rotating cavities［J］. Journal of Turbomachinery, 2015, 137(11)：111001－13.

［6］ Tang H, Owen J M. Effect of buoyancy-induced rotating flow on temperatures of compressor discs［C］. ASME Turbo Expo：Turbomachinery Technical Conference & Exposition, 2017.

第9章

预旋供气系统试验

预旋供气系统,简称预旋系统,是为涡轮转子冷却叶片提供满足需要的冷气流量和供气压力,使冷气顺利地进入到涡轮盘上与之共转,尽可能地降低供气相对总温的系统。预旋供气系统是组成航空发动机空气系统的关键子系统之一,对涡轮动叶和涡轮盘等部件的冷却、轮缘封严和轴向力调控等都至关重要。预旋供气系统试验的最主要目的是验证涡轮动叶的冷却是否能实现。

9.1 预旋供气系统的结构

图9.1给出了一个典型的盖板式低位预旋供气系统结构,其主要包括预旋喷嘴、预旋腔(转-静腔)、转动的接受孔、盖板腔(转-转腔)、供气孔(转动孔)以及内外环篦齿封严等元件。预旋喷嘴的主要功能是使气流偏转和加速,产生尽量大的周向速度。常见的预旋喷嘴有斜孔式、气动孔、叶片式和叶孔式等。预旋腔的主要功能是实现气流从静子到转子部件的切换,并且需要内、外环篦齿封严结构对冷却气流进行密封。接受孔的主要功能是接收经过预旋的气流到高速旋转的盖板腔中,目前报道的主要型式是轴向的直圆孔以及新型的跑道型孔、斜圆孔和叶型孔等。盖板腔的主要功能是隔离低温的冷却气流,防止与其他气流(封严泄漏流和入侵燃气等)掺混而导致冷却品质的降低,并将冷气传送到高半径的供气孔,有研究者通过在盖板腔内设置叶轮来改善其供气性能。供气孔是叶片根部与涡轮盘榫槽之间的冷气

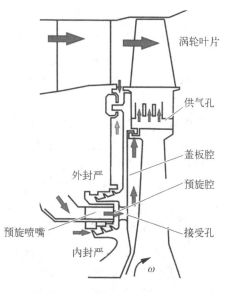

图9.1 典型的盖板式低位预旋供气系统结构

通道,冷却气流通过该通道进入涡轮叶片中,方向接近于轴向,截面形状复杂,可用圆形孔或者半圆孔近似代替。

气流在预旋供气系统中会经历一系列复杂的气动热力学变化,一定压力和温度的冷气经过预旋喷嘴的加速和偏转后,主要沿着周向流动,速度可以接近于声速,静压和静温大幅度降低。进入转动系统后,由于转子做功和离心升压等效应,气流的温度和压力升高。在转子系统内,对冷却起作用的是冷气相对总温、相对总压和相对速度,因此还需要将绝对总参数转换为相对总参数。充足的预旋供气系统出口压力和流量是涡轮转子叶片冷却结构设计达到预定目标的先决条件,对预旋供气系统的设计者来说是需要首先保障的。更低的预旋供气系统出口气流温度反映了冷却气流的冷却潜能,是设计者追求的目标。预旋喷嘴半径位置的高低和预旋腔内压力的高低决定了内外篦齿封严的难易程度,对相邻的轮缘封严效果也有较大影响,是预旋供气系统设计者和试验人员需要重点关注的内容。

9.2　试验目的与意义

9.2.1　试验目的

预旋供气系统试验的主要目的如下。

(1) 验证设计点状态下供气压力和供气流量是否满足设计要求,评价预旋降温效果,为结构改进提供依据。

(2) 获得不同转速、流量和压力等条件下预旋供气系统的流量-压力特性曲线和流量-温度特性曲线,为一维工程计算和三维数值计算提供验证数据。

(3) 评价预旋喷嘴喉部面积是否合适,以及内外环封严流量的大小和影响。

(4) 获得预旋喷嘴、预旋腔、接受孔、盖板腔和供气孔等关键元件的流动、温变和换热特性,为一维工程计算模型的建立提供数据。

9.2.2　预旋供气系统试验的重要性

预旋供气系统试验的最主要目的是验证涡轮动叶的冷却是否实现。涡轮动叶的综合冷效试验本应该在旋转、整环和有主流与冷气的条件下进行,由于巨大的加工试验成本和测试困难,国内当前的涡轮动叶综合冷效试验一般都是针对不转动的单个叶片,在给定供气流量或者供气压力的条件下进行。该试验方法的最大不确定性就是在旋转状态下叶片根部的供气流量和供气压力是否满足设计要求。

将预旋供气系统单独出来进行试验研究,就可以省去主流燃气和整环的气冷叶片,大幅度降低试验加工成本。采用相似模化试验方法,可在保证相似的条件下大幅度降低转速、气流压力、流量和温度,进一步降低试验难度和成本,通过在转盘上测量气流相对总温和静压,即可获得转动条件下动叶根部的供气流量、供气压力和供气温度。这样就可大幅度减少在转动和整环条件下进行动叶冷效试验的次数。根据国内的试验和测量技术现状,在接近发动机真实运行工况条件下进行转盘上的温度和压力准确测量还非常困难,而在常温和 10 000 r/min 的转速条件下进行转盘上的温度和压力测量技术已有一定的技术基础。

9.2.3 预旋供气系统试验的复杂性和困难性

(1) 预旋供气系统的多流路给试验台设计、试验模拟和状态参数调控都带来很大的困难。预旋供气系统呈现出典型的以预旋腔为中心的"十"字形供气流路,即喷嘴流路、转子供气流路、内环封严流路和外环封严流路。四条流路相互影响,必须收集、测量和控制其中三个流路的流量才能获得准确的转子供气流量。

(2) 预旋供气系统的高参数对转盘试验件设计、加工、安装调试和高速运转都带来巨大的挑战。高压涡轮预旋供气系统是发动机空气系统中冷气压力、温度和转速最高的区域,虽然采用相似模化方法可将试验参数大幅度降低,但在尺寸不变的情况下保证旋转马赫数和流动马赫数与发动机状态相等的试验转子速度最高可达 10 000 r/min 左右,压比最高可达 2.0 左右。

(3) 在高速转盘上进行气流温度与压力的测量和数据传输是对现有测量技术的巨大挑战。直径为 500 mm 的转盘以 10 000 r/min 的转速运行时,转盘外缘的离心载荷高达 25 000g,即质量 1 g 的偏心将产生 25 kg 的离心载荷,这对温度和压力测点的布置带来巨大挑战。目前国内外可以安装在转子上的微型压力传感器能够承受的最大离心载荷是 10 000g,必须采取措施保证其正常工作。在有大功率电机和各种发热源的复杂电磁与热环境下,将在转盘上测量到的压力和温度数据不受干扰地传递出来,在技术上也有相当大的困难。

9.3 预旋供气系统试验模型的边界划分

9.3.1 进口边界

预旋供气系统的引气一般来自高压压气机出口,通过燃烧室内环和必要的限流孔、管路和腔室到达预旋供气系统进口(喷嘴进口)。对于一台特定的发动机在特定的运行工况下,预旋供气系统进口的气流总压和总温,随预旋供气系统的结构形式、喷嘴半径位置等具体结构参数的变化很微小。在满足预旋供气系统出口压力和流量的前提下,很难通过改进预旋供气系统的结构形式来降低进口压力,不足以调整到从更低压气机级引气来提高发动机的气动效率。因此在预旋供气系统试验模拟中,一般将喷嘴进口设定为预旋供气系统进口边界,并通过测量喷嘴进口的总温和总压参数作为预旋供气系统的进口气流总温和总压。

9.3.2　出口边界

对于预旋供气系统的出口位置,不同的研究者有不同的选取,有的选取在与叶片根部半径相等的盖板腔出口截面(径向),有的选取在供气孔出口截面(轴向),有的选取在叶片冷气通道中的某个半径截面(径向)。本书建议将预旋供气系统的出口设置在轴向的供气孔出口,这一操作主要考虑的是:预旋供气系统的主要功能之一是使气流进入转子上并与转子同速旋转,即气流的旋转比不再变化并恒定为1。而在轴向的供气孔内,气流被强迫与转子同速旋转,除孔进口附近区域外旋转比都达到了1,已完成预旋供气系统的共转任务,可以设定为预旋供气系统的出口。并且对于某个特定的涡轮来说,供气孔的半径位置也是固定的。

预旋供气系统的出口就是涡轮转子叶片的冷气进口,预旋供气系统提供的压力和冷气流量必须满足转子叶片内流通道的流阻和传热需求。对于一个已设计好的涡轮转子叶片来说,对冷气流量的需求一般有一个设计值,流量小于这个设计值会导致叶片温度升高,影响其可靠性和寿命;实际流量大于设计值会导致发动机总效率降低,一般也是不允许的。因此,对某个发动机运行工况点的预旋供气系统来说是供气流量是一定的。

预旋供气系统出口压力对设计者来说也是一定的,涡轮转子叶片冷却结构设计完成后会提出一个供气压力设计值需求。如果预旋供气系统设计不合理,使得系统出口压力低于设计值,就将导致转子叶片的冷气流量不够而使叶片过热;相反,如果预旋供气系统通过改进设计使出口压力高于设计值,则涡轮转子叶片冷却设计者必须修改冷却结构来消耗掉过高的压力,否则叶片的冷气用量将超过设计值。

上述分析表明预旋供气系统的试验目标不仅要验证供气流量是否达到设计值,也要验证供气压力能否达到设计预期值。

9.3.3　内外环封严流边界

在预旋腔中,不可避免地存在一个内环封严和一个外环封严,外环封严的泄漏流一般是流出预旋腔,这对进入接受孔的气流参数影响微小。内环封严的泄漏流可能是流出预旋腔,也可能是流入预旋腔。如果泄漏流进入预旋腔,将使进入接受孔的气流温度升高,旋转比降低,显著降低预旋供气系统的降温效果。因此,在条件许可的情况下,需要模拟内环封严流的影响。

9.3.4　热边界

预旋供气系统传输的冷气与转盘壁面之间的温差较小,而冷气的质量流量很大,预旋供气系统中由壁面传热引起的冷气温度变化往往较小,因此在预旋供气系统的流动温降特性试验中,一般忽略壁面传热的影响,而将整个流动过程视为绝热情况。

如果需要考虑气流对涡轮盘的冷却,以及冷气吸热产生的温升,则不能再将各个壁面视为绝热壁面。此时可以通过保证气流与壁面的温度比来模拟气流与转盘间的换热情况。

9.4 相似分析与试验工况

预旋供气系统发动机模型状态的高温、高压和高转速条件在试验室中一般很难达到,有必要根据相似原理将发动机状态参数进行相似变换至常温常压条件下的试验状态参数。为此进行了如下所示的相似分析计算,其主要原则是保证旋转半径等主要几何尺寸相等、物理条件相似以及无量纲参数相等。

9.4.1 相似分析计算

为了展示如何将发动机状态参数相似分析到试验状态参数,以当代航空发动机预旋供气系统的典型参数(不针对任何特定的发动机)为例进行相似计算。

发动机模型状态参数(下标"1"):系统入口总温 $T_1^* = 900\ \text{K}$,入口总压 $P_1^* = 3\ 000\ \text{kPa}$,流量 $m_1 = 5\ \text{kg/s}$,系统出口静压 $P_1 = 2\ 000\ \text{kPa}$,转速 $\omega_1 = 17\ 000\ \text{r/min}$。

试验模型状态参数(下标"2"):系统入口总温 $T_2^* = 300\ \text{K}$。待求参数:入口总压 P_2^*,系统出口静压 P_2、转速 ω_2、供气孔流量 m_2。

1. 几何相似

保证试验模型与发动机模型的供气孔半径位置等主要几何尺寸相等,即尺寸比例为 $r_2/r_1 = 1$。

2. 物理条件相似

流体都为空气,并且试验模型与发动机模型中各点的气流物性参数对应成比例,并且主要物性参数(只与温度相关)满足以下比例关系。

当 $T_1^* = 900\ \text{K}$ 时,物性参数为

$$\mu_1 = 0.389\ 9 \times 10^{-4}\ \text{kg/(m·s)}, \quad \gamma_1 = 1.344\ 0$$

当 $T_2^* = 300\ \text{K}$ 时,物性参数为

$$\mu_2 = 0.184\ 6 \times 10^{-4}\ \text{kg/(m·s)}, \quad \gamma_2 = 1.399\ 3$$

可以得到

$$\frac{\mu_2}{\mu_1} = 0.473\ 4, \quad \frac{\gamma_2}{\gamma_1} = 1.041\ 1, \quad \frac{T_2^*}{T_1^*} = 0.333\ 3$$

式中,μ_1、μ_2 分别为动力黏性系数;γ_1、γ_2 分别为绝热指数。

3. 无量纲参数相等

1）相似准则一：流动马赫数 Ma 相等

流动马赫数 Ma 相等，即 $\dfrac{Ma_2}{Ma_1} = 1$，由

$$Ma = \frac{V}{\sqrt{\gamma R_g T}} \Rightarrow \frac{V_2}{V_1} = \frac{Ma_2 \sqrt{\gamma_2 T_2^*}}{Ma_1 \sqrt{\gamma_1 T_1^*}} = \sqrt{1.041\,1 \times 0.333\,3} = 0.589\,1$$

通过保证试验模型的进出口压比与发动机模型相等来保证流动马赫数 Ma 的相等，即

$$\pi_1 = \frac{3\,000}{2\,000} = 1.5$$

$$\pi_2 = \pi_1 = 1.5$$

2）相似准则二：旋转马赫数 Ma_ϕ 相等

旋转马赫数 Ma_ϕ 相等，即 $\dfrac{Ma_{\phi 2}}{Ma_{\phi 1}} = 1$，由旋转马赫数 Ma_ϕ 的定义式得

$$Ma_\phi = \frac{U}{C} = \frac{\omega r}{\sqrt{\gamma R_g T}}$$

$$\Rightarrow \frac{\omega_2}{\omega_1} = \frac{Ma_{\phi 2} r_1 \sqrt{\gamma_2 T_2}}{Ma_{\phi 1} r_2 \sqrt{\gamma_1 T_1}} = \sqrt{1.041\,1 \times 0.333\,3} = 0.589\,1$$

$$\Rightarrow \omega_2 = 0.589\,1 \times 17\,000 = 10\,014.7 \ \text{r/min}$$

3）相似准则三：流动雷诺数 Re 相等

流动雷诺数 Re 相等，即 $\dfrac{Re_2}{Re_1} = 1$，由

$$Re = \frac{\dot{m} r}{A \mu} \Rightarrow \frac{\dot{m}_2}{\dot{m}_1} = \frac{\mu_2}{\mu_1} = 0.473\,4$$

得 $\dot{m}_2 = 0.473\,4 \times 5.0 = 2.367 \ \text{kg/s}$。由

$$\dot{m} = \rho A V \Rightarrow \frac{\rho_2}{\rho_1} = \frac{\dot{m}_2}{\dot{m}_1} \cdot \frac{V_1}{V_2} = \frac{0.473\,4}{0.589\,1} = 0.803\,6$$

又

$$P = \rho R_g T$$

$$\Rightarrow \frac{P_2}{P_1} = \frac{\rho_2}{\rho_1} \cdot \frac{T_2^*}{T_1^*} = 0.803\,6 \times 0.333\,3 = 0.267\,8$$

得

$$P_2^* = 0.267\,8 \times P_1^* = 0.267\,8 \times 3\,000 = 803.4\,\text{kPa}$$

$$P_2 = 0.267\,8 \times P_1 = 0.267\,8 \times 2\,000 = 535.6\,\text{kPa}$$

此时进出口压比为

$$\pi_2 = \pi_1 = \frac{803.4}{535.6} = 1.5$$

4. 其他无量纲数

1) 旋转比 β

由旋转比定义式:

$$\beta = \frac{V_\phi}{r\omega}$$

$$\Rightarrow \frac{\beta_2}{\beta_1} = \frac{V_{\phi 2}}{V_{\phi 1}} \Big/ \left(\frac{\omega_2}{\omega_1}\right) = \frac{0.589\,1}{0.589\,1} = 1$$

2) 旋转雷诺数 Re_ϕ:

$$Re_\phi = \frac{\rho \omega R^2}{\mu} \Rightarrow \frac{Re_{\phi 2}}{Re_{\phi 1}} = \frac{\rho_2}{\rho_1} \frac{\omega_2}{\omega_1} \frac{\mu_1}{\mu_2}, \quad 又 \frac{\rho_2}{\rho_1} = \frac{\dot{m}_2 V_1}{\dot{m}_1 V_2}, \quad \frac{\omega_2}{\omega_1} = \frac{V_2}{V_1}, \quad \frac{\mu_2}{\mu_1} = \frac{\dot{m}_2}{\dot{m}_1}$$

$$\Rightarrow Re_\phi = \frac{\dot{m}_2 V_1}{\dot{m}_1 V_2} \frac{V_2}{V_1} \frac{\dot{m}_2}{\dot{m}_1} = 1$$

3) 无量纲流量 C_w:

$$C_w = \frac{\dot{m}}{\mu b} \Rightarrow \frac{C_{w2}}{C_{w1}} = \frac{\dot{m}_2}{\dot{m}_1} \frac{\mu_1}{\mu_2} = 1$$

5. 相似结果

1) 流量系数 C_D

$$C_D = \frac{\dot{m}}{\dot{m}_{id}} = f(\pi, Re, Ma, \beta, \text{GEO}) \Rightarrow \frac{C_{D2}}{C_{D1}} = 1$$

2) 温降效率 η:

$$\eta = \frac{\Delta T}{\Delta T_{id}} = f(\pi, \beta, Re, Ma, Ma_\phi, \text{GEO}) \Rightarrow \frac{\eta_2}{\eta_1} = 1$$

式中,GEO 表示几何结构。

9.4.2 相似结果与试验工况

1. 相似结果

针对航空发动机预旋供气系统的高温、高压和高转速实际参数,根据相似原理,在保证转子半径等主要尺寸不变的条件下,将气流温度降低到常温 300 K,可以大幅度降低预旋供气系统的试验状态参数。当进口压力为 803.4 kPa,出口静压为 535.6 kPa,转速达到 10 014.7 r/min,供气流量达到 2.367 kg/s 时,即可满足试验模型与发动机模型状态的相似,即流动马赫数 Ma、旋转马赫数 Ma_ϕ、流动雷诺 Re 和旋转雷诺 Re_ϕ 相等,所得无量纲结果,如流量系数和温降效率等与发动机模型相等。发动机状态参数与保证相似的试验状态参数的对比如表 9.1 所示。

表 9.1 动机状态参数与保证相似的试验状态参数

参　　数	发 动 机 状 态	试 验 状 态
引气压力/kPa	3 000	803.4
引气温度/K	900	300
供气压力/kPa	2 000	535.6
供气流量/(kg/s)	5.0	2.367
转速/(r/min)	17 000	10 014.7

2. 试验工况

预旋供气系统的试验工况包括两种类型:一种是设计点试验,另一种是特性试验(非设计点)。设计点试验工况可以参照表 9.1 所示的试验状态参数进行调试和试验。预旋供气系统流动温降特性主要受三个独立因素的影响,即旋转马赫数、流动马赫数和流动雷诺数,试验工况的确定可以从以下几个方面考虑。

(1) 旋转马赫数的改变一般通过改变转速(换算转速)来实现,可在 0 到设计点转速范围内设置若干个转速工况点。

(2) 流动马赫数的改变可以通过流量(换算流量)的改变来实现,可在 0 到设计点流量范围内设置若干个流量工况点。

(3) 流动雷诺数的改变可以通过系统背压的改变来实现,可在大气压与设计点背压范围内设置若干个压力工况点。

(4) 在流动雷诺数、流动马赫数和旋转马赫数满足相似要求后,旋转雷诺数自动满足要求。

9.5　试验台与试验系统

9.5.1　预旋供气系统旋转试验台介绍

预旋供气系统流动温降特性试验台的典型试验段结构如图 9.2 所示,试验台实物如图 9.3 所示。主要试验件包括预旋喷嘴、盖板盘、涡轮盘、进气机匣、导流机匣、中介机匣、出气机匣和支撑结构等。形成的腔室包括进气腔、预旋腔(转-静)、盖板腔(转-转)和排气腔(转-静)。试验台的供气方式为中心进气,高压气流进入喷嘴前需要稳压与整流。在机匣设计中,将进气腔设计体积足够大来降低来流速度,稳定来流压力,使气流平稳地进入预旋喷嘴。与进气机匣相邻的为导流机匣,导流机匣上设计了安装预旋喷嘴环的结构,并且与包容转子的中介机匣相连,中介机匣上布置有两个压力调节环腔。盖板盘和涡轮盘组成转子系统,并安装在转轴上。采用悬臂梁式的转子安装结构可以方便试验件的更换,供气孔的下游是出气机匣中介机匣,最终气体由出气机匣排出。

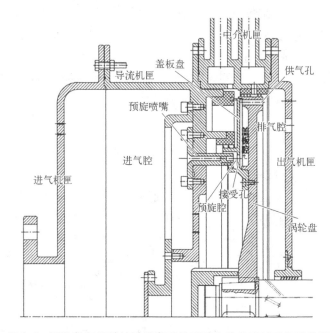

图 9.2　预旋供气系统流动温降特性试验台的典型试验段结构图

为了模拟预旋腔的内环和外环封严流路,在盖板盘上设计了内环封严篦齿和外环封严篦齿,并设计相应的腔室和流量汇集与测量管路。为了减小涡轮盘缘泄漏流的影响,设计了盘缘封严篦齿,并在中介机匣上设计了两个压力调节环腔。在试验过程中,可利用电动阀调节两个环腔的压力使其近似相等,从而使盘缘封严的

图 9.3   预旋供气系统流动温降特性试验台实物图

流量近似为 0,以达到密封的目的。

典型的预旋供气系统流路是以预旋腔为中心的十字型流路,即通过预旋喷嘴进入预旋腔的喷嘴流路质量流量 $\dot{m}_1$,通过接受孔、盖板腔和供气孔流出预旋腔的供气流路质量流量 $\dot{m}$,通过外环封严篦齿流出预旋腔的外环封严流路质量流量 $\dot{m}_2$,通过内环封严篦齿流入预旋腔(有些预旋供气系统是流出预旋腔)的内环封严流路质量流量 $\dot{m}_3$。各流路的质量流量关系如下:

$$\dot{m} = \dot{m}_1 + \dot{m}_3 - \dot{m}_2 \tag{9.1}$$

9.5.2   试验系统介绍

冷却空气主动控制试验系统整体流路如图 9.4 所示。试验测量系统包括静子件和转动件上的压力和温度测量,在试验段由流量测量系统(孔板流量计组)进行质量流量的测量。静止测量系统的信号由采集系统实时采集到计算机显示并保

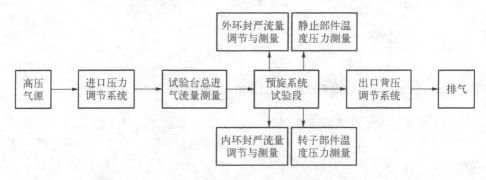

图 9.4   冷却空气主动控制试验系统整体流路示意图

存,转子件上的温度和压力信号由数据记录仪进行存储,试验结束之后将数据导入计算机中。所用气源需要能够提供稳定的气流,通过进出口压力调节系统完成试验段进出口压力的调节。

9.6 测 点 布 置

预旋供气系统流动温降特性试验的测量系统主要包括静子参数测量系统和转子参数测量系统,测量的参数主要包括质量流量、压力和温度等。试验台主要测量点布置情况如图9.5所示。

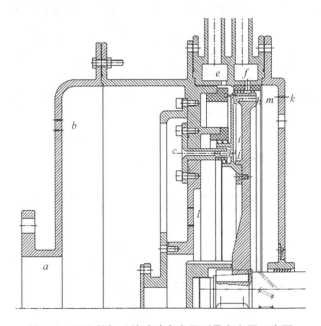

图9.5 预旋供气系统试验台主要测量点布置示意图

预旋试验中,质量流量测量可采用孔板流量计或者其他型式的流量计,本试验总共有4路流量,至少需要测量其中3路质量流量。需要准确测量得到通过预旋喷嘴、接受孔以及到达供气孔的质量流量。经过预旋喷嘴流入预旋腔的流量为喷嘴流量 $\dot{m}_1$,可以通过在进气管道处设置孔板流量计进行测量,经过内环篦齿封严进入预旋腔的流量为内环封严流量 $\dot{m}_3$,通过管路收集后可用孔板流量计进行测量。流出预旋腔的气流包括两路:一路流量 $\dot{m}_2$ 经过外环篦齿封严进入外环封严腔,再由压力调节环腔 e 排出并用孔板流量计测量质量流量;另一路流量 $\dot{m}$ 流经接受孔、盖板腔、供气孔和出气腔后排出,这一路流量由于轴上有封严泄漏难以准确测量,可通过前面3路流量的测量简介得到,其计算式如式(9.1)所示。设计的压力调节环腔可以使通过涡轮盘与机匣间的盘缘泄漏流量忽略不计。

如图 9.5 所示,试验台的温度压力测点布置如下所示。

(1) a 位置为入口总温测点,用来测量气流的来流总温, a 位置沿周向对称设置两个测点。

(2) b 位置为压力测点,进气腔的流通面积很大,目的是降低气流的来流速度,试验中用 b 位置静压代替预旋喷嘴进口总压。

(3) 喷嘴出口 d 设置有 4 个静压测点,分别设置在两个不同周向位置的喷嘴出口外环和内环侧壁上,4 个测点的压力通过引压软管引出测量,取 4 个测点的平均值作为喷嘴出口压力。

(4) e、f 位置布置压力测点。通过电动阀调节两个环腔的压力,当两个压力近似相等时,涡轮盘缘封严篦齿进出口压差基本为 0,通过涡轮盘与机匣间的泄漏流量可以忽略不计。

(5) g 位置周向布置 2 个供气孔入口压力测点; h 位置布置 2 个供气孔出口压力测点和 2 个温度测点; m 位置布置出口绝对总温测点。k 位置为出气机匣上供气孔出口静压测点,周向布置 2 个测点。

(6) i 位置周向布置 2 个温度测点; j 位置同样周向布置 2 个温度测点。

(7) l 位置布置内封严环腔温度测点和压力测点。

9.7　测量仪器

1. 压力测量

压力使用压力变送器、压力扫描阀和微型压力传感器进行测量。静止部件上的压力使用多通道压力扫描阀进行测量。压力扫描阀精度为 ±0.05% FS,静态测量分辨率为 ±0.003% FS。温度漂移误差为 ±0.001%FS/℃。根据测点位置的不同需要选择不同量程的压力变送器。压力变送器经过计量院校验,精度为 ±0.075%。压力变送器输出 4~20 mA 模拟 DC 信号,电流信号通过信号隔离器转换为电压信号输出至压力采集模块,压力采集模块将输出数字信号至计算机进行压力采集与流量计算。微型压力传感用于转动件上的压力测量,其可以直接测量测点的绝对压力。其最大特点是体积小(感压头直径为 3 mm,长为 20.3 mm),重量轻(4 g),温度零点漂移小(±1% FS/100℉),且最大可以承受 10 000g 的离心载荷。压力扫描阀如图 9.6 所示。

数据记录仪如图 9.7 所示,启动方式设计为延时启动,即在试验前设置记录仪的启动时间,到启动时间点时记录仪自动启动并采集记录数据,启动控制模块主要用来实现延时启动功能。记录仪的通信接口共设计了 16 路温度通道和 16 路压力通道,压力最高采集频率为 10 kHz,温度采集频率为 1 kHz,能够满足试验

图 9.6　压力扫描阀

图 9.7　数据记录仪

需要。记录仪内部封装存储空间为 4 GB 的 SD 储存卡用来储存采集到的温度与压力数据。记录仪设计有网络传输接口,用来实现与计算机之间的数据传输。同时可以通过计算机对启动时间进行设置。

　　2. 温度测量

　　温度测量使用多通道温度扫描阀以及 K 型热电偶,所使用扫描阀共 16 个测量通道,分辨率为 0.06℃,满量程精度为 ±0.99℃;热电偶量程为 -40~1 350℃,精度为 ±2.5℃,在 0~100℃ 内可以校正到 ±1℃。温度扫描阀如图 9.8 所示。

图 9.8　温度扫描阀

3. 质量流量测量

气体质量流量的测量可采用标准孔板流量计,如图9.9所示,通过压差变送器测量标准孔板前后压差,由压力变送器测量孔板前静压,由K型热电偶测量孔板前总温可以得到孔板流量计的质量流量。

(a) 孔板流量计组   (b) 标准孔板

图9.9   标准孔板流量计

4. 转速测量

试验中需要进行转速测量,可采用如图9.10所示的光电转速传感器对试验台转速进行测量。

图9.10   光电转速传感器

9.8   试验步骤

(1) 利用塞规测量涡轮盘齿顶外缘和中介机匣内衬套的间隙,调整机匣的安装位置直至转子与静子同心,保证间隙值为设计值。

（2）根据总装图安装调试主动控制旋转试验台,进行气密性检查,利用肥皂水涂抹到管道连接处或者试验台部件连接处,查看是否有气泡产生,若无气泡产生则气密性良好,之后进行测量系统的调试。

（3）在转速为0的条件下,通过改变进口压力来满足某个工况下进出口压比的要求,通过调控出口阀门来保证排气背压。

（4）保持该压比条件不变,开启旋转台驱动电机,使转盘转速从 0 r/min 逐渐升高到试验转速。在转速升高的过程中需要不断调整进气阀门使进出口压比和背压基本维持不变。

（5）在设定压比、背压和转速的条件下,进行压力、温度、流量测量。

（6）一定情况下,进行重复性试验,试验结果（如相同工况下的质量流量）偏差在3%以内方可接受试验数据,否则检查原因并重新进行试验。

（7）进行试验数据的整理和相关报告撰写。

试验的完成需要多名人员的协同合作,必须明确各自的职责。试验人员应各司其职,相互配合完成试验,试验后应对试验数据及时处理,确保试验数据合理可用。

9.9　风险评估与控制

9.9.1　风险评估

在项目实施之前,项目目标明晰和项目计划落实是非常重要的,但是仅仅采取这些措施仍是不够的。在试验设计阶段应该进行试验风险评估工作,对风险的大小进行量化分析,对可能发生的困难要有预估,并提前做好防范措施。将试验中某事件发生危险的可能性从低到高分为 1~5 级,事件发生的危害性大小也同样从低到高分为 1~5 级,二者乘积为该事件的风险,数值低于 9 认为是较低风险事件,10~16 认为是中等风险事件,高于 16 为高风险事件。表 9.2 罗列出了一些试验过程中存在的风险事件。

表 9.2　事件过程中存在的风险事件

事　件	可　能　性	危　害　性	风　险　值
篦齿与机匣发生剐蹭	3	2	6
润滑冷却系统故障	1	1	1
试验台运行过程中剧烈振动	2	3	6

事　件	可　能　性	危　害　性	风　险　值
试验室气源故障	2	2	4
试验台局部漏气	3	1	3
转子件上测点失效	3	3	9
静子件上测点失效	2	3	6

9.9.2　风险控制

定期检查试验件安装是否良好,螺栓是否拧紧,防止高转速下振动造成的螺栓松动。由于试验转速较高,在试验过程中需要试验人员实时观察试验件振动情况。试验过程中电机转速很高,会产生大量的热,所以实时监测滑油温度、冷却水温度以及轴承温度等参数,一旦出现异常立即停机检查,以免发生危险。

由于本试验为高转速预旋供气系统试验,涉及高速转动,试验过程中应时刻保持注意力集中,但不应慌乱,出现异常立即关机检查。试验过程中如无必要严禁进入试验间。试验台周围应保持整洁,不放工具杂物等。

9.9.3　异常情况及处理

(1) 安装过程对试验件的损坏。安装过程轻拿轻放,防止对试验件的损坏。

(2) 振动过大对轴承损坏。实时监测滑油温度,注意试验过程中试验台发出的声响,滑油温度或试验声音一旦异常立即停机检查。

(3) 试验过程中电机功率突然加大。出现功率突然的变化需要立即停机对试验台进行整体检查,查看是否存在转盘与机匣衬套剐蹭抱死等现象。

第 10 章
核心机试验

核心机是在燃气涡轮发动机中由高压压气机、燃烧室和驱动高压压气机的高压涡轮组成的核心部分,它连续输出具有一定可用能量的燃气,因此又可称为燃气发生器。其工作在高压、高温、高转速环境下,带来了恶劣的气动、热力、机械载荷,是发动机研制中主要难点和关键技术最集中的部分,也是航空发动机先进性和复杂性的集中体现。

航空发动机行业采用核心机途径来研究发展航空发动机,快速解决研制中出现的问题,在西方国家已获得巨大成功。早在 20 世纪 60 年代初,GE 公司和 PW 公司便在型号研制前做了一代又一代的核心机研制工作。到 90 年代,核心机研制计划已成为大量先进战斗机发动机设计的技术基础。美国政府于 21 世纪初实施的综合高性能涡轮发动机技术(IHPTET)计划,也是通过新一代的多种核心机和验证机研制来实现。由此可见,核心机设计技术在发动机研制中占有不可替代的地位,起着十分重要的作用。

开展核心机试验验证对减少发动机的研制风险、缩短高性能发动机的研制周期具有举足轻重的意义。国外航空发动机发展的成功经验也表明,采用核心机试验来研究发展航空发动机、快速解决研制中出现的问题是一条科学、合理的航空发动机发展道路。本章所述的核心机试验均指在试验核心机上开展的相关验证试验工作。

10.1　核心机简介及试验目的

10.1.1　核心机简介

单纯的核心机是不能够独立运转的,因其缺少必要的进排气系统及控制系统。在核心机基础上配置试验用进气/排气装置、承力结构、试验用外部及系统(传动/润滑、控制、起动及电气系统)和专项测量设备,就形成了一台可以开展核心机试验的"单转子涡喷发动机",一般称为试验核心机或者核心机验证平台。图 10.1 为国外 E3E 试验核心机实物图。

试验核心机不同于飞行用的发动机整机或核心机,并不是为了飞行设计使用,而是单纯地开展地面或高空试车使用。其目的明确,就是为了弄清核心机的气动、

图 10.1   国外 E3E 试验核心机实物图

热力及机械性能。基于此,试验核心机的设计、材料工艺与以往的发动机设计有所不同,设计时既要考虑经济和验证使用的需要,也要考虑测试改装,能够容纳大范围的仪器测量。

在空气系统设计方面,设计目标和手段都发生了较大变化。设计时既需要保持试验核心机独立稳定运转,又需要模拟整机的实际条件,为验证流动传热提供基础,同时还要考虑实现必要的测试目标。由于使用环境的改变,空气系统的引气位置除了传统的风扇、压气机级间外,还可以从台架设备引气,这给支点封严、冷却均温等带来了新的设计手段。图 10.2 为某型试验核心机的台架引气示意图。

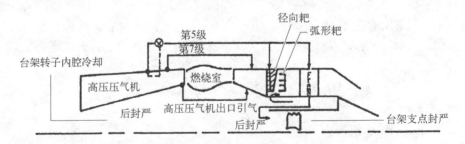

图 10.2   某型试验核心机台架引气示意图

本章主要介绍核心机试验中与空气系统及传热相关的试验内容,后续的核心机试验主要指试验核心机空气系统与传热试验。

10.1.2   试验目的
试验核心机试验的主要任务分为两大类:一是验证核心机部件的技术可行

性,解决高压部件的性能匹配问题,并提前暴露核心机结构完整性和耐久性中的薄弱环节;二是弄清核心机内部的气动、热力及机械性能,这些测量在整机中往往不可能实现。对于空气系统与传热方面,试验核心机可以精确地测量核心机内部的内流传热特性,这样可以在核心机与低压部件匹配之前完成核心机的修正设计。

空气系统与传热的试验核心机试验主要目的是对核心机的内流传热特性进行评估,从而对空气系统与传热设计予以详细和精确的评定。核心机试验运用分析手段推导出的发动机内流传热特性与在真实环境下发动机试车结果匹配度更高,相应的精确度增加。

这些评估和评定工作离不开大量的试验数据测量,如内部管路引气流量测量、高压转子轮盘温度测量。通过测量带来的数据,可以建立更完善、更精确的试验数据库,从而实现对内流传热特性的评估。通常这些测量需要对核心机进行大量的测试改装,而这些改装是在整机中无法实现的。E³ 发动机核心机试车时布置了多达 1 400 个气动、热力传感器[1],如图 10.3 所示。这些测试传感器需要通过特殊的结构来固定,这就需要大量的结构空间。核心机没有外涵道、低压部件及低压轴等组件,使得这些测试改装得以实现,图 10.4 给出了某型核心机

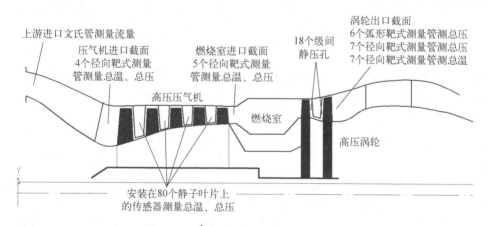

图 10.3　E³ 发动机核心机测点布置简图

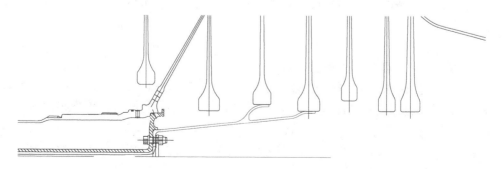

图 10.4　某型核心机试车时采用的引线轴组件示意图

试车时采用的引线轴组件,通过这个组件可以实现压气机转子壁温的热电偶测量。

总体来说,核心机试验主要是通过大量的整机无法实现的测试改装,获取核心机的工作特性数据,建立完善的、精确的试验数据库,最后通过分析手段推导出内流传热特性,从而对空气系统与传热设计予以详细和精确的评定。也可以简单地将核心机试验理解为"空气系统与传热的综合性试验平台"。

10.2   试 验 原 理

核心机试验与整机试验本质上并没有区别,试验原理是一致的,这里仅简要介绍一般原理。

核心机/整机空气系统试验与其他元件试验不同的是,试验不需要开展相似模化,只对试验状态有要求,这些试验状态往往来源于飞机/发动机飞行包线中的特殊或者关键状态点。通过测试获得空气系统关键腔室的压力和温度数据,配合已验证的典型单元阻力特性,获得单元流量,再根据流量连续原理确定未验证单元的流量,对其阻力特性和换热特性进行修正,最终完成空气系统标定,得到接近实际的压力、温度及流量分布情况,同时为传热分析提供边界依据。

传热试验的原理是通过对涡轮转子和机匣、燃烧室、高压压气机转子和机匣表面进行温度测试,获得零件的真实温度分布规律,然后对热分析模型进行标定,最终获得精确的热分析模型用于发动机全包线内的温度分析。

10.3   试 验 设 备

为满足试验核心机的验证需求,需要专用的高空模拟试验设备以便对进入试验核心机的空气进行加温、增压,用来模拟发动机高压压气机进口空气的状态或者飞行时核心机进口空气状态。各国都为核心机研制建设了专用的高空模拟试验设备,这个专用的高空模拟试验设备可以是加温加压试车台,也可以是直接连接式的高空试车台。

10.3.1   加温加压试车台

加温加压试车台与一般的地面试车台类似,只是在被试发动机(或者是试验核心机)进口增设了供气管道,供气管道与加温加压设备连通,试验时供气管道与被试发动机进口直接连接,这样就可以模拟被试发动机的进气条件。但是,由于被试发动机的喷口仍然与大气连通,无法模拟被试发动机的环境条件,这也是加温加压试车台与高空模拟试车台的主要区别。

　　试验核心机加温加压试车台供气流程如图 10.5 所示[2]，根据试验核心机进气条件的需要，供气管道共分为三股进气：一股直接采用常温大气供气，用来模拟常温常压试验条件，在这个试验条件下，加温加压试车台与普通的地面试车台功能一致；另一股气利用压缩机组（一般为离心式压气机）从大气环境抽气，经过机组压缩后并升温升压，之后直接进入混合器，通过混合器调节压力、温度，在满足核心机模拟的环境要求后供入核心机，但该股气流的温升来源于压缩机组的做功，温升较小，难以满足核心机模拟高飞行马赫数的需求；最后一股气流为满足高进气温度需求而设置，压缩机组的来流空气被供入加温炉进一步提高温度，加温后的气流进入混合器，通过混合器调节压力、温度。在实际试验过程中，可能仅单独使用一股供气流路，也可能三股供气流路全部使用，最终目的是通过调节这三股气流掺混的比例，产生高品质的、符合核心机进气压力、温度需求的进口气流。

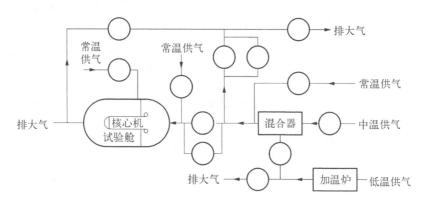

图 10.5　试验核心机加温加压试车台供气流程图[2]

图 10.6 给出了国内某加温加压试车台外景。

图 10.6　国内某加温加压试车台外景

10.3.2　直接连接式高空试车台

试验核心机可以看成是一个单转子的涡喷发动机,可以在涡喷发动机试验用的直接连接式高空台上开展相关试验验证。直接连接式高空台可用于分析研究标准大气和非标准大气各种飞行条件下发动机进口截面到尾喷管出口的整个发动机内部气动、热力过程,鉴定发动机附件和系统在不同飞行环境条件下的工作可靠性,研究和考核各种飞行条件下的发动机结构完整性。

直接连接式高空模拟试车台(简称直连式高空台)原理见图 10.7,通过调整供气的总温、总压来模拟发动机的进气环境,调整试验舱的总压来模拟发动机的工作环境,也就是说,完全实现了发动机内部流动的模拟。

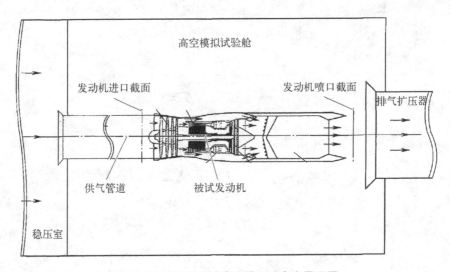

图 10.7　直接连接式高空模拟试车台原理图

航空涡轮发动机直接连接式高空模拟试验设备主要由供气系统、抽气系统、空气处理系统、试验舱主体设备及工艺系统、排气系统、天然气/燃油供给系统、水系统、供配电系统、通信联络系统、数据采集及处理系统、压力调节系统等组成,如图 10.8 所示。

(1) 供气系统采用压气机组对空气进行压缩后,通过空气处理系统将压缩空气进行除尘和加/降温处理,供给试验舱内的发动机。

(2) 抽气系统用于将试验产生的燃气抽出并建立所模拟的高度条件。

(3) 空气处理系统包括空气预处理系统(主要包括喷淋塔、气水分离器、硅胶干燥器和旋风除尘器)、空气降温系统(通过膨胀涡轮冷却降温)和空气加温系统(通过加温炉加温),其任务是把气源供气机供给的空气经过除尘、干燥等处理后,进一步加温或降温,以满足发动机进口温度的模拟要求。

(4) 试验舱主体设备用隔板分成前舱和后舱两部分。前舱,又称气动稳压室,

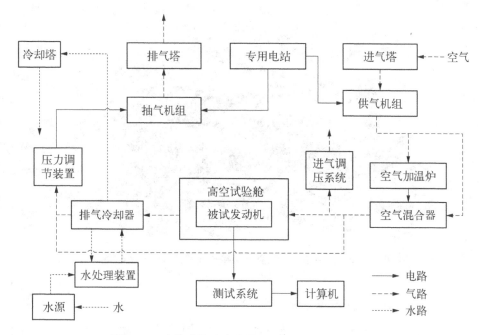

图 10.8　直接连接式高空模拟试车台试验设备简图

内部设有整流网、导流隔板等整流装置,用于收集进入的空气并使流场均匀,在前舱按照所模拟飞行状态下飞机进气道出口流动状态调定好空气的总压和总温,而后由空气流量管和进气管道将其导入进行高空模拟试验的发动机,空气流量管和进气管道从前舱穿过隔板与进行高空模拟试验的发动机直接连接。后舱,就是建立发动机高空环境状态(即模拟高空大气压力状态)的部分,内部设有推力测量台架及推力校准装置、排气扩压器及舱内其他设备等进行高空模拟试验的发动机就安装在推力测量台架上。

(5)工艺系统主要由燃油供应系统、燃油加降温系统、油封系统、液压泵负载及尾喷口操纵系统、局部抽真空系统、补氧系统、空气起动系统、辅助空气系统、冷却吹风系统等组成。

(6)排气系统由排气扩压器、直排大气段和排气冷却器等组成。其中,排气扩压器把发动机排出的高速气流的动能转化为压力能,相当于把发动机排出的燃气和进入扩压器的二股流空气进行第一次"增压",以减少抽气机负担或扩大直排大气边界。排气冷却器的功能是把发动机排出的高温燃气冷却至抽气机组能接受的温度,同时燃气降温的过程也是抽气容积流量降低的过程,这是对燃气的第二次"增压"。压力调节系统主要是调节高空舱前室压力以及抽气总管的压力,保证发动机试验所需的进口气流压力、流量以及环境压力。

图 10.9 给出了 E3E 试验核心机在直接连接式高空模拟试车台上的布置图。

图 10.9　E3E 试验核心机在直接连接式高空模拟试车台的布置图

10.3.3　SB101 高空模拟试车台

中国航发涡轮院 SB101 高空模拟试车台(图 10.10)始建于 20 世纪 60 年代,位于中国航发涡轮院江油试验基地,历经两代人三十年的艰苦奋斗,于 90 年代中期竣工,并于 1995 年 3 月完成了与俄罗斯中央航空发动机研究院高空台的对比标定试验,其测试精度、试验技术均接近国际先进水平。

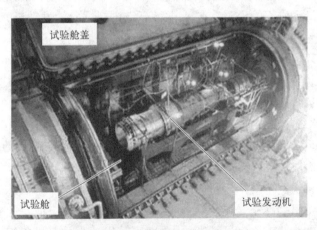

图 10.10　中国航发涡轮院 SB101 高空模拟试车台试验舱[2]

SB101 高空模拟试车台为典型直接连接式高空试车台,主要设备有供气气源和抽气气源、动力设备、空气加温设备、空气除尘和干燥设备、空气降温设备、航空发动机高空模拟试验舱或试验段、发动机排气冷却系统、模拟飞行状态的自动控制系统以及供电系统和给排水系统等大型设备,以及连接各大型设备的管道和阀门等。主要技术参数如下：最大模拟飞行高度为 25 km；最大模拟飞行马赫数为 2.5；发动机进口总压为 7~294 kPa；发动机进口总温为 -50~250℃；试验舱环境压力为 2.5~78.5 kPa；发动机空气质量流量为 5~350 kg/s；最大抽气容积流量为 28 000 m³/min；试验舱内径为 3.7 m；试验舱长度为 22 m。

10.4 试 验 测 试

试验测试的目的是获取真实、大量的试验数据，用来评价空气系统及传热的实际表现。测量参数包括转速、进口空气流量、主流道压力、温度、燃油流量等性能评估所需参数，也包括振动、脉动、动应力等安全监视参数，还包括试验台架、试车工艺、电气系统等参数，当然最重要的是与空气系统及传热相关的气流压力、温度及壁面温度等参数。

本节主要介绍与空气系统及传热相关的参数测量，其他相关参数的测量可参考发动机试验相关的书籍。

10.4.1 主要测试参数及测试手段

与常规空气系统及传热试验不同，在核心机试验条件下，测试本身的环境发生了较大变化。其特点是压力、温度参数范围宽，极限温度高，气流流速快，工作条件苛刻，影响测量精度的因素多。这对测量的准确性和快速性提出了较高的要求。热电偶、压力测试管等传统测试手段由于耐受能力高、精度高等特点得到了大量应用，薄膜热流计、组分测量仪等新型测试仪器由于耐受能力低不能在核心机试验中应用。

近年来，为满足对涡轮叶片温度等空气系统与传热关键参数和重要参数的测量需求，红外测温计、微型晶体测温传感器在发动机转子测温中大放光彩。

10.4.2 常规测试参数及仪器

按测试的靶向位置及测试走线路由，一般分为静止件测量参数和转动件测量参数。

1. 静止件测量参数

1）腔温

腔温测量是空气系统在发动机研制和生产过程中必不可少的测量参数，通常采用电量式测温方法即热电偶进行腔温测量，热电偶头部需伸入被测腔室约 5 mm，测试引线沿发动机静子结构布置并引至数据采集系统，典型的静子腔温测量如图 10.11 所示。

用于空气系统与传热测量的热电偶

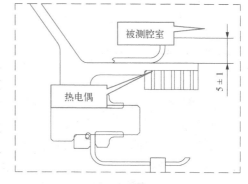

图 10.11 典型静子腔温测量示意图

有多种类型,如表 10.1 所示。在这些类型中,T 型、K 型、E 型和 S 型热电偶使用最为广泛。

表 10.1　常见热电偶特性

类型	材料	等级	使用温度范围/℃	测试精度
S	铂铑 10-铂	I	0~1 600	±1 或±$[1+(t-1\ 100)\times0.003]$
		II	0~1 600	±1.5 或±0.25%|t|
B	铂铑 30-铂铑 6	I	600~1 700	±1 或±$[1+(t-1\ 100)\times0.003]$
		II	600~1 700	±1.5 或±0.25%|t|
R	铂铑 13-铂	I	0~1 100	±1
			1 100~1 600	±$[1+(t-1\ 100)\times0.003]$
		II	0~600	±1.5
			600~1 600	±0.25%|t|
K	镍铬-镍硅	I	−40~1 000	±1.5 或±0.4%|t|
		II	−40~1 200	±2.5 或±0.75%|t|
N	镍铬硅-镍硅	I	−40~1 100	±1.5 或±0.4%|t|
		II	−40~1 300	±2.5 或±0.75%|t|
E	镍铬-康铜	I	−40~800	±1.5 或±0.4%|t|
		II	−40~900	±2.5 或±0.75%|t|
J	铁-康铜	I	−40~750	±1.5 或±0.4%|t|
		II	−40~750	±2.5 或±0.75%|t|
T	铜-康铜	I	−40~350	±0.5 或±0.4%|t|
		II	−40~350	±1 或±0.75%|t|

注: t 为被测腔温。

2) 腔压

腔压测量是研究空气系统流体动力特性最重要的测量参数,通常采用皮托管式的压力测量方法,测压管从被测腔室背面引线,在壁面打孔后穿入被测腔室,测压管头部与壁面垂直、齐平,不允许露出表面,测试管线沿发动机静子结构布置并引出发动机外。若引线穿孔位置壁面厚度不允许,可采取加衬套方式,衬套与壁面过盈配合,引线打孔位置及衬套位置需采取密封措施(如钎焊、角焊等),典型的空气系统腔压测试要求示意图如图 10.12 所示。

测压管在引出发动机外后需接入压力传感器,压力传感器类型可以选择力平衡式压力传感器、电感式压力传感器、电容式压力传感器、压电式压力传感器、电阻应变式压力传感器等多种。关于压力的测量已经较为成熟,这里不做过多的介绍,读者可以参考其他专业书籍。

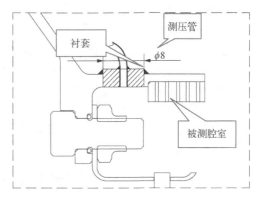

图 10.12　空气系统腔压测试要求示意图

3) 引气流量

引气流量测量是空气系统网络标定过程中必不可少的参数,可采用直接测量或间接测量方式。对于核心机试验过程中的台架引气,可以采用标准流量计等方式进行直接测量,对于核心机管路中的流量一般采用流量特性法进行间接测量。

直接测量法一般在试验前进行流量预估,根据流量预估结果及气流特性(压力、温度),选取合适的标准流量计,试验时可直接读取标准流量计的显示结果,得到实际的空气流量。直接测量法在各类试验中被广泛采用,工艺成熟,这里不做过多的介绍,读者可以参考其他专业书籍。

间接测量法是根据气体动力学原理,通过测量管路中内部气流的压力、温度等参数,利用质量连续性原理及流量函数关系,运用分析推导手段获得实际的空气流量。该方法在发动机空气系统流量测量具有精度高、测试改装易实现等特点,但管路的流量特性需提前开展校准试验,同时管路流量特性校准试验的测点布置方案必须与核心机试验时保持一致。这里仅简要介绍管路流量间接测量的一般原理。

管路中的流动可看成是一维定常流动,不考虑管内气流与外界的热量与功量交换,并且假定气流无黏,则管内流量是气流压力、温度及管道截面积的函数,流量函数公式为

$$\dot{m} = \rho V A = K \frac{p^* A}{\sqrt{T^*}} q(\lambda) \tag{10.1}$$

式中,K 为流函数常数,对于空气,$K = 0.040\,4\left[(\mathrm{kg \cdot K})/(\mathrm{N \cdot m})\right]^{\frac{1}{2}}$;$\dot{m}$ 为通过管路的质量流量,kg/s;p^* 为管路进口气流总压,Pa;T^* 为管路进口气流总温,K;A 为管路的流通截面积,m^2;$q(\lambda)$ 为气动函数,λ 为速度系数。

　　但该质量流量未考虑黏性力及热量交换的影响,与核心机实际的管路流动相差较远,无法描述真实的管路流动。因此,需要引入一个无量纲参数修正理论流量,得到理论流量与实际流量的关系。这个无量纲参数通常采用流量系数 μ 或者换算流量 G 。

　　流量系数定义为通过管路的实际质量流量与理想质量流量之比:

$$C_{\mathrm{D}} = \frac{\dot{m}}{\dot{m}_{\mathrm{id}}} \qquad (10.2)$$

式中, C_{D} 为流量系数; $\dot{m}$ 为通过管路的实际质量流量,kg/s; $\dot{m}_{\mathrm{id}}$ 为通过管路的理想质量流量,kg/s。

　　由气体动力学原理可知,流量系数是总静压的函数,即 $C_{\mathrm{D}} = f(P^*, P)$ 。 而这个函数关系可以通过空气流量吹风试验进行校准,得到该管路的流量系数特性曲线。图 10.13 给出了某型核心机管路空气流量吹风试验校准后的流量系数特性曲线。

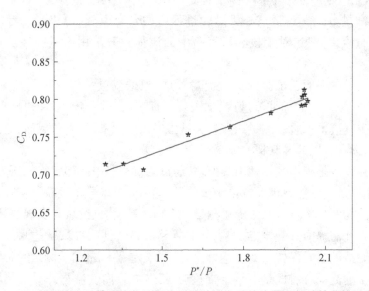

图 10.13　某型核心机管路空气流量吹风试验校准后的流量系数特性曲线示意图

　　根据式(10.1)、式(10.2)可知,在管路结构及流通截面积 A 已知的情况下,只需要获得流通截面的总压、总温、静压,然后利用管路截面的总压、静压比求得流量系数 C_{D} ,再次查找气动函数表,得到 $q(\lambda)$,然后将获得的数据代入公式即可得到通过管路的实际气体流量。

　　换算流量是发动机特性计算中最常用的参数,往往以换算流量为基础整理试验数据得到发动机的特性曲线。由式(10.1)可知,当速度系数 λ 已知时,对于管内气体,密流($\dot{m}/A$)与总压成正比,而与总温的平方根成反比,即

$$\psi = \dot{m}\,\frac{\sqrt{T^*}}{P^*} \qquad\qquad (10.3)$$

式中,ψ 为换算流量。

根据换算流量的特性,可以把某一个特定的试验结果应用于进口总压、总温改变的情况。因此,可以通过空气流量吹风试验,获得一系列的换算流量数据,得到一条换算流量曲线,继而应用在核心机试验中。图 10.14 给出了某型核心机管路空气流量吹风试验校准后的换算流量特性曲线。

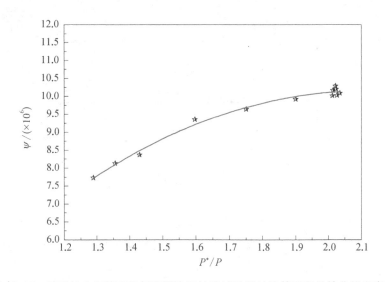

图 10.14 某型核心机管路空气流量吹风校准试验后的换算流量特性曲线示意图

在管路结构已知的情况下,只需要获得流通截面的总压、总温、静压,然后利用管路截面的总压、静压比求得换算流量 ψ,再将获得的数据代入式(10.3)即可得到通过管路的实际气体流量。

间接测量法因结构改装简单,可实现性较高,在空气系统测量中得到了广泛采用,图 10.15 给出了国外某型核心机引气流量测量结果。

2. 转动件测量参数

核心机工作时由燃烧室产生的高温高压燃气驱动转子高速旋转,这是发动机的工作原理及特性。但是高速旋转的转子给测试引线带来了巨大挑战,旋转腔室的压力、温度测量成为空气系统验证的瓶颈。

目前,旋转件的测试引线一般采用遥测系统或者滑环引电器。

1) 滑环引电器

滑环引电器一般由转轴组件、电刷组件及弹性联轴组件组成。图 10.16 给出了典型滑环引电器的组成及信号传输过程。热电偶、动应力测试传输的电信号经

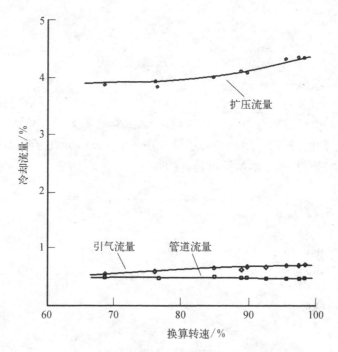

图 10.15　某型核心机引气流量测量结果示意图[1]

联轴组件上的引线传递到转轴上的滑环,之后利用滑动接触原理,将电信号传递至电刷组件,最后进入数据采集系统。滑环引电器数据传输与空气系统常用的刷式封严有异曲同工之妙,均是利用转静子的动接触来实现相应的功能,其原理如图 10.17 所示。其中,滑环与发动机转子连接,一起高速旋转,滑环与静子连接,通过电刷上的金属丝预变性紧贴在滑环上的金属环,实现滑动接触,传输信号。与刷式封严类似,此类动接触在转动摩擦过程中产生了大量热量,给滑环引电器的工作带来了不可接收的影响。通常需要专门配备一套冷却装置,来保证滑环引电器工作在理想的温度环境下。图 10.18 给出了中国航发涡轮院自研的滑环引电器冷却设备。

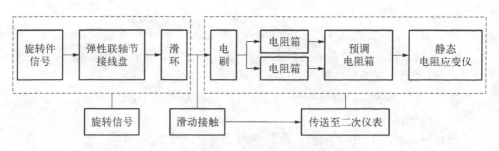

图 10.16　滑环引电器组成及信号传输示意图

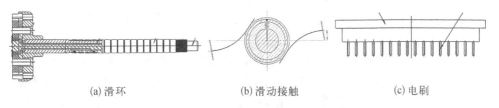

(a) 滑环　　　　　　(b) 滑动接触　　　　　　(c) 电刷

图 10.17　滑环引电器原理示意图

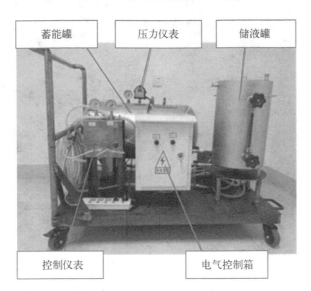

图 10.18　中国航发涡轮院自研的滑环引电器冷却系统设备简图

2) 遥测系统

遥测系统一般又称为无线传输测试系统,分为发射机子系统、接收机子系统和供电子系统。图 10.19 给出了中国航发涡轮院自研的遥测系统原理图,发射机将

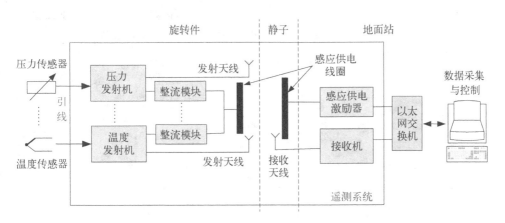

图 10.19　中国航发涡轮院遥测系统原理简图

前端的模拟测量信号转换为数字信号,载波调制后通过射频天线传输到试验台架上的遥测接收机,最后解调还原测量数据,并且保存记录。接收机和发射机构成了一个无线数据传输网络。感应供电系统用电磁感应原理对发射机系统进行非接触式供电。此外,还需根据发动机安装位置情况设计安装盘。其中,发射机、发射天线、感应供电变压器次级和整流模块安装在安装盘转子部分与发动机转子通过转接轴相连。接收天线和感应供电变压器初级安装在安装盘静子部分与发动机静子相连,感应供电激励器和接收机作为地面站安装在操作间内,图10.20给出了相关设备简图。

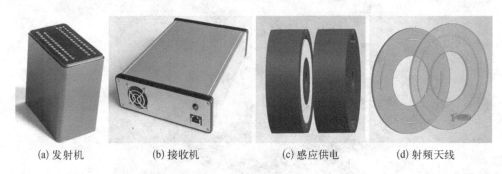

| (a) 发射机 | (b) 接收机 | (c) 感应供电 | (d) 射频天线 |

图 10.20 遥测系统设备示意图

10.4.3 特种测试

近年来随着发动机研制要求不断提高,对测试的精度、范围提出了更高的要求。测试技术也随着发动机研制的需求牵引,取得了长足的进步。在气动热力方面涌现了一批新技术,这里简单介绍几种新型的测温技术。

1. 红外辐射测温技术

红外线辐射是自然界存在的一种最为广泛的电磁波辐射,它是基于任何物体在常规环境下都会产生的自身的分子和原子无规则的运动,并不停地辐射出热红外能量,分子和原子的运动越剧烈,辐射的能量越大,反之,辐射的能量越小。物体的红外辐射能量的大小及其波长的分布与它的表面温度有着十分密切的关系,因此,通过对物体自身辐射的红外能量的测量,便能准确地测定它的表面温度,这就是红外辐射测温所依据的基本原理。目前,通常采用的测温仪器有红外热像仪和红外高温计。两种测温方式都具有以下优点:

(1) 响应速度快,影响时间多为毫秒甚至微秒级;

(2) 测温靶向区域,可对小面积测温,测点直径可至微米级;

(3) 可测量绝对温度和相对温度;

(4) 非接触测量。

红外热像仪是利用红外探测器和光学成像物镜,接收被测目标的红外辐射能力分布图形,并反映到红外探测器的光敏元件上,从而获得红外热像图。这种热像图与物理表面的热分布场相对应,热图像的不同颜色代表被测物理的不同温度。红外热像仪有中波和长波功能,具有高的性能、灵敏度和成像速度。

红外高温计是基于全辐射测温理论,根据测量波长从零到无限大整个光谱范围内物体的总辐射功率,用黑体定标来确定物体的真实温度。图 10.21 给出了红外高温计测温原理示意图,被测物体的光辐射经光学系统聚焦并经调制后照射到探测器上,探测器将交变光辐射转换成电信号,再经过前置放大器和选频放大器后输出幅度与被测物体温度相对应的信号,检波器将此信号变为直流信号送到测试系统进行数据处理。

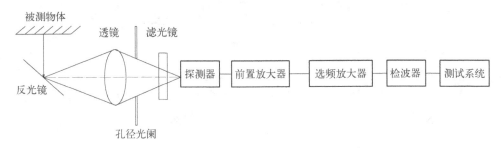

图 10.21　红外高温计测温原理示意图

2. 示温漆测试

示温漆是利用涂料的颜色变化来测量金属表面温度及其分布的,该种涂料对热作用敏感,变色迅速,有明显的变色界限,在特定温度范围内呈现特定颜色,通过两种颜色变化的交汇线准确地确定试验件等温线的温度值。相比其他测量方法,示温漆不用测试改装,特别适合于发动机转动件、薄壁件、复杂构件的壁温测量,测温范围宽,对发动机流场影响小,成本可降低80%,测试周期减少2/3。

按照变色的恢复性区分,示温漆分为可逆示温漆和不可逆示温漆。不可逆示温漆是指当涂层受热到某一温度时,呈现出新的颜色,而当涂层冷却至常温时,不能恢复到原色;可逆示温漆是指当涂层受热到某一温度时,呈现出新的颜色,而当涂层冷却至常温时,又恢复到原色。

按照变色的种类区分,示温漆又可分为单变色示温漆和多变色示温漆。当温度上升时,涂层在某一温度范围只出现一种新的颜色,此类涂料称为单变色示温漆;当温度上升时,涂层在不同的温度阶段能出现 2 种以上的新颜色,则称其为多变色示温漆。

航空发动机热端部件的表面温度测量通常采用的是不可逆示温漆,这种测试技术可以获得热端部件表面温度及其分布,特别是在连续旋转的部件、大面积表面、复杂构件表面的温度分布。图 10.22 给出了示温漆在内燃机活塞上的应用案例。

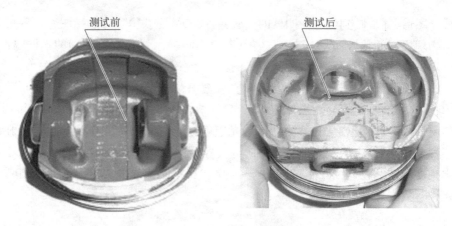

图 10.22　示温漆在内燃机活塞上的应用案例

3. 晶体测温

晶体测温是利用晶体的"温度记忆效应"来测量温度的技术,由苏联库尔恰托夫研究所发现并加以利用。图 10.23 给出了晶体测温的基本原理。当晶体传感器通过中子辐照后,晶体原子被撞击,导致原子离位,能够产生大量、稳定的非平衡缺

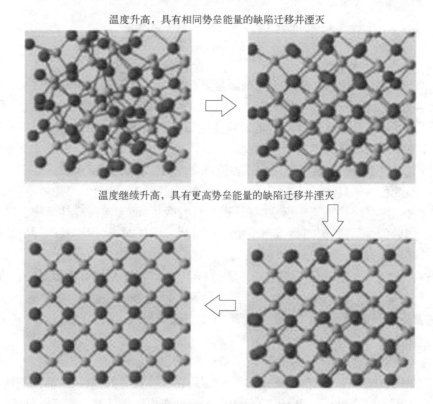

图 10.23　晶体测温原理示意图

陷。当晶体经历高温后,缺陷将逐步回复至辐照前的状态(即"温度记忆效应")。在这一过程中,在所经历最大温度时间一定的条件下,缺陷的回复程度与所经历的最高温度成单一函数关系。通过对缺陷浓度的检测可以获取所经历的最高温度。此项测温技术已被广泛应用到了美国、瑞典、日本、瑞士、德国和乌克兰等多个国家。

晶体测温技术能够实现最高温度的测量是由辐照晶体的特殊性所决定的,第一代晶体测温传感器材料为经中子辐照后的金刚石,但金刚石的辐照缺陷稳定及力学性质欠佳。现在大多采用晶格缺陷稳定性好、差别大的第二代晶体测温传感器碳化硅,可以实现更宽的测温范围,即为第二代晶体测温传感器碳化硅(图 10.24)。

图 10.24 碳化硅测温晶体示意图

晶体测温技术具有以下特点:

(1)传感器尺寸微小,为非干涉式,且无须测试引线,规避了烦琐的引线、走线安装工序;

(2)可以高密度、阵列式布点;

(3)具有高鲁棒性,试验存活率优于 90%;

(4)能完成涡轮叶片榫头、缘板、气膜孔间等特殊位置的表面温度测量;

(5)能完成双转子封严腔、轴承腔、叶片前缘等位置气流温度测量。

10.5 试验方法及试验项目

10.5.1 试验方法

核心机试验获取试验数据、建立试验数据库,是以能够支撑空气系统与传热特性的评估及修正工作为最终目标。这就需要我们在试验开始前需要完成整个试验的详细策划,包括验证目标、测试布局、试车程序设计、测试改装、数据分析等工作内容的实施策划。试验核心机作为空气系统与传热的综合性验证平台,在试验策划前需要充分梳理空气系统的技术状态,清楚核心机与整机的状态差异,以便调整试验验证内容,使得核心机试验结果可以更好地支撑整机研制,降低技术风险。

1. 状态梳理

试验核心机是在核心机基础上匹配相应的进排气装置及系统形成的技术验证平台,所开展的空气系统与传热试验也与整机试验存在一定区别。在发动机研制阶段划分上,核心机试验属于科研试飞阶段,大多数性质为研究性试验;在试验设备上,一般在核心机试车台或高空台上进行,几乎可以模拟发动机包线内所有状态点;在空气系统与传热技术状态上,试验核心机未布置低压部件及外涵道,个别流路的流动组织与整机存在差别;在发动机特性上,因核心机没有风扇等低压压气机部件,核心机进口参数的变化速率受试验设备限制,无法模拟整机的加减速特性。策划试验前需要考虑这些因素,并开展预测分析工作,这样才能够使试验测试结果应用于整机研制。

2. 试车程序设计

试车程序对核心机的状态、测试精度等都具有较大影响。一般情况下,试车程序的设计需要综合考虑几方面的因素。

试车性质方面,主要考虑科研性质类试车、国军标考核性质类试车及排故验证类试车。科研性质类试车的试车程序在考虑安全运转的条件下,几乎没有限制,可以为了验证目标单独设计试车程序,以达到更好的试车验证效果;国军标考核性质类试车的试车程序需严格按照国军标要求完成规定的试验内容,试车程序限制严格;排故验证类试车的试车程序在考虑安全运转的条件下,尽可能对故障程序进行复现,但可以根据排故验证工作的具体要求,对试车程序进行调整,以获得满意的测试数据。

测试状态方面,主要考虑测试的状态要求和存活率要求,测试状态要求若包含示温漆、晶体等特种测试项目,试车程序就需要执行相关的测试标准,某型核心机专项测温试车程序如图 10.25 所示;除了考虑这些测试状态本身的要求以外,还需要重点关注测试传感器的存活率,否则测试传感器在达到规定的发动机状态以前,可能就发生了失效损坏,使得试验测试的效果大打折扣,例如示温漆在试车过程

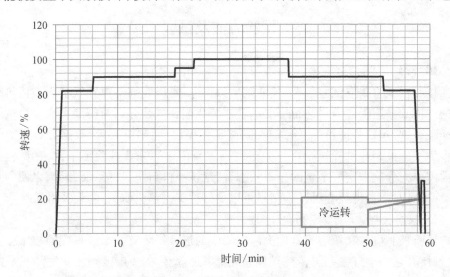

图 10.25　某型核心机专项测温试车程序示意图

中,应尽可能缩短试车时间,减少冷运转次数,以防止示温漆在试车过程黏附不牢被吹掉或者被滑油污染,影响示温漆判读结果的准确性。

试验目标方面,主要考虑发动机状态和测试部位的影响,发动机状态一般选择飞行包线的典型状态点,包括地面起飞、巡航、地面慢车、右边界点等稳态参数和慢车至中间状态的加减速过程;测试部位对试车程序的影响来源于热惯性,如轴承腔附近的零组件,因停车后滑油系统停止工作,无法带来高品质的冷却滑油,使得其温度在停车后升高,高于工作时的温度。对于这种情况,需要在停车后考虑额外的冷运转程序,以降低其零组件的温度,如图 10.25 所示。

10.5.2 试验项目

1. 支点封严调试试验

为保证试验核心机在全包线范围内支点封严始终维持合适的压力和温度,试验核心机通常采用台架气源引气来建立支点封严流路。台架气源引气是否能够实现封严的预期目的是试验能够安全运转的重要条件,因此试验开始前需要进行封严流路的调试验证试验。

试验核心机在装配时应在支点封严外围腔布置相应的压力、温度监视参数,试验时首先在试验核心机静态条件下供给封严引气,建立合适的封严环境。之后进行冷运转或者风车状态的检查调试,依据静态和冷运转调试结果,预测高转速条件下的供气调节能力,对预设的供气参数进行必要修正。

在试验核心机试车全过程中应保持对台架供气设备和封严外围腔的监测。

2. 轴向力调节试验

试验核心机未布置低压部件及外涵道,其在流路状态上与整机存在差别,在轴向力调节上带来较大挑战。一般情况下,试验核心机的轴向力调节往往比整机付出更多的代价,这个代价有的是牺牲性能,有的是付出结构重量。图 10.26 给出了核心机典型的轴向载荷平衡设计示意图,一种是在压气机后设置卸荷腔,通过调整 CDP 篦齿间隙和卸荷腔放气量来改变卸荷腔压力,进而起到调节轴向力的作用,这种方式使得耗费了大量涡轮功得到的压气机出口气流白白浪费掉,牺牲了发动机性能。另一种是在转子后设计轴向力平衡盘,通过调整平衡盘腔的压力和平衡的直径来调节转子轴向力,这种方式使得转子的重量等动力学特性改变。

若轴向力调节措施不力,很容易发生低转速工况轴向力轻载、高转速工况轴向力过载。因此,试验核心机在装配时应在转子,转子盘前、后腔等轴向投影面积的腔室设置压力监视参数。试验时首先在低转速状态运转,通过腔压计算间接获得转子轴向力,若轴向力不满足要求,发动机需要停车并进行轴向力载荷调整,再次起动发动机直至轴向力载荷满足要求。需要注意的是,轴向力是由主流道、滑油腔、空气系统腔及机械系统共同产生的,间接测量获取的轴向力很容易产生大的误

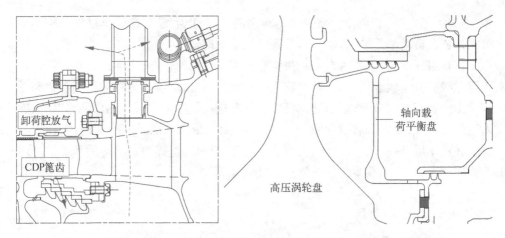

图10.26　核心机典型的轴向载荷平衡设计示意图

差。目前,国外大多采用应力环的测量方式直接获取轴向力,可以为轴向力调节提供最直接有效的依据。

3. 涡轮转子冷却验证试验

高压转子冷却流路的工作状态对高压涡轮盘、工作叶片的安全是至关重要的,涡轮盘径向温度分布也对盘的强度和寿命有重要影响,迫切需要在核心机试验时提前进行验证。试验核心机的高压转子流路与整机状态保持高度一致,这对验证工作是非常有利的。该条流路具有典型的旋转盘腔特征,测点布置时需要考虑径向参数分布的影响。在转子上布置的相关测点应考虑气动速度的影响,在径向及周向上增加测点数量,使用热电偶获取瞬态壁温,同时考虑喷涂示温漆或埋测温晶体用于测量温度分布规律。对于叶片进口的冷气品质测量也是十分重要的,温度测量可以用热电偶获得。压力数据的测量受气流速度、温度及结构空间的影响较难实现,在结构空间允许的情况下一般使用五孔探针获取气流的总压、流速及流动方向,但一般压力测量传感器的温度耐受力较低,转子引线存在巨大挑战。

图10.27给出了某型核心机涡轮转子冷却系统验证测试示意图,这些测点大部分布置在转子上,通过滑环引电器或者遥测系统实现信号的传输,整个测试系统的耐受力较低。因此,该项试验需要尽可能地缩短试车时间,试验点一般也只选择典型的稳态及过渡状态。

4. 涡轮静子冷却验证试验

核心机涡轮静子上重点热防护的部位是高压涡轮导向叶片和涡轮外环,其常见的冷却形式主要是对流、冲击和气膜。与转子冷却系统相似,该条流路与整机状态保持高度一致,在核心机上提前验证是十分有必要的。

试验核心机在装配时应在叶片及外环冷却供气流路上布置压力、温度测点,用于监测冷却空气的品质。涡轮外环通常采用分块式的、冲击+气膜复合冷却结构,

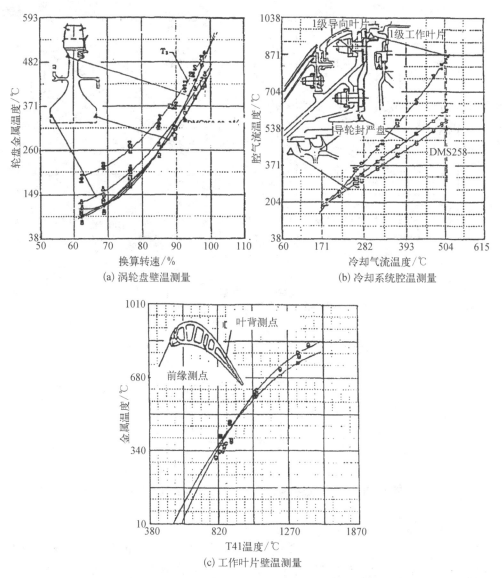

(a) 涡轮盘壁温测量

(b) 冷却系统腔温测量

(c) 工作叶片壁温测量

图 10.27 某型核心机涡轮转子冷却系统验证测试示意图[1]

试验时应在冲击盖板前后布置压力监视测点,用于冲击换热效果的评定。在外环冲击靶向区域及前缘高温区域,还应布置热电偶,用于监测外环的热载荷,内壁上的测点还应在零件上开槽,使热电偶嵌入零件里面,以尽可能提高热电偶测试的精度。作为涡轮静子件,还需要考虑主燃烧室出口温度的影响,在周向上增加温度测点数量。

图 10.28 给出了某型核心机涡轮静子冷却系统验证示意图,试验时一般选择典型的稳态及过渡状态。

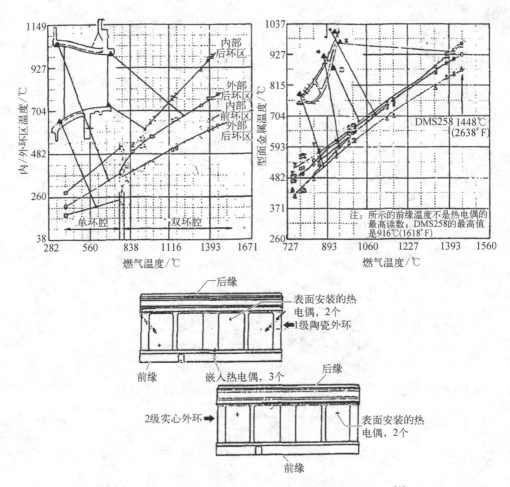

图 10.28　某型核心机涡轮静子冷却系统验证测试示意图[1]

5. 转子盘心冷却验证试验

转子盘心的冷却流路主要是通过冷气带走轮盘和低压轴的热量及风阻温升,核心机因没有低压轴与低压部件,导致该条流路的技术状态与整机存在差别,但正是这样,使得核心机盘心流路的测试较整机更丰富。试验核心机无低压轴,可利用轴心空间布置专门设计引线轴组件,通过滑环引电器将信号引出,实现盘心的压力、温度测量。试验核心机无低压部件,可以将盘心气流排入核心机外部,实现盘心流路的流量测量。

图 10.29 给出了某型核心机转子盘心冷却系统验证示意图,试验时一般选择典型的稳态及过渡状态。

6. 热控制式主动间隙控制系统调试试验

热控制式主动间隙控制系统通过引入不同温度的空气,对机匣进行冲击冷却/

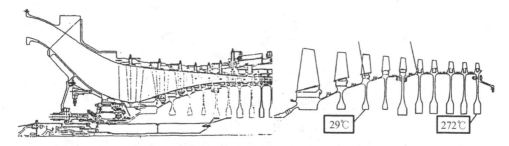

图 10.29 某型核心机转子盘心冷却系统验证测试示意图

加热,使机匣发生收缩/膨胀变形,从而改变转静子的间隙。整个控制过程实际上是空气系统与热分析的强耦合过程,获取机匣变形、温度及冲击空气量的函数是控制策略的关键。试验核心机虽然难以模拟整机的瞬态工作过程,但核心机在测试上的优势是整机无法比拟的,并且主动间隙控制系统工作环境的稳态压力、温度水平也基本与整机平台一致。

试验时通过监测主动间隙控制系统引气切换过程,引气流量、压力和温度,机匣温度及机匣热变形,获得机匣及引气系统的流动换热特性、热变形响应,建立主动间隙控制数据库,对主动间隙控制系统的设计具有重要意义。图 10.30 给出某型核心机热控制式主动间隙控制系统调试试验间隙测量结果示意图。

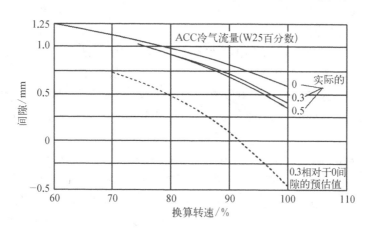

图 10.30 某型核心机热控制式主动间隙控制系统
调试试验间隙测量结果示意图

7. 其他试验

试验核心机的进排气装置是单独设计的,其空气系统与传热设计同样是依据整机设计规范开展和完成的。这些零件虽然不会应用到整机平台上,但其测试获得的数据可以用于积累设计经验和充实试验数据库,对完善空气系统与传热设计同样具有重要意义。

10.6 试验数据分析及处理

核心机试验的目标是获取真实发动机环境下空气系统与传热的特性,但在实际过程中试车状态很难做到与发动机设计状态完全一致,各部件的性能参数与设计状态也会存在一定的差异,因此试车时测得的温度数据并不能代表设计状态的温度水平。这就需要开展测试数据整理、分析,确保数据有效性。核心机试验与整机试验数据的分析及处理方法基本是一致的,这里仅简要介绍数据及处理的一般流程,详细可参考本书第11章。

1. 试验数据处理

对于测压管、热电偶获得的过渡态测试数据,首先应用一般的统计学原理进行数据处理,剔除无效的测试数据。同一截面周向不同位置的测试结果如果都是有效的,可以取平均值作为该位置的测试温度。

另外,使用理论计算方法和空气系统及传热设计模型对测试状态的空气系统和温度场进行计算,与测试值对比,进行空气系统与换热边界标定。此时,需要总体室和部件室提供发动机试车历程中数据采集状态下的总体性能参数以及部件主流道的气动参数。要获得标准状态完整的空气系统和温度场数据,则必须根据标定的结果,重新进行标准状态的计算。

2. 试验数据分析

核心机试验数据分析是利用台架测试数据,结合零部件流量特性,修正空气系统计算模型,获得真实空气系统特性的过程。具体步骤如下:

(1) 对空气系统用气量影响较大的零部件,如高/低导叶、高/低动叶、高/低预旋喷嘴、引气管等进行流量特性试验(吹风试验),获得相应部件的流量特性,用于实际用气量的计算。

(2) 台架试车时,测量空气系统各腔温腔压,获取流量计算边界。

(3) 利用零部件试验结果及台架试车数据,修正空气系统计算模型,使得计算的各腔压力、温度与台架测试结果接近,进而获得实际工况的用气量及空气系统流体动力网络模型。

参考文献

[1] 航空航天工业部 高效节能发动机文集编委会. 高效节能发动机文集[M]. 北京: 航空工业出版社,1991.

[2] 侯敏杰. 高空模拟试验技术[M]. 北京: 航空工业出版社,2014.

第 11 章
整机试验

整机空气系统试验是指对发动机空气系统流路中重要腔室的压力和温度参数进行测试[1]，以便掌握空气系统功能实现情况，验证空气系统设计结果，并结合零部件流动特性和换热特性试验结果，对空气系统计算模型进行修正，完成空气系统的标定。修正后的空气系统计算模型推广应用到发动机全包线内状态点，即可为整机和零部件的载荷分析、温度分析提供接近发动机实际的输入参数。

整机传热测试主要是指对发动机重要零部件表面的壁温及其相关位置的腔温进行测量，获得发动机零部件真实的温度水平。在此基础上，可验证温度分析结果，修正温度分析模型，并据此计算分析获得发动机全包线内各状态点零部件的温度状况，为载荷分析、强度寿命分析、零件选材等提供高准确度的输入数据，提升发动机设计精度。

11.1 整机空气系统测试需求和时机

11.1.1 测试需求

航空发动机空气系统与传热设计分析是部件载荷分析的重要组成部分，其任务实质是保证在飞行包线各状态下发动机内部合适的工作环境，其合理设计与正常工作对发动机主要零部件的工作寿命、可靠性和发动机的性能都非常重要。

1. 国军标等规章的需求

国军标、适航、推进系统完整性大纲、发动机结构完整性大纲等规章中均包含有对空气系统与传热整机测试验证的明确规定。

GJB 241A—2010《航空涡轮喷气和涡轮风扇发动机通用规范》[2]中"3.1.3.10发动机表面温度和放热"规定，放热和表面温度分析数据通过发动机放热和滑油冷却试验予以验证，并在持久试车开始前，提交试验报告，报告中应附有标出测点位置及温度极限值的发动机放热和冷却示意图。"4.4.1.4.6 发动机压力平衡试验"规定，在基本与初始飞行前规定试验持久试车发动机相同的发动机上，按照相关详细规范规定的方法和程序进行轴向力测定或空气系统腔温腔压试验，验证规定的发动机压力平衡要求。

CCAR—33R2《航空发动机适航规定》[3]中"33.21 发动机冷却"条款要求,发动机的设计与构造必须在飞机预定工作条件下提供必要的冷却。发动机冷却系统设计的评估不仅应提及工作流体(如滑油)和外部部件的冷却,而且还应说明涡轮增压器、转子、隔套、涡轮导向器、燃烧室、机匣内部流路的冷却。特别应该注意,设计寿命和/或检查期内,要保证上述关键结构件在预期的环境条件下,能够保持工作的连续性、安全性和完整性。为此,必须开展整机空气系统和传热测试试验,通过试验说明发动机冷却与传热设计的符合性。

GJB/Z 101—97《航空发动机结构完整性指南》[4]中也对空气系统与传热的整机试验提供了指导意见。例如,"内部环境"的验证方面,"传热模型应与要求的、装有测试仪表的发动机试验所取得的数据一致","应在稳态和瞬态状态下,进行装有测试仪表的发动机试验,以测量内部燃气流、冷却流路各腔和金属的温度、压力分布、安装结构的外部温度及其他需测量部位的温度、压力","应在研制阶段尽可能早地安排内部环境温度和压力的测量。如适宜,核心机和全尺寸发动机都应进行"。

2. 设计的需求

目前正在发展完善的计算机设计程序,能够使设计师更好地对热端部件的流场和热负荷进行初步估计,这些程序正在通过在叶栅和风洞中的低温、低压研究进行评估和验证。然而,这些设备无法对存在于实际发动机环境中的全部过程进行模化,这些设计程序预估不同参数相互作用的能力不能得到充分的评估。

空气系统与传热设计大多基于基础理论分析和其他发动机的经验参考,虽然零部件试验结果可以有助于更加准确地描述发动机空气系统与传热的实际运行状态,但整机测试仍然是最重要和最直接的验证依据,空气系统与传热的设计结果对设计要求的满足程度必须在真实发动机环境下进行验证。

整机试验验证是空气系统与传热设计分析流程中必不可少的一环,试验验证既是检验设计结果是否可行的手段,也是修改完善设计的依据。发动机的研制过程遵循"设计—验证—完善设计—再验证"的螺旋式上升的过程,空气系统与传热设计也一样,必须通过试验对设计结果予以确认,并不断完善,缩小理论设计和实际情况的偏差,提高空气系统与传热设计分析的可信度。

3. 试车安全性的需求

发动机研制阶段试车中,应尽早对空气系统与传热设计阶段识别出的影响发动机试车安全的少数关键腔室压力、温度和壁温进行监测,由控制系统依据设置的限制值进行不同级别的报警,以及按预案进行试车处置,确保试车安全。在发动机研制的每个阶段或者发动机技术状态变更时,均应及早开展空气系统及传热测试验证,以掌握空气系统实际工作状态,掌握发动机内部主要零部件的温度水平,确保发动机运转的安全性和可靠性。

4. 性能评估及优化设计的需求

空气系统的引气和排气,会对部件性能产生较大影响,从而影响整机性能。获得真实的空气系统引排气参数,是进行发动机部件性能和总体性能设计模型完善的重要输入。

现代发动机的设计目标包括高循环效率和热端部件耐久性(低维修成本)。高循环效率要求尽量减少冷却空气量,耐久性要求热端部件具有尽可能低的温度水平和较小的温度梯度,这两个目标是矛盾的。发动机的研制是一个复杂的系统工程,空气系统流动传热设计需要综合分析设计需求,确定设计目标,通过整机空气系统腔温腔压及壁温专项试验,获得发动机实际的空气系统用气量和相关部件的壁温温度分布,根据整机试车测试数据完善流动传热设计模型,才能实现发动机空气系统流动传热的准确评估,进而开展优化设计。

5. 强度及寿命评估的需求

航空发动机具有高温、高压、高转速的典型特征,各种场耦合增加了温度分析的复杂度,再加上基础研究薄弱,空气系统与传热分析模型数据积累不足,通过单纯的理论分析获得的压力场和温度场与真实情况不可避免地会产生偏差。因此,必须对空气系统与传热设计进行验证,为下游提供真实可信的空气系统及温度场数据,有效支撑零部件强度/寿命分析、部件强度试验等工作。

6. 排故验证的需求

大量实例表明,发动机很多零部件的故障都与其在偏离冷却设计状态的温度条件下工作有关。对于一些可能与零部件工作温度、温度梯度相关的故障树底事件,需要通过壁温、腔温、腔压测试加以确认或排除,以定位故障原因,识别故障机理。在确定排故措施后,也必须安排原故障零件附近的壁温、腔温、腔压测试,以便确认排故措施的有效性。

7. 飞发协调设计的需求

对于飞发设计接口的工作,例如,飞机设计部门需要发动机表面的温度和放热率数据以开展短舱通风系统设计,需要核心舱温度以开展防/灭火系统设计等,需要开展空气系统与传热测试以向飞机部门提供准确的输入数据。

11.1.2 测试时机

空气系统与传热试验验证一般包含三个等级:未验证、部分验证和完全验证。未验证指仅开展了理论计算工作;部分验证包括零部件试验验证、核心机试验验证、与其他相似发动机的对比分析验证等;完全验证指发动机在指定技术状态的整机状态下完成空气系统腔温、腔压及壁温测试验证。发动机定型前,空气系统与传热设计分析要达到完全验证,这既是技术成熟度等级的要求,也是 GJB 241A—2010 中关于表面温度、放热和冷却、压力平衡、强度和寿命分析等的要求。

　　国外发动机设计制造商对空气系统与传热测试验证的时机有明确规定。例如，俄罗斯规定空气系统调试验证需与发动机性能调试相结合、共同开展，GE 公司承担的 E3 项目在核心机运转总时间的前 45 小时内完成了空气系统的相关测试[5]。

　　通常情况下，在发动机技术状态确立以及变更后，应尽早开展空气系统与传热整机验证。在发动机首次上台运转后的性能调试阶段、转段前、初始飞行前、定型前等阶段，要完成空气系统与传热专项测试，对整机空气系统及壁温进行标定。为了对发动机全寿命周期内的空气系统和传热特性变化规律进行研究，还需要在发动机试车每间隔一定时间后，开展空气系统与传热的测试验证。

11.2　试　验　设　备

11.2.1　试车台

1. 试车台类型

　　整机试车台包括地面模拟试车台、露天台、高空模拟试车台、飞行台等[6]。不同的试车台提供了不同的试车环境，以满足发动机研制中各阶段、各类性质的整机试车需求。

　　地面模拟试车台提供海平面静止大气的发动机进气条件，主要用于发动机各部件协调匹配调试、各系统功能考验和发动机耐久性考核试验。发动机通过运转试验，逐步达到规定的性能指标；发动机结构经过"完整性"考核，达到具有在各种条件下连续稳定工作的能力和设计规定的工作寿命。发动机经过台架运转综合考核后，才能进入高空台和飞行验证。

　　高空模拟试车台是在地面台架的基础上，模拟高空状态下气流的温度、压力和速度等条件，提供模拟飞行条件的发动机环境，可以完成一些空中状态点的测试，主要用于模拟空中发动机稳态、瞬态性能、功能、起动、风车、进气畸变等验证试验。

　　飞行台是将被试发动机装载在运载飞机的可收放短舱中或把被试发动机装在一台被替换的发动机短舱中，提供真实飞行条件的发动机环境。其优点是被试发动机的进口和喷口外部条件是真实的环境条件，其缺点是，试验范围受飞行台飞机本身限制，这类飞机一般由大型运输机、客机改装，其飞行速度与高度可能不能覆盖被试发动机所有的状态点。飞行台主要用于发动机空中工作参数测定、稳定性、风车、空中起动、加速性、节流、防冰、红外辐射、高度-速度特性等验证试验。

2. 试车台组成

　　各种试车台一般都包括安装试验机的台架测力测功装置、测试设备（数据采集和处理系统）、燃油滑油供应系统、压缩空气供应系统、电气系统及一些其他系统，特殊试车还需要加温、加压装置。试车台的组成可参见相关书籍，在此不赘述。

　　试车台常规设备可以测量的参数包括转速、压力、温度、振动、载荷、叶尖间隙等。针对特殊参数测量,还要用到一些特殊设备,可能需要对试车间进行适应性改造,并安排单独的数据采集系统、数据库等。例如,测量空气系统封严篦齿瞬态间隙的 X 光测量设备。

3. 空气系统与传热试验的试车台

整机空气系统与传热试验属于结构完整性试验中的性能试验,至少应在地面模拟试车台上完成。为对发动机飞行包线边界点进行验证,有时也需要在高空台或者飞行台上开展试验,如风车状态空气系统封严功能验证、风车状态主动间隙控制功能验证、高温进气条件下发动机表面温度验证等。

11.2.2 测试设备

压力和温度是航空发动机气动、热力的两个重要参数。用压力管测量压力,用热电偶测量温度,具有简单可靠、精度足够、成熟度高等优点,是国内外航空发动机领域中最常用的常规测试手段[7,8]。毛细测压管和热电偶均有相应的国标,使用时,需根据测试设备沿程所经历的温度、压力情况,选择不同的材质、尺寸等参数。

示温漆、示温片由于不需要对硬件改装,操作方便,在发动机上应用也较多,缺点是精度低。另外,X 光测篦齿间隙、红外测温、晶体测温、薄膜热电偶等非常规先进测试技术也逐渐应用到航空发动机测试领域。

空气系统与传热参数测试常用的测试设备如图 11.1 所示。

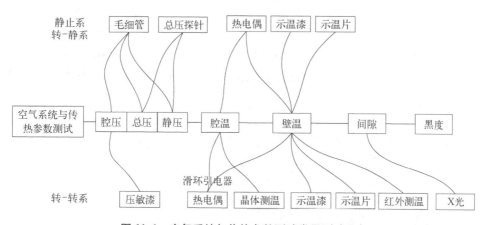

图 11.1 空气系统与传热参数测试常用测试设备

11.3 试 验 方 法

11.3.1 测试原理

测试设备的工作原理,如热电偶工作原理、测压管原理、示温漆原理等,在测试工具书上都有介绍,这里不赘述。本节主要介绍测试数据的应用原理。

1. 空气系统网络求解的原理

航空发动机空气系统是由孔、管、缝隙、篦齿、旋转盘腔等各种不同种类的节流单元串联和并联组成的复杂网络流动系统。采用航空发动机通用空气系统特性计算程序进行设计分析。程序求解的基本原理是对不同的流动元件,考虑旋转、可压缩性、局部损失、摩擦损失、预旋、温增等因素的影响,形成单元的动量方程和能量方程,在网络的内部节点处通过连续方程将各个单元连接起来,最终形成整个流动系统的非线性方程组,求解得到各个节流单元的流量、速度以及各个腔室的压力、温度等参数。

1) 连续方程

根据流量连续原理,对任何内部腔室 i,进口流量之和与出口流量之和相等,即

$$\sum_{i=1}^{N} G_i = 0 \tag{11.1}$$

式中,G_i 为与 i 腔相连的所有单元的流量。定义进口流量为正,出口流量为负。

2) 动量方程

动量方程即单元流动特性方程,对于不同的单元结构,采用不同的流动损失模型。单元动量方程表达了流量、进口总压、进口总温、出口静压、几何参数、阻力系数等之间的关系,即

$$P_{\text{in}} - P_{\text{out}} = \xi \frac{1}{2}\rho V^2, \ G = \rho VA, \ P = \rho R_g T \tag{11.2}$$

式中,P_{in} 为单元进口压力;P_{out} 为单元出口压力;T 为单元进口温度;A 为单元流通面积;ξ 为单元阻力系数,由部件阻力特性试验获得,对于规则结构也可从经验公式计算获得。

3) 能量方程

能量方程即单元传热特性方程。单元的传热量可表达为

$$q_g = U_a (T_g - T_c) \tag{11.3}$$

式中,U_a 为单元当量传热系数;T_g 为热端气流温度;T_c 为冷端气流温度。

2. 空气系统标定的原理

空气系统标定的原理是结合典型单元阻力特性试验结果,利用整机空气系统腔温腔压专项测试数据获得单元流量,再根据流量连续原理确定其他单元的流量,对其阻力特性和换热特性进行修正,最终完成空气系统整个网络的标定,得到接近发动机实际的压力、温度及流量分布情况。

整机空气系统专项测试时,空气系统流路中的每一个腔室都应该尽可能地进行压力和温度测试,但受测试技术制约,目前空气系统流路中转-转腔的压力和温

度测试实现难度很大,所以空气系统专项测试时不可能获得所有腔室的压力、温度数据。在制定测试方案时,必须依据空气系统流路特点,制定分析策略,有选择地合理布置测点。利用有限的测试数据,按照既定的分析策略,合理调整单元模化参数,修正空气系统的流动特性和换热特性,完成对空气系统设计模型的验证分析,使得空气系统流量、压力、温度等气动参数的分析结果接近发动机实际运行值。

空气系统网络求解的过程为根据已知的单元几何结构及其阻力特性,求解空气系统内部腔室压力、温度及单元流量;其逆过程为根据已知的空气系统内部腔室压力、温度,求解单元的阻力特性以及流量。空气系统标定同时包含这两种过程。

空气系统中待标定参数通常包括转动部件内部腔室压力和温度、篦齿封严热态间隙、各流通单元阻力特性及流量等。利用空气系统测试数据,对空气系统网络模型进行标定分析,通常要处理以下几类问题。

1) 确定单元的流量

对于空气系统流路中的每一个节流单元,流量可由式(11.4)得到

$$G = f(P_{in}, P_{out}, T_{in}, \xi, A) \tag{11.4}$$

式中, P_{in}、P_{out}、T_{in}、A、ξ 均为已知量。

特别地,对于引气管,流量可由任意截面的总压 P^*、静压 P、总温 T^* 求得[9],即

$$G = C_d \frac{AP^*}{\sqrt{T^*}} \sqrt{\frac{2\kappa}{R_g(\kappa-1)}\left[\left(\frac{P}{P^*}\right)^{\frac{2}{\kappa}} - \left(\frac{P}{P^*}\right)^{\frac{\kappa+1}{\kappa}}\right]} \tag{11.5}$$

式中, R_g 为气体常数; κ 为绝热指数; A 为截面流通面积; C_d 为流量系数,可通过部件试验获取, P^*、P、T^* 分别为管中某一个截面的总压、静压、总温,为空气系统整机测试得到的已知量。

2) 确定串联流路的流量

根据流量连续原理,对于串联流路,任何一个单元流量,可作为其他单元的流量。

3) 确定非设计性漏气量

串联流路中,如果上游单元的流量大于下游单元的流量,可以确认在这两个单元之间发生了漏气。漏气的原因可能是改装孔未完全封堵、装配缝隙等,这些漏气单元在空气系统网络模化中未考虑到,必须在模型完善时予以补充。

4) 确定并联流路的总流量

根据流量连续原理,并联流路的总流量等于各分支流路流量之和。

5) 确定并联流路分支流路的流量

根据流量连续原理,并联流路的分支流量等于总流量与其余分支流路流量的差。

6) 确定腔室压力和温度

可通过对目标腔室相连单元的参数分析,得到目标腔室的压力和温度。

7) 确定篦齿热态间隙

根据单元流量、进出口腔压力,可获得篦齿封严节流单元的流动阻力。篦齿封严节流单元的流动阻力在篦齿封严结构参数一定的情况下是与热态间隙密切相关的,如果确定了封严篦齿的阻力特性,就可以获得热态间隙。

篦齿封严热态间隙也可通过 X 射线直接测量,但现有技术精度很低。目前,通行的做法是通过篦齿封严相关结构件的温度场、变形量计算获得热态间隙,温度场可以通过整机壁温专项测试验证,变形量计算技术也很成熟,所以用这种方法计算出来的间隙通常是比较准确的。

空气系统是由不同类型的单元串联和并联组成的复杂网络。一般情况下,空气系统验证时,以上几种情况是并存的。由于对空气系统各种类型单元流动特性掌握还不够透彻,如旋转盘腔内压力分布、预旋单元损失特性、单元之间流场相互影响等,导致空气系统网络修正仍然是一项较为烦琐的工作。

3. 传热模型标定的原理

传热模型中的不确定量主要是换热系数,一般通过经验公式获得。通过测取关键部位的壁温,结合腔温测试数据,就可以对换热系数计算公式进行修正。

在一个热分析问题中,零件任一位置 j 的计算壁温可以表示为

$T_j = f(h_i, T_{f_i}, T_1, \cdots, T_{j-1}, T_{j+1}, \cdots)$ 其中,h_i 为各位置的换热系数,T_{f_i} 为各位置的换热温度,$T_{i,\, i \neq j}$ 为除 j 位置以外的壁温。

如果测试得到该位置的温度为 $T_{j_{ces}}$,则换热边界标定问题转换为求函数:

$$G(h_i, T_{f_i}, T_1, \cdots, T_{j-1}, T_{j+1}, \cdots) = T_j - T_{j_{ces}}$$

数值为 0 的问题。其中,自变量仅为 h_i 和 T_{f_i}。

如果腔温由测试得到,且有数个壁温测试点,则可以确定各位置的换热系数。

对于瞬态壁温,还要结合瞬态历程,考虑换热温度、换热系数随时间瞬变的过程。

4. 温度相似原理

对于发动机的不同状态,空气系统腔压与主通道压力近似相似。零部件壁温、空气系统腔温与主通道温度的相似性差一些,主要由以下因素影响:气流沿程换热温升、风阻温升、气流掺混、气流流态、发动机转速。也就是说,可通过相似原理,将空气系统与传热测试状态下的数据近似换算到其他状态。

例如,壁面温度的相似公式如下:

$$\frac{T_g - T_w}{T_g - T_c} = \frac{T_g' - T_w'}{T_g' - T_c'} \tag{11.6}$$

式中，T_g 为发动机标准状态(如强度寿命点中高温起飞状态点)零组件感受的热端温度；T'_g 为台架试车状态时零组件感受的热端温度，一般可以使用燃烧室出口温度 T_4^*；T_w、T'_w 为发动机标准状态(如强度寿命点中高温起飞状态点)和台架试车状态时零组件的壁面温度；T_c、T'_c 分别为发动机标准状态(如强度寿命点中高温起飞状态点)和台架试车状态时的零组件感受的冷端温度，可以使用高压压气机进口温度 T_{25}^*、高压压气机出口温度 T_3^* 等参数。

由于现有技术手段限制，目前在整机试车中进行的传热试验距离需求的差距还是非常大的，未来需要通过发展更先进、对发动机改装更好的测试手段进行弥补。

分析认为，对于发动机的不同状态，如果空气系统流路进出口腔室的压力和温度相似，则空气系统内部各腔室的压力、温度相似。这种相似在以下假设前提下成立：不考虑气流沿程由于换热、风阻等产生的温升；气流掺混后的温度按流量加权平均计算；各单元的总压恢复系数保持不变，忽略气流流态、发动机转速等因素对它的影响。

也就是说，在空气系统与传热设计分析设计点下开展试车验证工作获得的数据，可近似通过相似原理换算得到其他状态的结果。

11.3.2 试车条件

1. 测试途径

（1）搭车测试。搭车测试指的是在开展其他的试车任务时，在不影响主试车任务的前提下，顺便测取一些空气系统和传热数据。特点是测点数量少，测试历程取决于主试验任务，几乎不受发动机资源限制。

（2）局部验证测试。主要针对特定腔室、关键部位开展空气系统和传热的局部验证试车。特点是测点少，测试周期短，获得的数据可用于检验多台份数据一致性、确认故障原因或者验证排故措施的有效性等。

（3）整机专项测试。专项测试指的是专门为空气系统和传热试验而进行的试车，用于空气系统和传热的全面验证和计算模型的修正。其特点为，从测试要求的提出到完成测试任务是一个完整的过程，测点数量多，测试改装量大，测试周期长。

2. 发动机技术状态

对于空气系统与传热测试专项试车来说，发动机必须是经过磨合试车后的、性能达标的状态。型号研制过程中，需要安排 1~2 台份发动机专门用于空气系统与传热的测试。

用于整机空气系统与传热测试的发动机技术状态为定型状态的新机或性能恢复(包括各处封严间隙、叶尖间隙恢复到新机状态)后的发动机。主要原因：一是根据 GJB 241A—2010 第 4.4.1.4.6 条要求："在基本与初始飞行前规定试验持久试车发动机相同的发动机上,按照相关详细规范规定的方法和程序进行轴向力测定或空气系统腔温腔压试验,验证 3.3.2.3.7 规定的发动机压力平衡要求。"二是基于测试数据分析的准确性考虑,为完成发动机试车状态空气系统特性分析和主要零部件的温度分析,需要总体性能专业根据相关测试数据完成试车状态(试车结束后确定)发动机总体参数匹配,各部件性能专业根据试车状态发动机总体性能参数匹配结果,结合发动机试车状态相关测试数据,完成发动机试车状态压气机、燃烧室、涡轮和尾锥等空气系统引排气位置边界条件的计算分析,尽可能地提供出与发动机试车状态比较接近的空气系统边界条件数据。如果测试用发动机为旧发动机,各处封严间隙、叶尖间隙状态不清楚,从总体性能到部件性能都很难给出较为准确的边界条件,会给空气系统标定和主要零部件换热公式修正带来较大的误差。

3. 大气温度环境

理想的大气温度为 $15 \pm 5 ℃$,该状态最接近发动机地面台架最大设计点,所测参数能够直接应用于发动机总体性能、部件性能及空气系统和传热的模型修正。大气温度过高或者过低,都将偏离发动机地面台架最大设计点,利用测试数据进行空气系统和传热模型修正完善时需要进行换算处理。

4. 试车历程

空气系统和传热试验一般在较易实现的地面台架上进行。在条件允许时,也应进行高空台和飞行台测试,以验证发动机包线边界点的空气系统和传热设计结果。空气系统和传热的设计点一般选在标准大气条件地面最大起飞状态。因此,试车验证时,也要达到地面最大起飞状态。根据具体发动机的特点,空气系统与传热试验的验证点还要选择有代表性的状态点,一般包括最大热负荷状态、巡航状态、慢车状态、风车状态等[10]。

1)冷起动与热起动

冷起动与热起动对发动机内部的空气系统和传热有很大影响。在进行专项试车时,这两种起动方式都要进行,以分析其对空气系统与传热的影响。

2)空气系统测试专项试车历程

空气系统主要关注稳态的参数变化,同时兼顾瞬态的参数变化。

空气系统是以发动机稳定状态的流动特性和换热特性为依据开展设计的,因此,空气系统试验试车历程以获得稳态参数为主,包含典型状态点即可,通常为地面慢车到最大状态,然后再到地面慢车,如图 11.2 和图 11.3 所示。如果空气系统包含活门切换点,在试车历程中就需要加入活门切换状态的台阶,以获得活门切换前、后的空气系统参数。

主通道压力响应时间为秒级,空气系统盘腔压力响应时间为十秒级,封严间隙和轮盘温度响应时间为百秒级。响应时间不同,导致一些系统会出现滞后。因此,空气系统试验要评估瞬态历程下各项功能的实现情况,例如,状态突变时盘缘封严

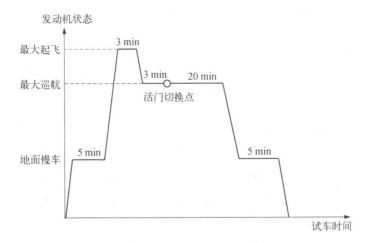

图 11.2　一个典型的空气系统测试试车历程

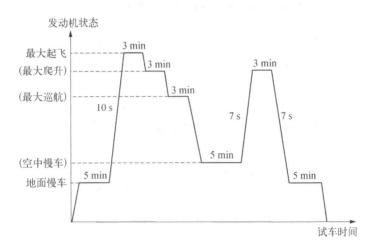

图 11.3　一个典型的空气系统瞬态测试试车历程

是否存在燃气入侵、轴承封严是否持续有效等。试车历程通常选择发动机的典型瞬态历程。

3）传热测试试车历程

传热测试的首要目标是获得典型部件在传热设计点状态的壁面最高温度,因此,在最大状态前要充分暖机(在慢车和中间最大状态间增加台阶),暖机时间不少于 20 min,而且最大状态持续时间应不少于 5 min。

使用示温漆或者测温晶体测量壁温,只能测得试车历程中的最高温度,且需分解后判读数据,为保证测试数据的准确性及避免示温漆被吹落,整个试车时间不宜过长,试车达到最大状态稳定后要尽快拉到慢车然后停车,试车程序要求一次完成,减少调试时间。如图 11.4 所示为一个可供参考使用的整机壁温专项试车历程。

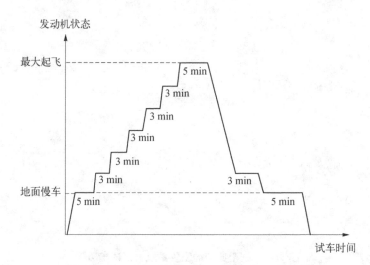

图 11.4　一个整机壁温专项试车历程示意图

使用热电偶测壁温,则不受试车历程限制,可测试录取各个典型状态点的数据,一般与空气系统试车历程相同。

4) 停车后测试历程

发动机停车后,会出现热弯曲、回热等现象。这些现象必须借助于测试数据开展理论分析,因此,发动机停车后录取的测试数据也非常重要。

发动机停车后,零部件的冷却过程也非常重要,在发动机传热设计中也应充分考虑,否则可能产生停车后"抱轴"等问题。发动机停车,试车台数据采集系统不关闭,继续录取停车后发动机在自然对流环境下冷却过程的壁温测试数据,一般继续录取 2 小时。

11.3.3　测试方法

压力和温度的常规测量方法在本书前文已经有所介绍,本节重点阐述发动机空气系统测试所用到的一些特殊测量方法。

1. 壁温

1) 热电偶

热电偶测试可以测量发动机整机试车状态关键零部件及其周边腔室的过渡态温度结果,测试温度范围较宽,精度较高[11]。测试时需要将偶丝的受感部安装在被测位置,再将热电偶引至发动机外部,最后与试车台上的测试通道接口进行连接。

使用中应对热电偶进行固定,将偶丝(受感部)埋入零件内部,或者安装在被测位置表面,如图 11.5 所示。

一般在发动机内部,使用铠装热电偶[12],在发动机机匣外部,可以采用包覆热电偶,如图 11.6 所示。

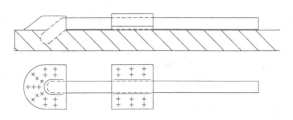

图 11.5　埋入式安装热电偶测壁温

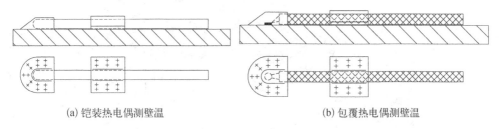

(a) 铠装热电偶测壁温　　　　　　　　(b) 包覆热电偶测壁温

图 11.6　热电偶测壁温

测试经验表明,壁温测试电偶的温度测试数据受到附近气流温度、周围其他表面对偶丝辐射热流的影响,其测试结果可能不能完全反映被测壁面的温度,应在数据分析中考虑这方面的因素,予以修正。

在热电偶测试引线安装过程中,应特别注意保护热电偶不被压断,在热电偶引线至发动机外后,在热电偶使用前,应进行检测标定。检测采用万用表进行,主要测试电偶的导电性是否正常。如果出现热电偶损坏,有条件时应重新安装。

2）示温漆

示温漆测温也是一种重要的整机传热试验手段[13],通过变色漆在不同温度下变为不同的颜色来记录温度[14]。关于示温漆在本书第 10 章已经有所介绍,本章不再赘述。

3）示温片

示温片测温和示温漆测温原理类似,也是通过变色物质在不同温度下变为不同的颜色来记录温度。将示温片贴在零件表面,一般用于低温静子零件的温度测试,也仅能记录试车温度中的最高温度。其优点是安装和拆除都非常灵活,对发动机影响小。

2.　间隙

发动机工作状态的篦齿封严间隙可以使用 X 光设备测量。X 射线测量系统包括加速器系统、图像采集系统、承载及运动系统、扫描控制系统、图像处理系统和试验用航空发动机等,如图 11.7 所示。加速器用于发射高能 X 射线,置于发动机另一侧的图像采集系统将 X 射线透视图像传输到图像处理系统上,加速器和图像采集系统由专用的驱动系统来控制 X 射线在发动机上需要采集图像的位置。为了在测量中能够得出转静子的绝对位移,在 X 射线测量试验中设置了固定参照物——标尺,测量目标相对于标尺的位置变化量就是测量目标的绝对位移。通过高能 X 射线测量的方法,观察和测量发动机内部封严结构在各种工作状态下的动态变化情况,可以掌握发动机工作过程和停车后空气系统篦齿封严转静子之间的相对运动情况,获得发动机工作状态的篦齿封严间隙。

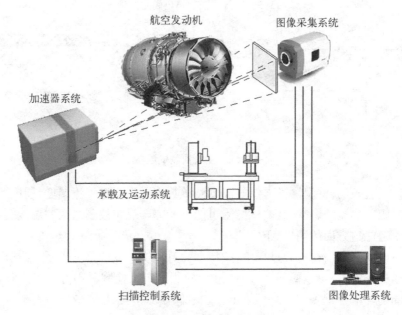

图 11.7　X 光测量间隙

　　发动机空气系统篦齿封严冷态间隙则是通过分别测量篦齿封严盘齿尖外径尺寸和与之配合的衬套内径尺寸进行计算获得,衬套磨痕深度通过打样膏印痕测得。

　　3. 黑度

　　黑度测试传感器的原理为捕捉材料表面发出的热辐射能量,并予以记录。再根据材料表面温度反推出材料黑度。选取传感器时需要确定传感器捕捉辐射能量所覆盖的光谱响应范围。通常,测量系统需利用试验室面源黑体炉或傅里叶光谱仪完成标定。

11.4　试　验　测　试

11.4.1　测试目的

测试目的是确定测试位置的首要决定因素,测试目的不同,测试位置选取的侧重点也不同。

1. 局部验证

局部验证测试以功能实现判据为依据选择测试位置,例如,验证支点封严功能,需要分别测试轴承腔和封严腔的压力。在发动机研制阶段,需要在多台份发动机上进行局部验证测试,通过设计数据与测试数据的对比,完善空气系统设计。

2. 排故

排故测试侧重于对经故障树分析获得的相关事件的关联位置进行测试,如高涡外环块烧蚀故障,对附近燃气环境、附近冷却环境、冷气供气位置等进行测试。

3. 监控

监控测试往往选择影响发动机安全的关键位置进行测试,并将测试数据接入控制系统,试车时按既定策略对不同等级的危险作出相应的处置,例如,监控涡轮后机匣内部某腔室温度,按温度范围等级分别指定报警、停车等处置方式。空气系统监控测试往往也用于故障发生后的排故验证试车,当故障归零后,就没有必要再进行监控测试了。除了作为控制系统反馈用的参数外,例如,根据腔压测试数据反馈控制活门开度,空气系统的最终方案应不需要设置安全性监控参数。

4. 标定

空气系统边界主要是发动机主通道的性能参数,在进行空气系统标定之前,必须先完成发动机总体及部件的性能标定。空气系统标定测试首先要根据流路特点制定模型修正策略,然后按照既定策略选择流路中的测试位置,测试参数必须包含该流路的进口和出口位置。用于空气系统流路标定的测试位置是最全面的,通常能够涵盖其他测试目的的需要。测试参数按位置主要分为三类:主通道典型截面总体性能参数、空气系统引排气参数、空气系统内部腔室参数。

11.4.2　测试要求

空气系统是一个由串、并联流路组成的复杂流体网络,各个腔室、单元之间有着很强的相互影响关系,整机空气系统测试验证,测试参数当然是越多越好。原则上,发动机上任何位置的参数均可测试,但是受试车条件、部件结构、风险、周期、技术能力等因素的制约,不可能对所有部位进行测试,因此,必须综合考虑各方面因素,合理选择测试位置,通过有限的测试数据,修正空气系统计算模型。

对于传热试验,测试位置是传热设计者为了进行流动传热设计和热分析工作最需要了解温度的位置,应涵盖发动主要的零部件,特别是工作温度较高、温差较大或难以评估工作温度的零件,如压气机机匣、压气机转子、涡轮机匣、涡轮转子盘、涡轮叶片等。某些影响零件工作时温度的腔温,也应同步测试,有助于后续分析壁温测试数据。

1. 总体性能参数

测试数据与发动机状态密切相关,在开展空气系统与传热测试时,必须同时对发动机典型截面参数进行测试,用于发动机试车状态的总体性能和部件性能分析,例如,高/低压物理转速、发动机进口压力/温度、高压压气机进口压力/温度、高压压气机出口压力/温度、涡轮出口压力/温度等。

2. 主流道边界参数

空气系统通过从压缩部件主流道引气,通过管路、节流孔、封严篦齿等节流元件实现支点封严隔热、高温部件冷却、间隙控制、轴向力平衡等功能后,排入涡轮主通道,所以空气系统引排气边界条件气动数据的准确性会直接影响空气系统设计结果。为了降低空气系统主通道引排气参数对空气系统验证分析结果的影响,一是通过主流道全流程参数测试修正完善系统性能及部件性能设计模型,提升空气系统主通道引排气参数的精度;二是在空气系统与传热专项测试时进行空气系统主通道引排气参数的测试。例如,高压压气机中间级引气位置的压力和温度、涡轮转静子出口叶根叶尖处压力和温度等参数的测试等。

3. 空气系统内部腔参数

需根据既定的分析策略,确定空气系统内部腔室测试位置,通常下列位置参数是必须测试的:已获得阻力系数单元的前后腔、对转子轴向力影响较大的腔、气冷叶片供气腔、引气管进出口腔、预旋单元进出口腔、关键封严腔等。

4. 封严间隙

发动机工作状态的封严间隙难以通过准确测量得到。国内采用 X 光进行篦齿间隙测量的技术取得了一定突破,已经通过 X 光测试获得了工作状态典型位置的封严间隙,以及封严间隙随试车状态的变化情况。但是 X 光测量结果仅显示单一角向位置间隙情况,不能代表空气系统封严单元的当量封严间隙,其精度也较低,仅能用于趋势性判断,工程应用尚不成熟。

当前,封严间隙的获取主要通过冷态间隙测量结合转静子变形分析获得,需要开展整机空气系统、封严间隙相关转静子结构的温度场、变形分析的迭代计算,以及各环节测试验证以缩小封严间隙的误差。

5. 壁面温度

壁温通过热电偶、测温晶体、示温漆、示温片等测试方法得到。其中,测温晶体、示温漆、示温片等测试方法仅能得到试车中最高温度状态零件温度。热电偶可以测得试车历程中的过渡态壁温,但是对于转子件,由于需要借助滑环引电器将信号传输出来,需要进行一定的测试改装。目前转子件的温度测试还主要依赖示温漆等稳态测温手段。

6. 表面黑度

发动机表面放热对邻近的飞机结构和电缆有显著的影响,并将影响结构重量和成本以及发动机舱的冷却要求。为了提供发动机表面放热数据,除了必要的壁温外,还需要提供相应表面材料的黑度。又由于表面黑度受材料温度、表面氧化状态、污染状态等诸多因素影响,在试验室中通过样板试验获得的材料黑度并不能完全代表发动机真实零件的黑度,所以在整机试车状态下进行零件表面黑度的测试是必要的。

测试设备的原理为利用光学测量方法,通过分析在一定温度与周围辐照条件下,由被测表面反射的红外光波的强度及其波长分布,从而分析得到该被测表面的黑度。

11.4.3　测点布置方案

1. 发动机状态参数

发动机的气动热力数据与发动机状态相关。在开展空气系统与传热试验时,必须通过测试直接或间接获得发动机的状态参数,通常包括高、低压物理转速,主通道典型截面的压力和温度,高压压气机进口、出口流量等参数[15]。

主通道典型截面的压力和温度参数,一般使用特制的"耙子"形式的传感器测量。每支"耙子"可同时测量在不同径向上布置的 N 点受感部,在机匣周向上固定布置 M 支"耙子"。测点布置与全流程参数测点布置方案相同。

2. 空气系统在主通道的引排气参数

空气系统主通道引排气压力差是空气系统流路的驱动力,对空气系统设计分析的准确度至关重要。开展空气系统模型修正、涡轮盘缘封严能力验证等工作时,必须进行引排气参数测试。

空气系统在主通道的引排气参数测点布置在静子上,而且传感器头部要保持与静子表面平齐,不探出主通道,以防止试车过程中与转子发生刮碰。

空气系统在工程分析中按一维网络来简化,在主通道边界处使用的是主通道 S2 气动分析结果,不考虑周向的不均匀性。实际上,发动机主通道内部是复杂的三维流场,空气系统引排气处的气流受转、静子叶片的影响,呈现一定的周期性分布规律,在一个周期内有很大的分散度,因此必须在一个周期内密集布置测点,才能测出气流的平均参数。

一个典型的涡轮导向器空气系统排气边界压力测点布置如图 11.8 所示。为测量涡轮导向器上缘板后空气系统排气边界压力,在导向器上缘板末端并排布置了一组共 5 个测点,这 5 个测点均匀地分布在叶片出口流场的一个周期内,并且在周向上通常需要布置 2~3 组这样的测点。

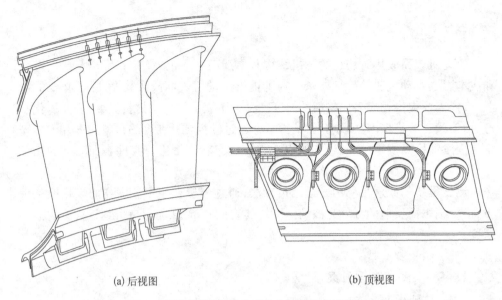

(a) 后视图　　　　　　　　　　　　(b) 顶视图

图 11.8　涡轮导向器出口沿上缘板周向布置测点

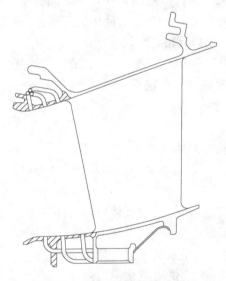

图 11.9　涡轮导向器进口沿缘板 轴向布置测点

使用叶片流场的三维气动分析结果可以为空气系统提供更准确的输入数据,但是叶片三维气动分析模型必须是经过测试修正过的,这时,除了在涡轮边界布置周向测点外,还需要沿轴向布置测点,见图 11.9。导向器出口轴向布置了一组共 3 个测点,同样,周向上通常也需要布置 2~3 组这样的测点。

3. 空气系统内腔测试参数

空气系统内腔通常为一个周向环腔,腔温腔压一般周向均布 3 个测点,其中一个测点不能使用则不影响测试结果。热电偶的探头翘起高度与其附着的壁面相距 4~5 mm,且距离其他壁面相距通常不小于 7~8 mm,见图 11.10。

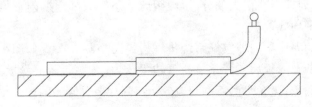

图 11.10　腔温测点在壁面上的布置

测压管开口一般垂直于气流方向,主要有四种布置方式,见图11.11。

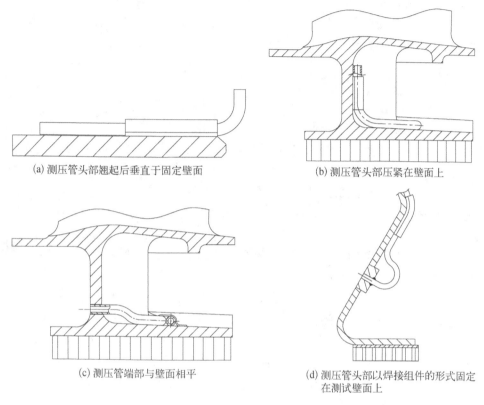

(a) 测压管头部翘起后垂直于固定壁面   (b) 测压管头部压紧在壁面上

(c) 测压管端部与壁面相平   (d) 测压管头部以焊接组件的形式固定
在测试壁面上

图11.11 测压管头部布置方式

对于复杂结构的腔室,要根据气流趋势性分析或者计算流体力学(computational fluid dynamic, CFD)流场分析,预先了解流场、温度场的大致分布规律,避免测点位于局部涡流区而无法代表腔室的特征参数,如几股的汇流腔,测点要布置在充分混合后的区域。

对于开展过部件流量特性试验的零部件,整机上测点的布置位置应与部件试验上测点的布置位置尽量一致,以提高使用零部件流量特性进行整机测试数据分析的精度,如预旋结构、引气管路等。

4. 传热测试参数

零部件壁温测试方法由被测试零件的结构形式、位置、温度水平决定。在转子件上,一般采用示温漆进行。在静子上,热端件可采用示温漆结合热电偶进行,温度较低的零件一般采用示温片或热电偶进行测量。

为了得到可信的测量数据,每个部位的温度测点一般不少于2点,并且要沿周向均匀布置。

一般来讲,发动机零部件温度场由它所处的流体环境对流换热、与其接触的零部件导热两种作用决定。所以,在整机传热试验中,也应对重要零部件周围流体的腔温进行测量。测量方法与空气系统腔温测量方法一致,采用热电偶进行,同一截面周向布置测点不少于2~3处。

11.4.4　测试安装

1. 布线方案

布线方案要注意以下几点。

(1) 布线方案报告应能详细描述测试引线在发动机内部的走向,必要时配以示意图。每根引线应有在发动机部件上安装的工艺图纸,包括引线的空间位置、转角参数、固定工艺等,测试技术人员可据此实施引线安装。

(2) 除了必要的热伸长补偿、装配预留长度外,留在发动机内部的引线要尽可能少。

(3) 发动机内部的走线通道尽量在硬件上改装加工,不要占用原有的空气通道。在确保强度允许的情况下,可在螺栓中间开孔走线。

(4) 当引线通过导向叶片时,最好分散到多个叶片,而不是集中到一个叶片上。实心叶片可在叶片中间打孔引线。空心叶片,要尽量降低引线对冷气通道的堵塞。如果叶片太薄,或者弯度太大,可在导向叶片中间加保护套管,在其内部走线。环境恶劣时,引线需要有保护套管,防止高温高速气流对引线造成的损坏。

(5) 引线从发动机机匣穿出发动机外部时,优先选择预留的测试引线孔、孔探仪孔等,然后选择补加工螺钉,最后选择补加工机匣。

2. 部件改装

测点及布线方案直接决定了部件的改装方案。部件的改装方案决定了测试引线的安全性和可靠性,部件改装需注意以下几点。

(1) 补加工引线孔的进出口必须倒圆,方便引线,避免测试引线被折断。

(2) 引线孔略大于测试引线,以方便穿线为宜,不要过大,以免造成封堵困难,必要时可设计专用的测试引线安装座以保证密封。

(3) 穿过几个零件时,应组合后补加工,以保证位置对应,使测试引线可以顺利引出。

3. 安装引线

按文件、图纸要求实施测试引线安装。为保证测量结果的有效性,引线有以下要求。

(1) 完好性检查:对测压管外观及通气性进行检查,对热电偶外观及阻值进行检查,确保完好。

(2) 粗糙度要求:通过修磨确保测压管端部粗糙度满足要求,端部应保持锐边,不允许有毛刺。

（3）最小弯曲半径要求：每种材料都有最小的弯曲半径,且不允许挤压,以防止引线折断。

（4）最大长度要求：测压管过长,会产生测试参数滞后效应,灵敏度大大降低。

（5）测压管打压检测要求：为确保测压管不漏气,将测压管一端堵住,另一端施加压力为 0.4~0.5 MPa 的空气测压管,保持 1~5 min 不应出现压力下降。

（6）校准要求：引线引出发动机外部,在试车台上与补偿导线连接,再接入到数据采集模块上,试车前应对数据采集模块通电校准。

（7）维护要求：必须对每条引线编号标识,按适当规则进行集束,并做好记录。

4. 固定及密封

按文件、图纸要求实施测试引线固定及密封。根据腔压毛细管、腔温热电偶、壁温热电偶测点及引线的具体情况,可使用压片、涂胶等方式固定引线,采用专用测试座、压片点焊、涂胶、钎焊的方式封堵引线孔。引线固定（图 11.12）及密封（图 11.13）的一般要求如下。

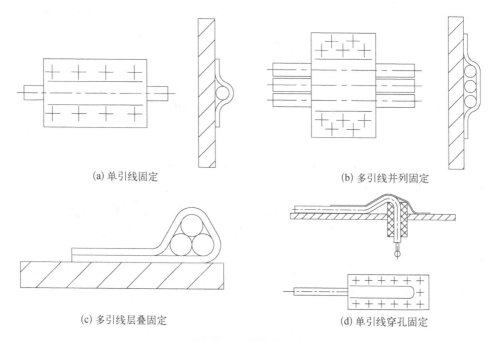

(a) 单引线固定　　　　　　　　　　　　(b) 多引线并列固定

(c) 多引线层叠固定　　　　　　　　　　(d) 单引线穿孔固定

图 11.12　引线的固定

（1）较多采用金属压片进行测试引线的固定：测试引线在壁面走线时,要采用金属压片固定;在穿过零部件壁面时,在引线孔附近也要用压片固定。注意压片

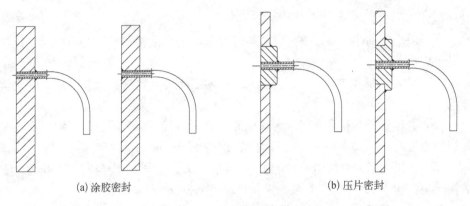

(a) 涂胶密封   (b) 压片密封

图 11.13　引线的密封

所用金属材质应与所固定壁面材质相容。

（2）当空气流速和温度均较低时,也可采用密封胶进行引线的固定及密封。

（3）当受感部布置在静子壁面处时,一般使用金属压片固定;测压管垂直于壁面,通过测试安装座固定。密封座的效果是最好的,但由于结构、空间等限制不一定有条件设计密封座。

（4）压差小且温度低的地方可涂胶密封。可普遍采用压片密封,但存在一定的漏气。

5.　示温漆涂覆

按照工艺规程对待测温表面喷涂示温漆,包括表面处理、喷涂、干燥、保护等环节。喷涂过程中应做好安全技术防护,并重点注意着火、中毒等危险。具体步骤如下。

（1）表面处理。对待测温表面进行吹砂处理,去除表面氧化膜及涂层,增加表面附着力,清洗去除表面油污。

（2）喷涂示温漆。喷涂前应对不允许喷涂的区域表面进行保护处理。用清洗过的喷枪喷涂或者手工刷涂搅拌均匀的示温漆,按示温漆型号要求控制总厚度、干燥时间、喷涂次数等工艺参数。

（3）喷涂保护漆。为减少装配过程中对示温漆的污染,适情选择示温漆的保护漆,按规定喷涂。

11.4.5　试车

空气系统与传热专业人员要参与试车,试车期间,应对测试数据判读,分析数据的有效性。试车过程中若发现测试数据有异常或其他问题,及时向试车工艺员或者测试人员反馈,并一起分析原因,可以修复的应在停车后及时修复,确保测试数据的完整性。

热电偶和测压管测试数据均录取到试车数据库中。对试车时间有严格要求的试车,例如,喷涂示温漆,应对试车过程进行(试车次数、是否中断等)详细记录,为示温漆判读提供参考。

11.4.6 试车前后的检测

1. 封严篦齿结构尺寸测量

发动机装配及分解过程中,应对封严篦齿结构尺寸进行测量,主要有封严篦齿外径、蜂窝或衬套涂层的内径及其磨痕深度、宽度、形状等。

2. 异常测试数据引线检查

如果在试车中发现测试数据异常,在试车跟试时应详细记录。在发动机分解时,对测试引线编号进行检查,确认是否存在测试引线编号错乱。

试车完成后,对示温漆、测温晶体、示温片等结果进行判读,按判读需要确定发动机分解的程度。

试车后必须明确对测试引线的处理方式,如果试车目的已完成,须拆除全部引线,封堵引线孔,将部件恢复至改装前状态。

11.5 试验结果分析与处理

11.5.1 测试数据分析

目前的数据采集系统,可以实现较高的瞬态数据采集频率,每秒可采集数十次。数据库中如此大的数据量,靠人力分析是无法胜任的,必须编制特定的程序进行数据提取及分析处理。

1. 异常点识别

异常点指的是由于测点损坏,测试数据不随发动机状态变化的数据。异常点有两类:一类是数据明显不符合规律,如始终显示负值、始终显示超大值等;另一类是根据经验判断,随着发动机状态变化,不应该停留在某一固定值上,例如,高压涡轮盘前腔处于高压区,测试结果却一直显示在常压附近波动。

2. 有效性判断

沿着空气系统流路,单元的入口腔压力必然高于出口腔压力。如果测试值显示某一单元的入口腔压力低于出口腔压力,表明要么测试数据有误,要么设计预期与发动机实际不符,必须借助多台份试车数据分析原因。有效性判断就是通过多台份试车积累的测试数据规律,判断某一次试车数据是否有效。仅有一台份的测试数据,且测试数据也随着发动机状态而变化,是无法判断测点数据是否有效的。

3. 趋势分析

对有效的测试数据进行拟合处理(图 11.14),分析测试数据与发动机总体参数的关联趋势。空气系统腔温和腔压随发动机状态变化而变化,通常情况下两者是正相关的,即发动机状态越高,腔温和腔压越高。例如,发动机内部腔压测点随压气机出口总温 P_3^* 变化,核心舱测点随风扇出口压力 P_{13}^* 变化,发动机内部腔温随压气机出口总温 T_3^* 变化,等等。根据前文分析,对于近似的稳定状态,这些曲线呈近似线性关系。借助这些关系,可推算出发动机在任意稳定状态下的真实数据。

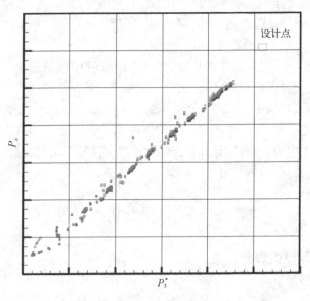

图 11.14　测试数据拟合处理

4. 功能验证结论

通过对测试数据的初步分析,对空气系统的功能实现情况进行评判,包括测试数据与设计数据符合性、盘缘封严、支点封严压差和温度、零部件冷却均温效果、气冷叶片供气参数等,最终形成试验数据分析总结报告。

11.5.2　模型修正

1. 空气系统模型修正

空气系统分析的准确性取决于两个方面:① 输入边界条件的准确性;② 空气系统分析模型的准确性。空气系统模型修正所用的边界参数应确保其准确性,最好也是经过测试验证过的。

前文已经说明了空气系统模型修正的方法,图 11.15 给出空气系统模型修正的大致过程。

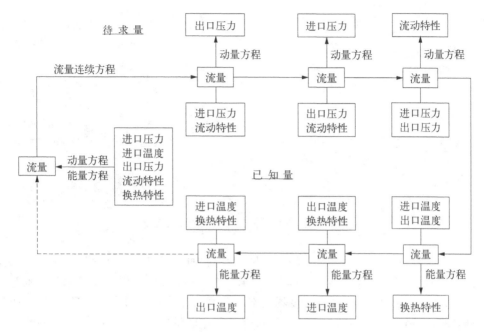

图 11.15　空气系统模型修正的大致过程

2. 传热模型修正

传热模型的准确性由多个方面因素决定,主要包括对流换热温度、对流换热系数、热辐射参数等。换热温度主要是指空气系统腔温(包括风阻温增、掺混温增等影响)和主流道流体温度,空气系统腔温按 11.5.2 节第 1 部分的内容进行修正,主流道流体温度也应该是经过测试验证的。

换热系数一般采用换热准则经验公式计算,准则公式是在某些标准的试验室条件下获得的,并不能完全适合于特定的发动机结构。传热模型修正实际上是依据整机传热试验壁面温度、腔温测试结果对换热系数进行修正,从而获得更接近真实情况的换热模型。

3. 篦齿间隙修正

真实的篦齿热态间隙是间隙设计优化的前提,因此,篦齿间隙修正是空气系统模型修正的重要内容。篦齿热态间隙由变形量和蜂窝磨损量/冷态间隙构成,一般通过分析间接获得。篦齿单元流动特性修正的过程见图 11.16。

通常认为,发动机在经过既定的磨合试车程序后,蜂窝磨损量已达到了上限,在性能衰减前,蜂窝磨损量不会明显增加。空气系统验证阶段的蜂窝磨损量取发动机磨合试车后、性能衰减前的测量值的统计分析值。考虑到试车后转静子可能存在由应力释放引起的形变,以及篦齿可能略有磨损,冷态间隙应以发动机试车后的测量值为准。

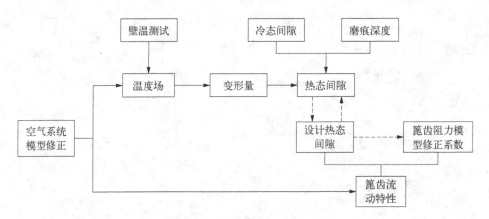

图 11.16 篦齿单元流动特性修正的过程

封严结构转静子的变形量绝大部分由温度载荷引起,因此,经过整机壁温验证的温度场是获得高可信度变形量的首要条件。在瞬态历程中的稳定台阶点,通常认为部件温度近似稳定,稳态温度场基本能够反映部件温度的实际水平。因此,可以用经过壁温验证的稳态温度场来计算部件的变形量。

封严篦齿热态间隙计算的流程为空气系统→温度场→变形量→热态间隙。要想实现间隙分析的完全闭环,空气系统、温度场必须都经过验证。

11.5.3 误差分析

1. 测试数据的误差

工程上,普遍采用的压力和温度测试传感器精度见表 11.1。

表 11.1 常用测试传感器的精度

序号	参数	测量范围	精 度	测量要求
1	壁温	$-200 \sim 1\,100\,°C$	$\pm1.5\,°C$ 或 $\pm0.4\%\,|t|$(传感器精度)	铠装热电偶
		$-40 \sim 1\,500\,°C$	$\pm1.5\,°C$ 或 $\pm0.4\%\,t$(传感器 $-40 \sim 1\,200\,°C$ 精度) $\pm0.25\%\,t$(传感器 $1\,200 \sim 1\,500\,°C$ 精度)	包覆热电偶
		$150 \sim 1\,200\,°C$	$\pm15\,°C$(判读精度)	示温漆
		$150 \sim 1\,400\,°C$	$\pm12\,°C$(判读精度)	晶体测温
2	腔温	$-200 \sim 1\,100\,°C$	$\pm1.5\,°C$ 或 $\pm0.4\%\,t$(传感器精度)	热电偶测温
		$150 \sim 1\,400\,°C$	$\pm12\,°C$(判读精度)	晶体测温
3	腔压	$0.1 \sim 3.5\,MPa$	$\pm0.5\%$(仪表精度)	测压管(毛细管)

序号	参数	测量范围	精　　　度	测量要求
4	壁面静压	0.1~3.5 MPa	±0.5%(仪表精度)	测压管(毛细管)
5	热辐射率	0.05~0.98	0.05(仪表精度)	样件热辐射率测量

测试参数的误差主要来源于传感器误差和数据采集系统的误差,通常按误差传递公式计算合成误差:

$$\delta_{合成} = \sqrt{\delta_{测试}^2 + \delta_{采集}^2}$$

2. 空气系统流量的偏差

对于所标定的空气系统模型,压力和温度边界的误差会带来流量的偏差,通常用流量偏差上限和流量偏差下限表达。

流量偏差上限:进口压力边界取压力测试值误差上限,出口压力边界取压力测试值误差下限,进口温度边界取温度测试值误差下限。

流量偏差下限:进口压力边界取压力测试值误差下限,出口压力边界取压力测试值误差上限,进口温度边界取温度测试值误差上限。

11.6　试验流程与控制

空气系统与传热整机试验流程大致可分为四个阶段:测试方案制定、传感器安装及发动机装配、整机试车和测试数据分析,如图 11.17 所示。

1. 测试方案制定

空气系统与传热专业按照测试目的提出测试要求,包括测试项目、测点个数、测点位置、示温漆涂刷位置、精度要求、试车历程、数据存储要求等。经过多专业人员综合考虑测试可现实性、发动机安全性等各方面因素,讨论后确定最终的测试要求,根据测试要求编制空气系统与传热专项试车的测试方案报告,内容包括但不限于测点方案、引线路径及固定方案、示温漆涂刷方案、改装方案、装配方案等。这些方案是相互影响的,通常需要经过多轮讨论才能确定。空气系统与传热专项试车的测试方案报告是后续工作的依据,需经相关部门评审确认。

2. 传感器安装及发动机装配

由专业人员在测试改装补加工后的零组件上安装测试引线并实施引线固定及引线孔的封堵,或者涂刷示温漆。在完成测试引线安装、固定和密封后,必须进行检验,不合格的要重新安装测试引线。检验合格后再进行组件、单元体装配,测试引线安装往往是与发动机装配交叉进行的。最后,将完成总装的发动机安装到试

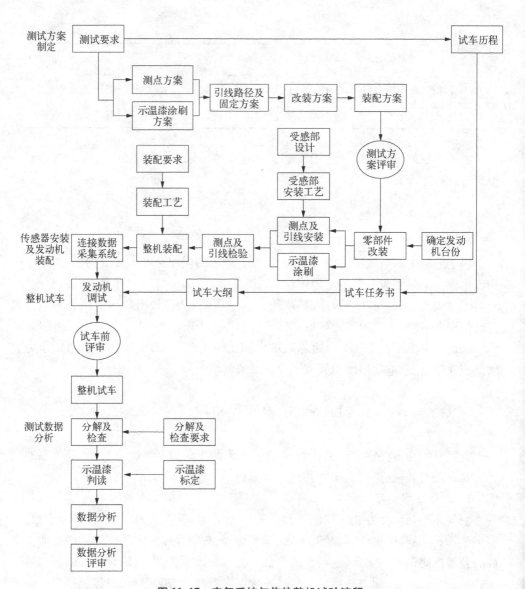

图 11.17　空气系统与传热整机试验流程

车台,将常规测量参数传感器及空气系统与传热测量参数传感器连接到数据采集系统,并进行测试引线连接情况检查,对数据采集系统进行调试、标定。

3. 整机试车

根据试车任务书和试车大纲,完成空气系统与传热专项测试专项试车。空气系统与传热专项测试试车须进行试车前评审。

4. 测试数据分析

在试车过程中需要对测试数据进行初步分析,以便采取措施对损坏的且能够修复的测试引线及时修复。确认试车任务完成后,发动机下台分解。分解过程中,尽快对示温漆进行判读,检测空气系统相关结构参数,包括封严蜂窝磨痕情况、测点损坏情况等,拍照留存。试车完成后,要尽快开展全面的数据分析工作。

5. 评审点

空气系统与传热整机测试有两个评审点,一是测试方案的评审确认,二是试车前对试车准备情况进行评审。

11.7 试验常见问题及处理

1. 测压管结冰

发动机上普遍采用毛细测压管测量压力。测压管从发动机内部引到发动机外部,再连接到数据采集系统,经历了从热区到冷区的过程。发动机内部测压管内外部气体温度较高,且有一定的湿度,发动机外部测压管环境温度很低,因此,测压管内的热气会冷凝成雾,慢慢地在内壁上形成水珠。发动机停车后,水珠在测压管转弯处聚集,在零下的环境下会结冰。发动机经过几次试车后,测压管内部的冰逐渐增多,发生堵塞。

由于无法预知测压管结冰堵塞的位置,一旦结冰将无法修复。目前尚无有效解决测压管结冰的方法,只能在策划空气系统试验时,避开冬季试车。

2. 复杂流场测试结果分散度大

大部分的空气系统腔占有较大的几何空间,腔内的空气流速很低,压力和温度是均匀的。但是,有些腔内部的流场却非常复杂,例如,预旋孔出口腔,空间小、流速高,且空气流速呈现出明显的周期性,由于测点角向位置的不同,压力和温度测量结果会出现很大的分散度。这时,需要借助 CFD 分析的流场特点多布置测点,测出腔内的流场变化规律,同时,在远离预旋孔出流位置也要布置测点,以获得稳定流场区域的测试数据。

3. 引线堵塞流路

从测试验证的角度,测点越多越好。但是大量的测点引线增加了改装和装配的难度,同时也会影响到原有流路的通畅性。因此,需要综合考虑各方面因素,折中选择测点位置和数目,确定引线路径,优先选择测试引线不影响空气系统流路通畅性的方案。如果引线路径通过空气系统节流单元,则需要结合三维模型分析测试引线对空气系统流路的堵塞程度,避免由引线堵塞导致流路不通畅而影响空气系统功能实现。

4. 引线孔漏气

空气系统试验中,要尽量减少测试引线孔位置发生的漏气或者窜气,可采用封严片或者涂胶等形式进行密封。当确实无法密封时,必须对漏气情况进行评估,在进行数据分析时考虑漏气的影响,必要时对测试方案进行调整。

5. 其他问题

试验中的常见问题见表11.2。

表 11.2　试验中常见问题

问　　题		原　　因	处 理 方 法
示温漆	示温漆脱落	位置气流流动强烈、试车时间较长	缩短试车历程
	示温漆油污	滑油、炭黑污染	避开滑油腔等位置
	示温漆判读结果明显异常	(1) 示温漆失效(可能是因为油污、吹落、刷图后长时间不试车氧化、试车时间过长或过短) (2) 理论计算失真	(1) 舍弃示温漆结果 (2) 修正计算结果
热电偶	安装中电偶损坏	在电偶线由测试位置引出至发动机外部过程中被压坏、折断	安装完成后通过万用表进行导电性测试,如有问题,应依据重要度和是否有备份点两个标准,判断是否需要分解发动机重新安装
	台架测试时测点无读数	引线未连接	检查试车台通道与测试引线连接是否完好
	测点示数明显偏离实际值	(1) 测压管、电偶损坏 (2) 引线与试车台测试通道连接问题	(1) 据重要度和是否有备份点两个标准,判断是否需要下台分解发动机重新安装 (2) 试车台上更换通道重新连接
数据分析	数据波动过大	(1) 测试数据传输记录问题 (2) 热电偶损坏	(1) 可对数据点进行统计处理 (2) 舍弃该点的测量值
	同一截面周向不同位置测试值差异大或趋势不一致	(1) 周向确实存在不均匀性 (2) 各电偶安装角度、固定情况有差异 (3) 有热电偶损坏	(1) 分析确认 (2) 实物确认并分析 (3) 舍弃坏点的测量值(应综合判读,可能全部损坏)

11.8　技术展望

1. 晶体测温

测温晶体[16]由于具有安装灵活的特点,越来越多地被应用于转子件壁温和转-转腔腔温测量。用于壁温测量时,需将测温晶体嵌入到被测零件表面;用于腔温测量时,需在盘面上设计支架,将测温晶体裸露到测温环境中。试车完成后取出测温晶体,用特殊设备根据晶相变化判别晶体感受到的最高温度。缺点是只能获得测温晶体感受到的最高温度,无法获取瞬时温度,以及需要设计特殊的晶体固定结构。

2. 非接触测温

近年来,非接触测温技术获得了较快的发展。非接触测温主要采用红外测温方法,优点是可以测试转子的过渡态温度,且不需要在转子上固定设备。但是由于发动机内部结构复杂,安装红外测温设备的空间有限,该方法尚未在整机上全面应用。

3. 薄膜热电偶

薄膜热电偶质量比金属丝或箔小,对细微的瞬态效应能够做出更快的反应,所提供数据的时间分辨率也更大,相比标准热电偶,薄膜热电偶能够发现更微小的作用效果[17]。在需要获得高时间响应的温度测试数据时,例如,研究涡轮工作叶片造成的压力波动导致主流燃气侵入轮盘内腔的过程,薄膜热电偶可能更适用。

4. 压敏漆

与示温漆类似,压敏漆是用漆的颜色表征其感受到的最高压力。压敏漆不需要对零部件改装,使用方便,特别是对于压力测点不易布置的转-转腔,具有广泛的应用前景。

参考文献

[1] 《航空发动机设计手册》总编委会.航空发动机设计手册　第 16 册:空气系统及传热分析[M].北京:航空工业出版社,2001.

[2] 中国人民解放军总装备部.航空涡轮喷气和涡轮风扇发动机通用规范:GJB 241A—2010[S].北京:中国人民解放军总装备部军标出版发行部,2010.

[3] 中国民用航空局.航空发动机适航规定:CCAR - 33 - R2[S].2011.

[4] 国防科学技术工业委员会.航空发动机结构完整性指南:GJB/Z 101 - 97[S].北京:中国人民解放军总装备部军标出版发行部,1997.

[5] 航空航天工业部　高效节能发动机文集编委会.高效节能发动机文集　第五分册:涡轮设计和试验[M].北京:航空工业出版社,1991.

[6] 刘大响,陈光.航空发动机飞机的心脏[M].北京:航空工业出版社,2015.

[7] 王为颂.航空发动机测试中压力温度受感器设计性能概论[M].北京:航空工业部第六二四研究所,1982.

[8] 西北工业大学.航空发动机气动参数测量[M].北京:国防工业出版社,1980.

[9] 潘锦珊.气体动力学基础[M].西安:西北工业大学出版社,1994.

[10] 中国航空工业集团公司.航空燃气涡轮发动机空气系统设计要求:QAVIC 20001 - 2015[S].北京:中国航空综合技术研究所,2015.

[11] Nau M.温度的电测[M].张立谦,李晨,译.北京:中国计量出版社,2006.

[12] 中国人民解放军总装备部航空用铠装热电偶电缆规范:GJB 8522 - 2015[S].北京:中国人民解放军总装备部军标出版发行部,2015.

[13] 中国航空工业集团公司.航空燃气涡轮发动机示温漆测温方法:QAVIC 20021 - 2015

[S].北京：中国航空综合技术研究所,2015.

[14] 国家国防科技工业局.示温漆实验室试验安全技术要求：HB 20121－2012[S].北京：中国航空综合技术研究所,2013.

[15] 张宝诚.航空发动机试验和测试技术[M].北京：北京航空航天大学出版社,2005.

[16] 张志学,刘忠奎,张玉新,等.航空发动机壁温测量方法综述[C].2015 航空试验测试技术学术交流会,北京,2015.

[17] 邓进军,李凯,王云龙,等.航空发动机内壁高温测试技术[J].微纳电子技术,2015,52(3)：178－184.